机械设计课程设计

主　编　颜　伟　熊　娟
主　审　郭桂萍

北京理工大学出版社
BEIJING INSTITUTE OF TECHNOLOGY PRESS

内容提要

本书是《机械设计基础》教材的配套教材。书中以典型的机械减速器的设计为主线，指导学生逐一完成机械传动方案设计、带传动设计、齿轮传动设计、轴的设计、轴承设计计算等，完成减速器装配图的设计与绘制、零件工作图的设计与绘制，编写设计说明书。书中还附有机械设计课程设计所需的常用资料、课程设计参考图例等，期望能有效地指导和帮助学生按时完成课程设计任务，使其具备机械设计的基本能力。本书可作为机械类和近机类专业（车辆工程、汽车服务工程、机电一体化技术等）机械设计课程设计实践教学环节用书。

图书在版编目（CIP）数据

机械设计课程设计/颜伟，熊娟主编. —北京：北京理工大学出版社，2017.1
ISBN 978－7－5682－3689－8

Ⅰ.①机…　Ⅱ.①颜…②熊…　Ⅲ.①机械设计－课程设计－高等学校－教材
Ⅳ.①TH122－41

中国版本图书馆 CIP 数据核字（2017）第 025753 号

出版发行 / 北京理工大学出版社有限责任公司
社　　址 / 北京市海淀区中关村南大街 5 号
邮　　编 / 100081
电　　话 / (010)68914775(总编室)
(010)82562903(教材售后服务热线)
(010)68948351(其他图书服务热线)
网　　址 / http://www.bitpress.com.cn
经　　销 / 全国各地新华书店
印　　刷 / 北京国马印刷厂
开　　本 / 787 毫米×1092 毫米　1/16
印　　张 / 16
字　　数 / 370 千字
版　　次 / 2017 年 1 月第 1 版　2017 年 1 月第 1 次印刷
定　　价 / 39.80 元

责任编辑 / 赵　岩
文案编辑 / 赵　岩
责任校对 / 周瑞红
责任印制 / 马振武

图书出现印装质量问题，请拨打售后服务热线，本社负责调换

前　言

本《机械设计课程设计》是《机械设计基础》教材的配套教材，用于指导和帮助学生完成“机械设计课程设计”实践教学环节，使其形成机械设计的基本能力。本书给出的减速器设计任务书内容，是根据实际的机械设备变速器设计要求而编制的，包括了《机械设计基础》课程所讲述过的主要传动机构设计过程，能达到工学结合及实践能力培养的目的。

本书在参考了大量的有关文献和资料的基础上，结合各位老师的丰富的教学经验编写而成，其特点是：

1. 提供若干设计任务：可根据本科或专科学生的基础，选用不同的设计题目，因材施教，差别化培养学生的独立思考和创新设计能力。

2. 设计过程系统化：本书是按减速器设计的逻辑顺序而编写的，思路清晰，循序渐进，既有理论计算，更有结构设计。将设计原理和具体方法融入设计的各个环节中，有利于培养学生理论联系实际、综合处理问题的能力。

3. 针对学生初次机械设计，特别缺乏机械结构设计实践经验的问题，编入了大量的装配图结构设计阶段常见错误与更正案例，供学生参考。同时也编入了一些设计中将要遇到的问题，引导学生边设计边思考，带着问题学习，培养学生灵活应用已学知识的能力，也为设计者后期的答辩提供思路。

4. 指导、参考资料一体化：书中提供了设计过程的指导，同时也提供了需要查阅的资料。

5. 本书采用了最新的国家标准和规范。

本教材主要适用对象是机械类专业和近机类专业学生，如机械制造与自动化、车辆工程、汽车服务工程、机电一体化技术等专业的本科或专科学生，也可供其他相关专业师生以及工程技术人员参考。

本教材由四川工业科技学院（四川德阳）教学主管院长郭桂萍教授组织编写和主审，四川工业科技学院颜伟教授、四川电力学院熊娟教授主编，部分长期从事该课程教学和课程实践指导的学院骨干教师参加本教材的编写。编写过程中，李江、陈世林等企业专家提供了许多宝贵意见，同时我们也参考了该课程已经出版的部分优秀教材内容，在此向专家和原作者诚致谢意。鉴于编者水平有限，书中难免有错误和不妥之处，恳请广大读者批评指正。

编　者

目 录

第一部分 课程设计指导

第二部分　设计常用资料

第一部分

课程设计指导

第 1 章　机械设计课程设计概述

1.1　机械设计课程设计的目的、要求

机械设计课程设计，是为机械类专业和近机械类专业的学生在学完机械设计及同类课程以后所设置的一个重要的实践教学环节，也是学生第一次较全面、规范地进行设计训练，其主要目的是：

（1）理论联系实际：根据已经学过的机械制图、工程力学、工程材料、公差与配合、机械设计基础、机械制造基础等课程的理论知识，综合应用于实际设计当中。

（2）明确设计程序：通过对通用机械零件、常用机械传动或简单机械的设计，明确机械设计的程序和方法，树立正确的工程设计思想，培养独立、科学的设计能力。

（3）学会查阅标准、图纸等资料：培养查阅和使用标准、规范、手册、图册及相关技术资料的能力以及计算、绘图、数据处理等方面的能力。

（4）树立工程意识：通过对各传动机构的理论计算、结构设计，培养解决工程实际问题的能力，巩固、深化和扩展学生有关机械设计方面的知识。

（5）培养现代手段的设计能力：学会利用计算机辅助设计，加强 AUTOCAD 软件的应用。为将来从事技术工程打下基础。

机械设计课程设计是学生进入大学学习后，面临的第一次机械设计工作。每一位学生都应该以“设计师”的身份，严肃认真地对待自己的工作，保质、保量、按时完成工作任务。具体要求如下：

（1）分析：设计前认真研究课程设计任务书，分析设计题目，了解工作条件，明确设计要求和内容，理清设计思路和程序，明白每一阶段应该做什么、获得什么成果。对整个设计过程作一个时间和任务完成计划并按计划实施。

（2）准备：收集并准备设计资料、设计图纸、图板及绘图用品，或准备计算机及安装绘图软件 AUTOCAD 等。

（3）行动：按照计划，有条不紊地开展设计工作。在每一阶段设计过程中，边计算、边画图、边修改，还要注意下一阶段的设计或设计说明书的编写，整理和保存好设计资料及设计数据。倡导四独立：独立思考、独立计算、独立绘图、独立完成设计说明书的编写。

（4）复习：针对设计中出现的问题，及时复习学过的相关知识，如机械制图、公差与配合、工程材料、工程力学及带传动、齿轮传动、轴、轴承、键连结、螺纹连结、联轴器等知识，学以致用。

（5）查阅：整个设计过程要采用不同的国家标准和规范，要参考各类设计资料。对标准、规范和参考资料，首先认真阅读、理解，然后才合理选用、借鉴，切忌盲目照搬。

(6) 审查：在完成底稿后先进行自检、互检，待老师审查合格后才能进行最后的图纸加深、设计说明书的定稿。

(7) 完稿：完稿是指所有的图纸和说明书的完成。图纸要求完整、清晰，尽量保证正确率。说明书要详细写出设计计算过程及参考资料，所查资料来源一定要在说明书中写明和标明。

(8) 答辩：答辩是设计的最后环节，是对所设计产品应用、性能、特点的总体介绍及问题的回答，也是对设计思路的清理，设计者要做好准备。

(9) 守纪：设计时必须严于律已，遵守工作时间，在规定的地点设计，按设计计划循序渐进。要自我鞭策、追求又好又快地完成设计任务。有自己解决不了的问题时，及时请教同学和老师，发现问题随时解决，不拖延设计进度。

1.2 机械设计课程设计的设计题目和任务书

机械齿轮减速器，广泛应用于各行各业的机械设备中，也是汽车传动装置中不可或缺的重要组成部分，它几乎包含了“机械设计基础”课程所讲述的所有理论知识。以机械齿轮减速器的设计作为课程设计题目，可以充分反映所学知识的综合应用，并与生产实际相联系，具有代表性和典型性。

1.2.1 题目组一 设计带式运输机用的一级圆柱齿轮减速器

(1) 传动方案 如图 1—1 所示。

(2) 工作条件 用于带式运输机；运输机两班制连续工作，单向运转，空载起动，工作载荷基本平稳，大修期 5 年（每年按 300 个工作日计算），运输机卷筒轴转速容许误差 ±5%，卷筒效率 $\eta_w=0.96$。

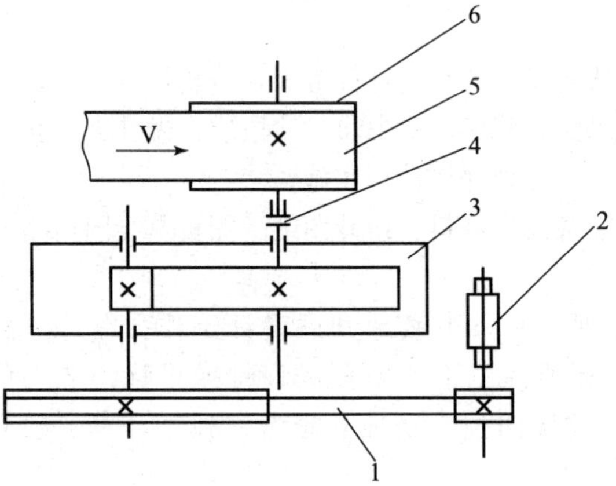

图 1—1 传动方案图

1—V 带传动；2—电动机；3—圆柱齿轮减速器；4—联轴器；5—输送带；6—滚筒

设计题目原始数据见表 1—1。

表 1—1　原始数据（一）

参数	题号									
	A1	A2	A3	A4	A5	A6	A7	A8	A9	A10
卷筒阻力矩(转矩)M/(N·m)	400	400	450	450	500	500	550	550	600	600
卷筒转速 n_w/(r·min^{-1})	125	130	120	115	105	110	100	95	90	85

1.2.2　题目组二　设计卷扬机用的一级圆柱齿轮减速器

（1）传动方案　如图 1—2 所示。

（2）工作条件　设备由电动机驱动，要求传动装置结构力求紧凑，两班制连续工作，单向运转，空载起动，工作载荷变化小，使用期限 8 年（每年按 300 个工作日计算），输送速度容许误差±5%，卷筒效率 η_w＝0.96。

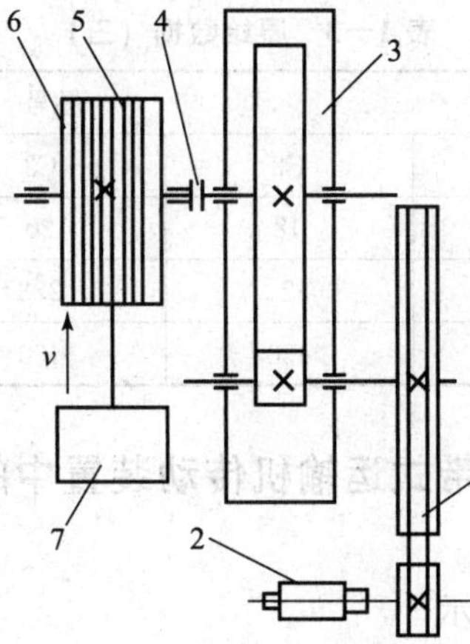

图 1—2　传动方案图

1—V 带传动；2—电动机；3—圆柱齿轮减速器；4—联轴器；5—钢丝绳；6—滚筒；7—重物

设计题目原始数据见表 1—2。

表 1—2　原始数据（二）

参数	题号				
	B1	B2	B3	B4	B5
输送带工作拉力 F/N	2100	2300	2200	1900	2000
钢丝绳工作速度 v/（m·s^{-1}）	1.6	1.5	1.8	1.6	1.8
滚筒直径 D/mm	400	400	450	400	450

1.2.3　题目组三　设计斗式提升机传动用的二级圆柱齿轮减速器（斜齿或直齿）

（1）传动方案　如图 1—3 所示。

（2）工作条件　设备由电动机驱动，要求传动装置结构力求紧凑，两班制连续工作，单向运转，空载起动，工作载荷变化小，使用期限 8 年（每年按 300 个工作日计算），提升机鼓轮转速容许误差±5%，鼓轮效率 η_w＝0.96。

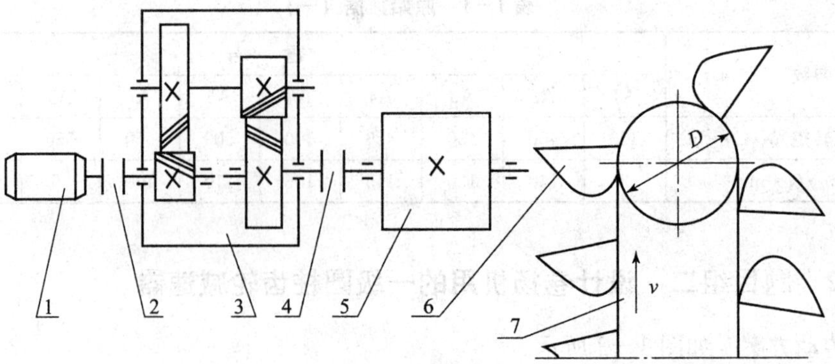

图 1.3 传动方案图

1—电动机；2，4—联轴器；3—齿轮减速器；5—鼓轮；6—运料斗；7—提升带

设计题目原始数据见表 1—3。

表 1—3 原始数据（三）

参数	题号				
	C1	C2	C3	C4	C5
生产率 Q/（$t \cdot h^{-1}$）	15	18	20	25	30
提升带速度 v/（$m \cdot s^{-1}$）	1.8	2	2.3	2.6	3
鼓轮直径 D/mm	400	430	460	480	520

1.2.4 题目组四 设计带式运输机传动装置中的二级圆柱齿轮减速器（斜齿或直齿）

（1）传动方案 如图 1—4 所示。

（2）工作条件 设备由电动机驱动，要求传动装置结构力求紧凑，两班制连续工作，单向运转，空载起动，工作载荷变化小，使用期限 8 年（每年按 300 个工作日计算），输送带速度容许误差±5%，卷筒效率 $\eta_w = 0.96$。

设计题目原始数据见表 1—4。

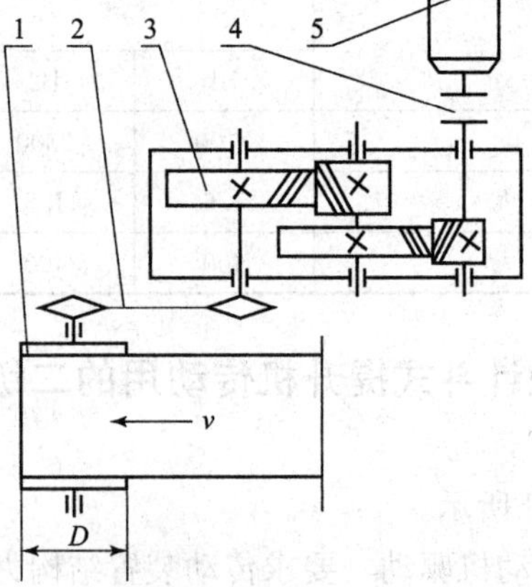

图 1—4 传动方案图

1—输送带；2—链传动；3—齿轮减速器；4—联轴器；5—电动机

表 1—4　原始数据（四）

参数	题号				
	D1	D2	D3	D4	D5
输送带工作拉力 F/N	2100	2300	2500	3000	3200
输送带工作速度 v/（$m \cdot s^{-1}$）	1.3	1.5	1.8	1.6	1.8
滚筒直径 D/mm	400	400	450	400	450

1.2.5　题目组五　设计加热炉推料机用的蜗杆减速器

（1）传动方案　如图 1—5 所示。

（2）工作条件　设备由电动机驱动，要求传动装置结构力求紧凑，两班制连续工作，单向运转，空载起动，工作载荷变化小，使用期限 8 年（每年按 300 个工作日计算）。容许速度误差±5%。

设计题目原始数据见表 1—5。

表 1—5　原始数据（五）

参数	题号				
	E1	E2	E3	E4	E5
大齿轮轴功率/kW	1.1	1.3	1.5	1.8	2.2
大齿轮轴转速/（$r \cdot min^{-1}$）	40	45	50	60	65

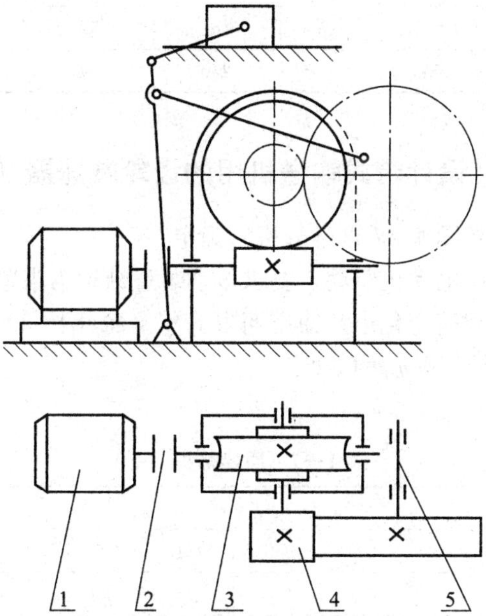

图 1—5　蜗杆减速器传动方案图

1—电动机；2—联轴器；3—蜗杆减速器；4—小齿轮；5—大齿轮轴

1.2.6 题目组六 设计搅拌机用的锥齿轮减速器

(1) 传动方案 如图 1—6 所示。

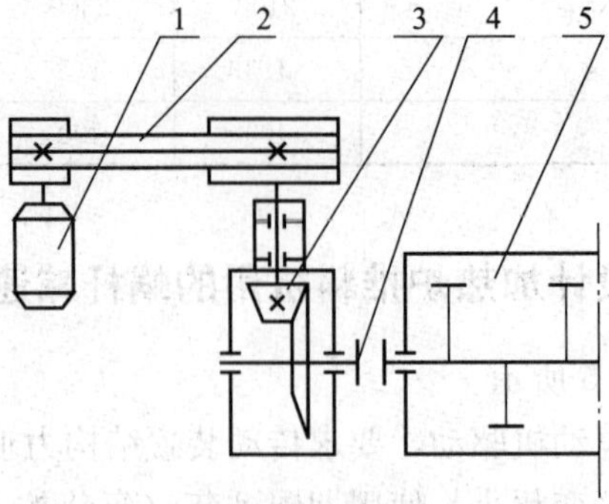

图 1—6 锥齿轮减速器传动方案图

1—电动机；2—带传动；3—锥齿轮减速器；4—联轴器；5—搅拌机

(2) 工作条件 设备由电动机驱动，要求传动装置结构力求紧凑，两班制连续工作，单向运转，空载起动，工作载荷变化小，使用期限 8 年（每年按 300 个工作日计算）。容许速度误差±5%。

设计题目原始数据见表 1—6。

表 1—6 原始数据（六）

参数	题号				
	F1	F2	F3	F4	F5
减速器输出轴转矩/（N·m）	38	52	70	80	100
减速器输出轴转速/（$r \cdot min^{-1}$）	240	180	220	160	265

1.2.7 题目组七 设计带式输送机用的齿轮减速器（传动方案自选）

(1) 传动方案 可参考图 1—7 自己分析后确定。

(2) 工作条件 设备由电动机驱动，要求传动装置结构力求紧凑，两班制连续工作，单向运转，空载起动，工作载荷变化小，使用期限 8 年（每年按 300 个工作日计算）。输送带速度容许误差±5%，卷筒效率 $\eta_w=0.96$。

设计题目原始数据见表 1—7。

表 1—7 原始数据（七）

参数	题号									
	G1	G2	G3	G4	G5	G6	G7	G8	G9	G10
运输带工作拉力 F/kN	1.5	2.2	2.3	2.5	2.6	2.8	3.3	4.0	4.8	5.0
运输带工作速度 v/（$m \cdot s^{-1}$）	1.1	1.1	1.2	1.2	1.3	1.3	1.2	1.2	0.8	0.8
卷筒直径 D/mm	220	240	300	400	200	350	350	400	500	260

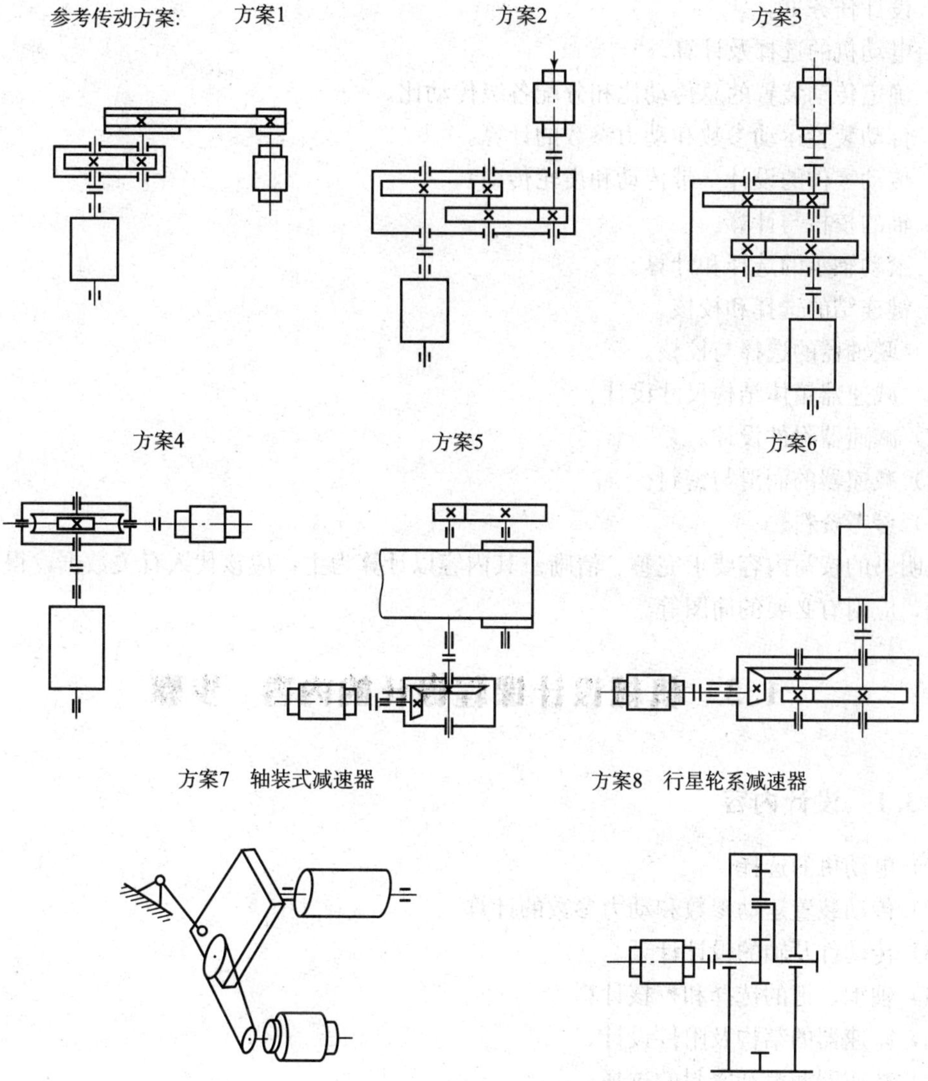

图 1－7　减速器传动方案参考图

1.2.8　设计任务书

完成上述任一题目的设计，要求：

(1) 设计图样

1）减速器总装图一张（三视图）。

要求表达清楚、完整、正确。标题栏、零件明细表、技术条件等内容标注要正确，必要的尺寸标注要齐全。

2）零件图 1～2 张。图样表达清楚、正确。尺寸、公差、表面粗糙度标注要合理，给出必要的技术条件。

3）图样要严格遵守国家标准。

(2) 编写设计说明书一份，应包括下列内容：

1）目录（标题及页码）。

2）设计任务书。

3）电动机的选择及计算。

4）确定传动装置的总传动比和分配各级传动比。

5）传动装置运动参数和动力参数的计算。

6）传动零件的设计（带传动和齿轮传动）。

7）轴的校核与计算。

8）滚动轴承的选择和计算。

9）键连结的选择和校核。

10）联轴器的选择与校核。

11）减速器箱体结构尺寸设计。

12）减速器附件设计。

13）减速器的润滑与密封。

14）参考资料。

说明书的撰写内容要求完整、清晰。其内容以计算为主，应该代入有关数据，得出结果和结论，应附有必要的简图等。

1.3 机械设计课程设计的内容、步骤

1.3.1 设计内容

(1) 电动机的选择。

(2) 传动装置运动参数和动力参数的计算。

(3) 传动件及轴的设计计算。

(4) 轴承、键的选择和校核计算。

(5) 减速器的结构及附件设计。

(6) 减速器润滑和密封的选择。

(7) 绘制减速器装配图及零件图。

(8) 编写说明书，准备答辩。

1.3.2 设计步骤

设计的步骤及时间计划，见表1－8。

表1－8 设计的步骤及时间计划

步骤	设计内容	时间/天
1	收集资料、传动方案的分析	0.5
2	选择电动机、分配传动比、计算运动和动力参数	0.5
3	传动零件的设计（V带传动、齿轮传动）	1
4	轴系零件的设计（轴的设计，联轴器、轴承、键连结的选择与计算）	1.5

续表

步骤	设计内容	时间/天
5	传动零件和支承零件结构设计	1
6	箱体结构及其附件的设计	1.5
7	装配图的修改及加深	1.5
8	绘制零件工作图	1
9	编写设计说明书	1
10	总结答辩	0.5

1.4　机械设计课程设计应注意的问题

机械设计课程设计是学生第一次较全面的设计训练，要求学生将所设计的内容当成“现场设计”，即设计出来的产品能在实际当中使用，因此设计过程中必须综合考虑强度、刚度、结构、工艺、装配、润滑、密封和经济性等多方面的问题。

（1）正确处理参考已有资料与创新的关系

设计是一项根据特定设计要求和具体工作条件进行的复杂细致的工作，凭空想象而不依靠任何资料是无法完成设计工作的，因此，在课程设计中首先要认真阅读参考资料，仔细分析参考图例的结构，充分利用已有资料。学习前人经验是提高设计质量的重要保证，也是设计工作能力的重要体现；但是绝不应该盲目地、机械地抄袭资料，而应该在参考已有资料的基础上，根据设计任务的具体条件和要求，大胆创新，即做到继承与创新相结合。

（2）正确处理设计计算、结构设计和工艺要求等方面的关系

任何机械零件的尺寸，都不可能完全由理论计算确定，而应该综合考虑强度、结构和工艺的要求，因此不能把设计片面理解为只是理论计算，更不能把所有计算尺寸都当成零件的最终尺寸。例如，轴伸端的最小直径 d 按强度计算为 15 mm，但考虑与其相配联轴器的孔径，最后可能取 $d=20$ mm。显然，这时轴的强度计算只是为确定轴伸端直径提供了一个方面的依据。

同时要正确处理结构设计与工艺性的关系，因此设计零件结构时应考虑以下几方面的工艺性要求：

1）选择合理的毛坯种类和形状，如大量生产时优先考虑铸造、轧制、模锻的毛坯，而单件生产或小量生产则采用焊接或自由锻造的毛坯。

2）零件形状尽量简单和便于加工，如用最简单的圆柱面、平面组成的零件，尽量减少加工表面的数量和面积，但也必须考虑零件的定位等方面的问题，如不能设计成光轴。

（3）正确使用标准和规范

在设计工作中，必须遵守国家正式颁布的有关标准和技术规范。这既是降低成本的首要原则，又是评价设计质量的一项重要指标，因此熟悉并熟练使用标准和规范是课程设计的一项重要任务。

设计中采用的标准件，如螺栓的尺寸参数必须符合标准规定；采用的非标准件的尺寸参数，若有标准，则应执行标准，如齿轮的模数；若无标准则应尽量圆整为标准数列或优先数

列，以方便制造和测量。但对于一些有严格几何关系的尺寸（例如，齿轮传动的啮合尺寸参数），则必须保证其正确的几何关系，而不能随意圆整。例如 $m_n=3$ mm、$z=20$、$\beta=10°$的斜齿圆柱齿轮，其分度圆直径 $d=60.926$ mm，不能圆整为 $d=60$ mm。

设计中应尽量减少选用的材料牌号和规格的数量，减少标准的品种和规格，尽可能地选用市场上能充分供应的通用品种。这样既能降低成本，又方便使用和维护。

（4）考虑经济性

成本低、经济性好的产品是占领市场的重要因素。如尽可能地采用标准件是减少成本的重要因素，另外就是在满足使用要求的前提下，选用结构简单合理、价廉的材料等。

（5）熟练掌握设计方法

熟练掌握边画图、边计算、边修改的设计方法，力求精益求精。

（6）图纸和说明书

图纸应符合机械制图规范，说明书要求计算正确、书写工整、内容完整。

（7）独立完成

课程设计是在教师指导下由学生独立完成的，因此，在设计过程中教师要因材施教，严格要求，学生要充分发挥主观能动性，要有勤于思考、深入钻研的学习精神和严肃认真、一丝不苟、有错必改、精益求精的工作态度。

最后，要注意掌握设计进度，保质保量地按时完成设计任务。

第 2 章　传动装置的总体设计

传动装置的总体设计内容包括确定传动方案、选择电动型号、合理分配各级传动比、计算传动装置的运动和动力参数等。为下一步计算各级传动提供条件。

设计任务书由指导教师拟定，学生应对传动方案进行分析，对方案是否合理提出自己的见解。合理的传动方案应满足工作要求，具有结构紧凑、便于加工、效率高、成本低、使用维护方便等特点。因此，必须对各类减速器有所了解。

2.1　减速器简介

2.1.1　减速器的类型、特点及应用

减速器类型很多，按传动件类型的不同可分为圆柱齿轮减速器、圆锥齿轮减速器、蜗杆减速器、齿轮蜗杆减速器和行星齿轮减速器；按传动级数的不同可分为一级减速器、二级减速器和多级减速器；按传动布置方式不同可分为展开式减速器、同轴式减速器和分流式减速器；按传递功率的大小不同可分为小型减速器、中型减速器和大型减速器等。本书重点推荐一级圆柱齿轮减速器。常用减速器的传动形式、特点及应用见表 2－1。

表 2－1　常用减速器的传动形式、特点及应用

名称	形式		推荐传动比范围	特点及应用
一级减速器	圆柱齿轮	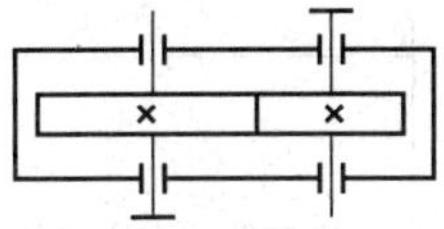	直齿：$i\leqslant4$ 斜齿、人字齿：$i\leqslant10$	齿轮可分为直齿、斜齿、人字齿。传动功率较大，效率高，工艺简单，精度易于保证，一般工厂均能制造，应用广泛
	圆锥齿轮	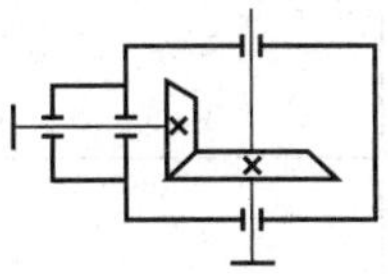	直齿：$i\leqslant3$ 斜齿：$i\leqslant6$	用于输入轴和输出轴垂直相交的传动
	下置式蜗杆	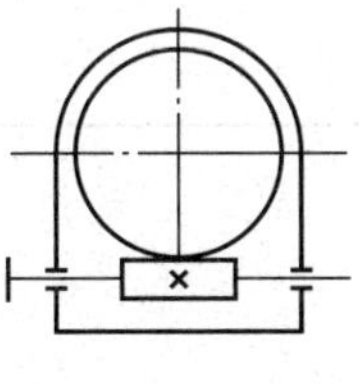	$i=10\sim70$	蜗杆在蜗轮的下面，润滑方便，效果较好，但蜗杆搅油，功率损失较大，一般用于蜗杆圆周速度 v 为 4～5 m/s 的场合

续表

名称	形式		推荐传动比范围	特点及应用
一级减速器	上置式蜗杆	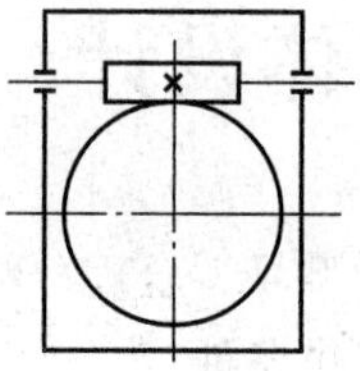	$i=10\sim70$	蜗杆在蜗轮的上面，装拆方便，适用于转速较高的场合
二级减速器	圆柱齿轮展开式	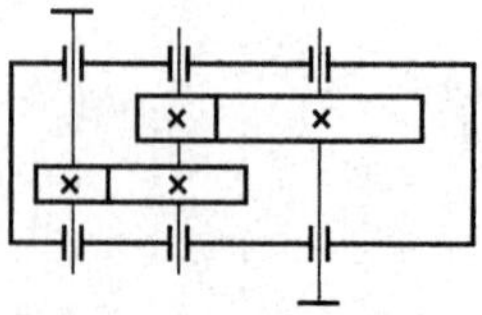	$i=i_1i_2=8\sim40$	二级减速器中最简单的一种。由于齿轮相对于支承不对称布置，轴应具有较大的刚度，用于载荷平稳的场合
	圆柱齿轮分流式	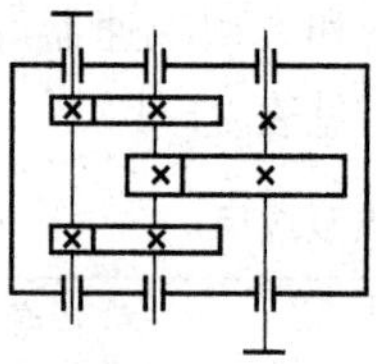	$i=i_1i_2=8\sim40$	高速级用斜齿轮，低速级用直齿轮或人字齿轮，由于低速级齿轮相对于支承对称布置，轮齿沿齿宽受载均匀，两端支承受载也均匀，故常用于大功率、变载的场合
	圆锥圆柱齿轮	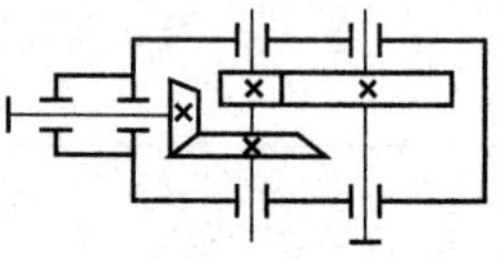	$i=i_1i_2=8\sim15$	锥齿轮放在高速级可使其直径不致过大，否则加工困难。锥齿轮可用直齿或圆弧齿，圆柱齿轮可用直齿或斜齿
	蜗杆齿轮	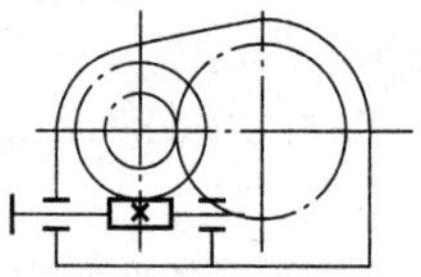	$i=i_1i_2=15\sim480$	将蜗杆传动放在高速级，可使传动效率提高

2.1.2　减速器的典型结构

减速器的类型不同，其结构也就不同。图 2—1 为一级圆柱齿轮减速器结构图。它主要由传动零件（齿轮）、轴系零件（轴、轴承）、连结零件（螺栓、螺钉、销、键）、箱体及附件（通气器、启盖螺钉、吊环螺钉、吊耳、油标等）、润滑和密封装置等组成。

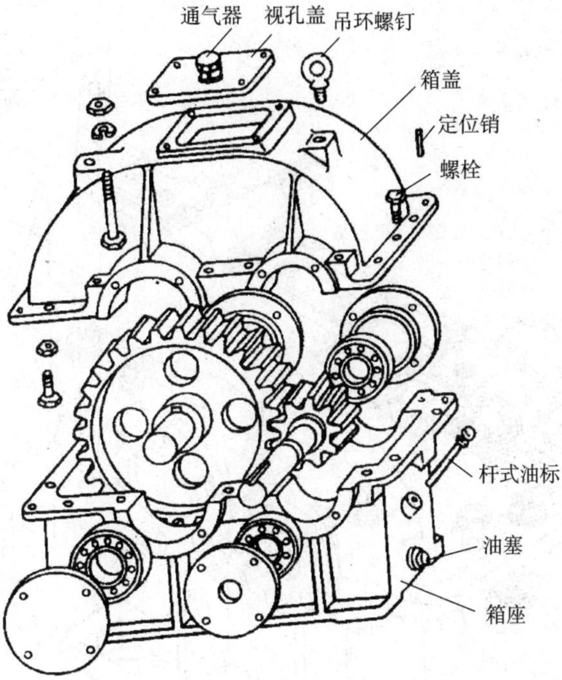

图 2—1　一级圆柱齿轮减速器结构

对其结构有如下说明：

1）箱体由箱盖和箱座组成，其本身应具有足够的刚度，以免在载荷作用下产生过大的变形，导致齿轮沿齿宽载荷分布不均。故在箱体外侧轴承座处设有加强肋，来提高刚度，同时可增大减速器的散热面积。

2）由于箱体是传动的基座，为保证齿轮轴线相互位置的正确，箱体上的轴承孔要求精度较高，同一轴线上的轴承孔要有位置精度要求，且尽量设计成相同孔径，以便于加工。

3）通常将箱体做成剖分式，为便于安装，其剖分面应与齿轮轴线重合。

4）箱盖与箱座用螺栓连结，并设计有定位销，同时还应该有足够的支承面积来保证连结刚度。

5）整体减速器的起吊用箱座上的吊钩，箱盖上的吊环螺钉是用来起吊箱盖的。为便于揭开箱盖，常在箱盖上制有装启盖螺钉的螺纹孔。

6）一般中、小型减速器多用滚动轴承，其优点是摩擦小，润滑简单，效率高，径向间隙小。在轴承处还加有轴承盖，它与箱体结合处还装有调整垫片，用于轴承间隙的调整。

7）箱盖上的检视孔是为检查齿轮啮合情况或往箱内注入润滑油而设置的，平时用视孔盖封闭。检视孔安置一通气器，其横向孔和轴心孔能相通并直通箱体内，使受热膨胀的气体自由逸出，避免破坏箱盖和箱座间的密封。

8）箱座下部设置一放油孔，可放出油箱里的污油。放油孔应位于油池的最低处，油池底部沿放油方向应该稍有斜度，平时放油孔用油塞堵住。

9）在箱座上还设有油标尺，是为了随时检测箱内油面的高低。

图 2—2 是二级展开式圆柱齿轮减速器，其结构与一级圆柱齿轮减速器差不多，其箱体的尺寸比一级的要大一些。

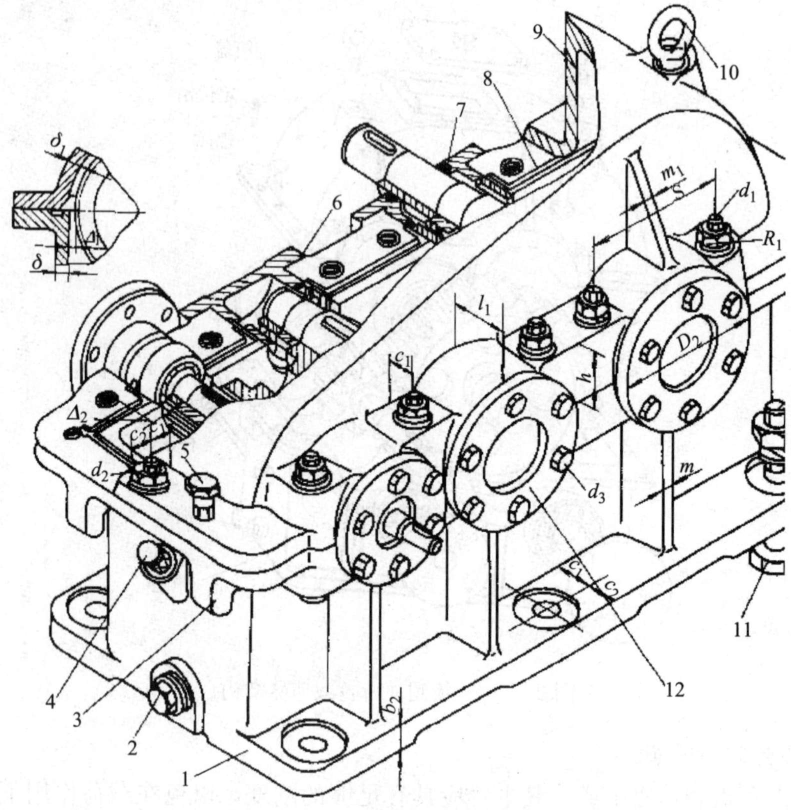

图 2—2 二级展开式圆柱齿轮减速器

1—箱座；2—油塞；3—吊钩；4—油标尺；5—启盖螺钉；6—调整垫片；7—密封装置；8—油沟；9—箱盖；10—吊环螺钉；11—地脚螺钉；12—轴承盖

图 2—3 是锥齿轮—圆柱齿轮二级减速器。

图 2—4 为蜗杆减速器。

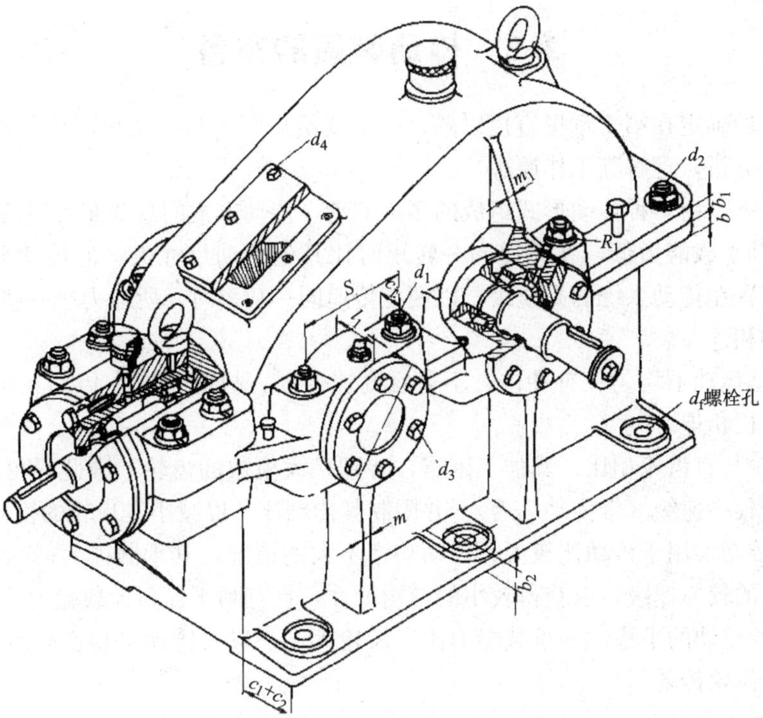

图 2—3　锥齿轮—圆柱齿轮二级减速器

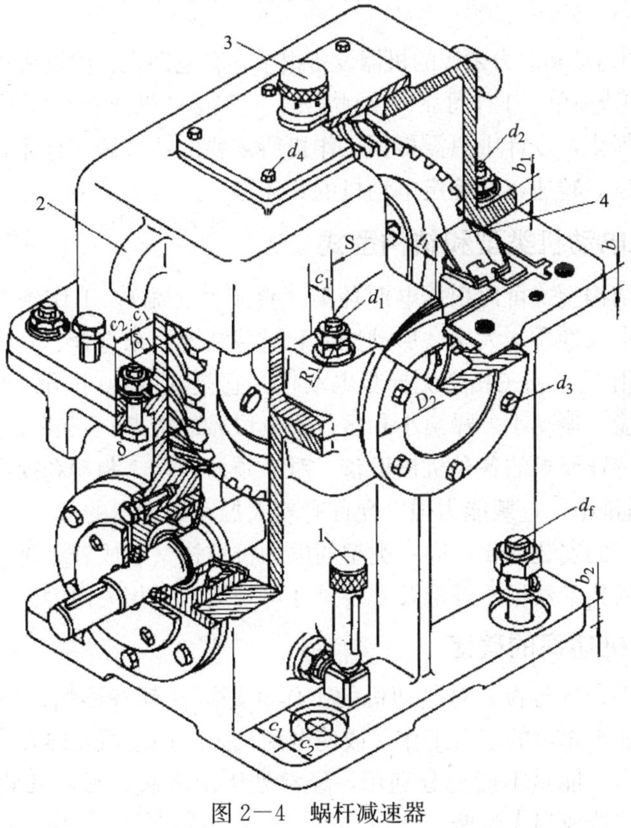

图 2—4　蜗杆减速器

1—管状油标；2—吊耳；3—通气器；4—刮油板

2.2 传动装置的布置

传动方案的确定在第1章里直接以题目的形式给出了，学生就可不作传动方案的选择，但要对方案作分析，理解其工作原理。

通常情况下，由多种传动形式组成的多级传动，传动方案的总体布置应符合以下原则：

1）带传动承载能力低，在传递同一转矩时比其他传动尺寸大，但传动平稳，能缓冲、减振。故应布置在传动系统的高速级，以便在传递同一功率时，所需力小一些。即带传动直接与电动机轴相连。

2）链传动运动不均匀、有冲击，不适宜高速传动，故应布置在传动系统的最低速级，即往往和工作机相连。

3）锥齿轮与直齿轮相比，其加工困难，特别是大模数的齿轮。因此尽可能将锥齿轮布置在高速级或较高速级（带传动之后），并限制其传动比，以减小锥齿轮的模数和结构尺寸。

4）蜗杆传动常用于传动比较大、传动功率不大的情况，其承载能力较齿轮低，故应布置在传动系统的较高速级，以获得较小的结构尺寸，且有利于提高承载能力及效率。

5）斜齿轮传动的平稳性和承载能力比直齿轮大，一般对传动平稳性和承载能力有要求时，多采用斜齿轮传动。

2.3 电动机的选择

提供机械传动中运动和动力来源的机器设备很多，有电动机、内燃机机、水轮机、汽轮机、液动机等。电动机构造简单、工作可靠、控制简便，一般生产机械上大多采用电动机驱动。

电动机已经系列化，设计中只需根据工作机所需要的功率和工作条件，选择电动机的类型和结构型式、容量、转速，并确定电动机的具体型号。

2.3.1 选择电动机类型和结构型式

电动机类型和结构型式可以根据电源种类（直流、交流）、工作条件（温度、环境、空间尺寸）和载荷特点（性质、大小、启动性能和过载情况）来选择。

工业上广泛应用Y系列三相交流异步电动机。它是我国20世纪80年代的更新换代产品，具有高效、节能、振动小、噪声小和运行安全可靠的特点，安装尺寸和功率等级符合国际标准，适合于无特殊要求的各种机械设备。对于频繁启动、制动和换向的机械（如起重机械），宜选用转动惯量小、过载能力强、允许有较大振动和冲击的YZ型或YZR型三相异步电动机。为适应不同的安装需要，同一类型的电动机结构又制成若干种安装形式，供设计时选用。有关电动机的技术数据、外形及安装尺寸可查阅本书相关内容。

2.3.2 电动机功率的确定

电动机功率选得合适与否，对电动机的工作和经济性都有影响，当容量小于工作要求时，电动机不能保证工作机的正常工作，或使电动机因长期过载发热量大而过早损坏。容量过大则电动机价格高，能量不能充分利用，经常处于不满载运行，其效率和功率因数都较低，增加电能消耗，造成很大浪费。

电动机容量主要根据电动机运行时的发热条件来决定。电动机的发热与其运行状态有关。对于长期连续运转、载荷不变或变化很小、常温下工作的机械，只要所选电动机的额定功率等于或略大于所需电动机功率，电动机在工作时就不会过热，而不必校验发热和起动力矩。具体计算步骤如下：

1. 计算工作机所需功率 P_w

工作机所需功率 P_w（kW），应该由机器的工作阻力和运动参数确定，课程设计中可因设计任务书中给定的工作机参数（F、v、T 等），按下式计算

$$P_w=\frac{Fv}{1000\eta_w}\text{或}\qquad P_w=\frac{Tn}{9550\eta_w} \tag{2-1}$$

式中：F—工作机的生产阻力（N）；

v—工作机的速度（m/s）；

T—工作机的阻力矩（N·m）；

n—工作机的转速（r/min）；

η_w—工作机的效率，对带式输送机一般 $\eta_w=0.94\sim0.96$。

2. 计算电动机所需功率 P_0

电动机所需功率 P_0 按下式计算：

$$P_0=\frac{P_w}{\eta} \tag{2-2}$$

式中：η—从电动机到工作机的传动装置总效率，为组成传动装置各运动副的效率之积。即 $\eta=\eta_1\eta_2\cdots\eta_n$。$\eta_1$，$\eta_2$，…，$\eta_n$ 分别为传动装置中各级传动、各对轴承、联轴器等的效率，其值可查阅表 2—2。

表 2—2　各类传动、轴承及联轴器的效率

种类		效率 η	种类		效率 η
圆柱齿轮传动	经过跑合的 6 级精度和 7 级精度齿轮传动（油润滑）	0.98～0.99	带传动	平带无张紧轮的传动	0.98
	8 级精度的一般齿轮传动（油润滑）	0.97		V 带传动	0.96
	9 级精度的齿轮传动（油润滑）	0.96	链传动	滚子链	0.96
	加工齿的开式齿轮传动（脂润滑）	0.94～0.96		齿形链	0.97
锥齿轮传动	经过跑合的 6 级精度和 7 级精度齿轮传动（油润滑）	0.97～0.98	滑动轴承	润滑不良	0.94（一对）
	8 级精度的一般齿轮传动（油润滑）	0.94～0.97		润滑正常	0.97（一对）
	加工齿的开式齿轮传动（脂润滑）	0.92～0.95		润滑很好（压力润滑）	0.98（一对）
蜗杆传动	自锁蜗杆（油润滑）	0.40～0.45		液体摩擦润滑	0.99（一对）
	单头蜗杆（油润滑）	0.70～0.75	滚动轴承	球轴承	0.99（一对）
	双头蜗杆（油润滑）	0.75～0.82			
	三头和四头蜗杆（油润滑）	0.80～0.92		滚子轴承	0.98（一对）
联轴器	弹性联轴器	0.99～0.995			
	金属滑块联轴器	0.97～0.99	丝杠传动	滑动丝杠	0.30～0.60
	齿轮联轴器	0.99		滚动丝杠	0.85～0.95
	万向联轴器	0.95～0.98	卷筒		0.94～0.97

在计算传动装置的总效率时注意以下几点：

1）在资料中查出的效率数值为一范围时，一般可取中间值；如工作条件差，加工精度低或维护不良，应取低值，反之取高值。

2）轴承的效率通常指一对轴承而言。

3）同类型的几对传动副、轴承或联轴器，要分别计入各自的效率。

3. 确定电动机的额定功率 P_d

电动机的额定功率 $P_d=(1\sim1.3)P_0$。然后根据 P_d 从第 12 章中有关电动机标准中查取电动机的型号。

2.3.3 电动机转速的确定

容量相同的同类型电动机，其同步转速有 3 000 r/min，1 500 r/min，1 000 r/min，750 r/min 四种，电动机转速越高，则磁极数越少，尺寸和质量越小，价格也越低。

但电动机转速与工作机转速相差过多势必造成传动系统的总传动比加大，致使传动装置的外廓尺寸和质量增加，价格提高。而选用较低转速的电动机时，则情况正好相反，即传动装置的外廓尺寸和质量减小，而电动机的尺寸和质量增大，价格提高。因此，在确定电动机转速时，应进行分析比较，权衡利弊，选择最优方案。

设计中常选用同步转速为 1 500 r/min 或 1 000 r/min 的电动机，如无特殊要求，一般不选用 3 000 r/min 和 750 r/min 的电动机，根据选定的电动机类型、结构、容量和转速，由本书第 12 章查出电动机型号，并将其型号、额定功率、满载转速、外形尺寸、电动机中心高、轴伸尺寸、键连结尺寸等记录备用。

对于专用传动装置，其设计功率按实际需要的电动机功率 P_0 来计算，对于通用传动装置，其设计功率按电动机的额定功率 P_d 来计算。传动装置的输入转速可按电动机额定功率时的转速即满载转速来计算。

2.4 总传动比的计算和各级传动比的分配

（1）总传动比的计算　总传动比是指电动机的满载转速 n_d 与工作机转速 n 之比。即

$$i=\frac{n_d}{n} \tag{2-3}$$

（2）各级传动比的分配　对于串联传动系统，总传动比等于从电动机开始的各级传动比之积，即

$$i=i_1 i_2 i_3 \cdots i_n \tag{2-4}$$

传动比的合理分配是传动系统设计的一个重要环节，它直接影响到传动系统的外廓尺寸、质量、润滑情况等多方面。

各类传动的传动比见表 2－3。

表 2—3　各类传动的传动比

传动类型			传动比的推荐值	传动比的最大值
单级闭式齿轮传动	圆柱齿轮	直齿 斜齿	3～4 3～5	≤10
	直齿锥齿轮		2～3	≤6
单级开式圆柱齿轮			4～6	≤15～20
一级蜗杆传动		闭式 开式	7～40 15～60	≤80 ≤100（个别情况≤120）
带传动	平带 V 带		2～4 2～4	≤6 ≤7
链传动			2～4	≤7

分配各级传动比应注意：

1）各级传动比不得超过其限制值，并尽量采用推荐值，以符合各种传动形式的工作特点，结构紧凑。

2）应注意使各级传动的尺寸协调、结构匀称、避免相互干涉碰撞。例如。在由带传动和单级圆柱齿轮减速器组成的传动装置中，一般应使带传动的传动比小于齿轮传动的传动比，否则，就有可能使大带轮半径大于减速器中心高，如图 2－5 所示，使带轮与底架相碰，造成安装不方便。

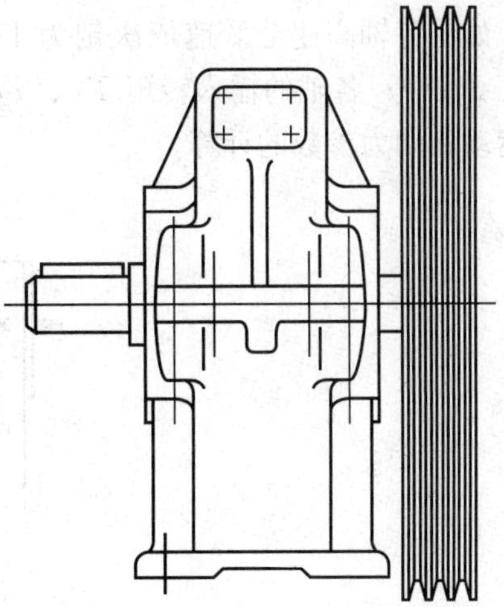

图 2—5　大带轮尺寸过大的安装情况

3）若为二级以上的齿轮传动，其高速级的传动比应该小于低速级的传动比，不然会出现如图 2—6 所示二级传动系统的结果，由于高速传动比过大，致使高速级大齿轮与低速轴相碰。

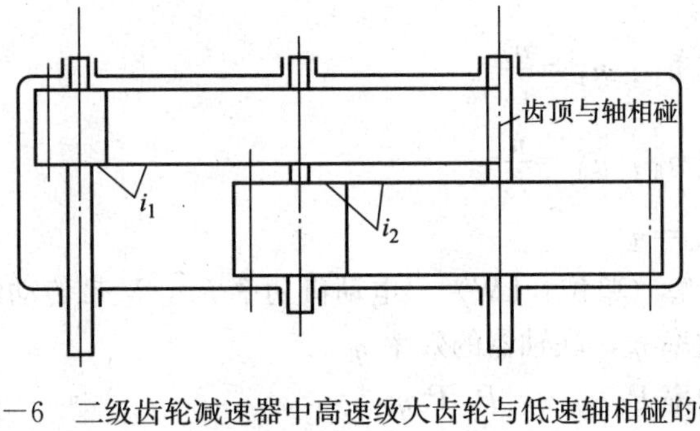

图 2—6　二级齿轮减速器中高速级大齿轮与低速轴相碰的情况

4）对于多级齿轮减速器，为使各级齿轮传动润滑良好，各级大齿轮直径应接近。分配的各级传动比只是初步选定的数值，实际传动比要由传动件最终确定的参数（如齿轮齿数、带轮直径等）准确计算，因此，工作机的实际转速，要在传动件设计计算完成后进行核算，如不在允许误差范围内，则应重新调整传动件参数，甚至重新分配传动比。设计要求未规定转速（或速度）的允许误差时，传动比一般允许在±（3%～5%）范围内变化。

2.5　计算传动装置的运动和动力参数

传动装置的运动和动力参数是指各轴的转速、功率和转矩等。计算运动和动力参数是为设计传动零件用。各轴的功率和转速均按输入端的数值计算。方法有两种：一是由工作机出发，考虑各级传动的效率和传动比，逐步向电动机方向计算；另一种是由电动机出发，逐步向工作机方向计算。前一种方法的优点是计算的各级载荷是实际承受的载荷，因而根据它计算出的传动零件结构较为紧凑，这种方法适用于设计专用的减速器。而后一种方法计算出的各轴载荷比实际载荷要大，所以设计出的零件尺寸比实际尺寸要稍大一些，即具有一定的能力储备，这种方法适用于设计标准系列的通用减速器。我们一般考虑通用减速器的设计，故采用后一种设计方法。

如将各轴高速至低速依次定为Ⅰ轴、Ⅱ轴…（电动机轴除外），各轴部的输入功率为 $P_{\text{Ⅰ}}$、$P_{\text{Ⅱ}}$…；各轴的输入转矩 $T_{\text{Ⅰ}}$、$T_{\text{Ⅱ}}$…；各轴转速为 $n_{\text{Ⅰ}}$、$n_{\text{Ⅱ}}$…。现以图 2－7 为例说明各轴运动和动力参数的计算。

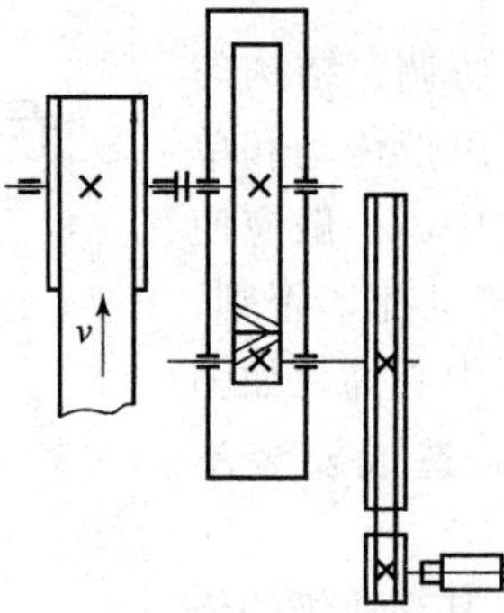

图 2－7　带式运输机运动简图

（1）各轴转速计算（单位：r/min）　电动机轴转速 n_d，i_v—V 带传动的传动比，i_c—齿轮传动的传动比

减速器高速轴转速 $n_{\text{Ⅰ}}$：$n_{\text{Ⅰ}}=\dfrac{n_d}{i_v}$

减速器低速轴转速 $n_{\text{Ⅱ}}$：$n_{\text{Ⅱ}}=\dfrac{n}{i_c}$

工作机转速 n_w：$n_w=n$

（2）各轴功率的计算（单位：kW）　电动机功率 P_d，V 带传动的效率 η_v、齿轮传动的效率 η_c，滚动轴承的效率 η_z，联轴器的效率 η_L

减速器高速级的功率 $P_{\text{Ⅰ}}$：　　$P = P_d\eta_v$

减速器低速级功率 $P_{\text{Ⅱ}}$：　　$P = P_\eta\eta_c\eta_z$

工作机功率 P_w：　　$P_w = P_\eta\eta_L$

（3）各轴转矩的计算（单位：N・m）

电动机轴转矩 T_d：　　$T_d=9\ 550\times\dfrac{P_d}{n_d}$

减速器高速级转矩 T_{I}：　　　$T_{\mathrm{I}}=9\ 550\times\frac{P_{\mathrm{I}}}{n_{\mathrm{I}}}$

减速器低速级转速 T_{II}：　　　$T_{=}9\ 550\times\frac{P}{n}$

工作机的转矩 T_w：　　　$T_w=9\ 550\times\frac{P_w}{n_w}$

现以图 2－7 所示带式运输机为例说明各轴运动和动力参数的计算。

如图 2－7 所示带式运输机运动简图，已知卷筒直径 $D=300$ mm，运输带的有效拉力 $F=2\ 000$ N，卷筒效率（包括一对轴承）$\eta_w=0.95$，运输带的速度 $v=1.6$ m/s，室温下长期连续工作，单向运转，载荷平稳，使用三相交流电源。试选择电动机，计算传动装置的总传动比并分配各级传动比，计算传动装置各运动和动力参数。

解：

1. 选择电动机

（1）选择电动机的类型。带式运输机为一般用途机械，根据工作和电源条件，选用 Y 系列三相异步电动机。

（2）选择电动机的功率

1）工作机所需要的功率 P_w

按式 2－1 计算：

$$P_w=\frac{Fv}{1\ 000\eta_w}$$

将 $F=2\ 000$N、$v=1.6$m/s、$\eta_w=0.95$ 代入上式得

$$P_w=\frac{2\ 000\times1.6}{1\ 000\times0.95}\text{kW}=3.73\ \text{kW}$$

2）电动机所需要的功率 P_0：

按式（2－2）计算

$$P_0=\frac{P_w}{\eta}$$

式中：η—从电动机到卷筒的传动总效率。由传动简图知

$$\eta=\eta_v\eta_c\eta_z^2\eta_L$$

由表 2－1 选取 $\eta_v=0.96$（V 带效率），$\eta_c=0.97$（齿轮传动效率按 8 级精度），$\eta_z=0.99$（滚动轴承效率），$\eta_L=0.99$（联轴器的效率）代入上式得

$$\eta=0.96\times0.97\times0.99^2\times0.99=0.9$$

故

$$P_0=\frac{P_w}{\eta}=\frac{3.37}{0.9}\text{kW}=3.74\ \text{kW}$$

3）选择电动机额定功率 P_d

因工作平稳、室温工作，电动机的额定功率 P_d 只需略大于 P_0 即可，查表 12－2 取 $P_d=4$ kW。

（3）选择电动机转速。卷筒轴的工作速度为

$$n_w=\frac{60\times1\ 000v}{\pi D}=\frac{60\times1\ 000\times1.6}{3.14\times300}\text{r/min}=102\ \text{r/min}$$

按表 2－2 推荐的各类传动比范围：V 带传动比 $i_v=2$，一级斜齿轮圆柱齿轮传动比 $i_c=$

3～5，则总传动比的范围：

$$i=i_v i_c=(2\times 3)\sim(4\times 5)$$

电动机的转速可选范围为

$$n_d=in_w=(6\sim 20)\times 102\ \text{r/min}=612\sim 2\,040\ \text{r/min}$$

由表 12－2 可知符合这一转速范围有三种型号。1 440 r/min 的电动机价格较便宜，但传动比也会较大，会使传动装置的结构尺寸也较大；720 r/min 的电动机能使传动装置的传动比较小，从而较紧凑，但昂贵。960 r/min 的电动机价格、传动比较合适，因此选择电动机型号 Y132M1—6。其主要性能及尺寸见表 2－4。

表 2－4　Y132M1－6 电动机主要性能尺寸

电动机型号	额定功率/kW	满载转速/(r·min^{-1})	中心高 H/mm	外形尺寸（长/mm）×（宽/mm）×（高/mm）	安装尺寸（A/mm）×（B/mm）	轴伸尺寸 D/mm	键槽尺寸（D/mm）×（E/mm）
Y132M1—6	4	960	132	515×350×315	216×178	38×80	10×33

2. 计算传动装置总传动比及分配传动比

1）传动装置总传动比

$$i=\frac{n_d}{n_w}$$

Y132M1—6 电动机的满载转速 n_d＝960/min，卷筒轴转速 n_w＝1 02 r/min，故

$$i=\frac{n_d}{n_w}=\frac{960}{102}\approx 9.41$$

2）分配各级传动装置的传动比

由式 2－4 可知：$i=i_v i_c$。为了不使 V 带的轮廓尺寸过大，分配传动比时应保证 $i_v\leqslant i_c$，故取 $i_v=2.4$，$i_c=3.92$。

3. 计算传动装置的动力和运动参数

1）计算各轴转速

Ⅰ轴
$$n_{=}\frac{n_d}{i_v}=\frac{960}{2.4}\text{r/min}=400\ \text{r/min}$$

Ⅱ轴
$$n_{=}\frac{n}{i_c}=\frac{400}{3.92}\text{r/min}=102\ \text{r/min}$$

2）计算各轴功率

Ⅰ轴
$$P_{=}P_d\eta_v=4\times 0.96\ \text{kW}=3.84\ \text{kW}$$

$$P_{=}P_{\eta z}\eta_c=3.84\times 0.99\times 0.97\ \text{kW}=3.69\ \text{kW}$$

$$P_w=P_{\eta z}\eta_L=3.69\times 0.99\times 0.99\ \text{kW}=3.62\ \text{kW}$$

3）计算各轴转矩

电动机轴
$$T_d=9\,550\times\frac{P_d}{n_d}=9\,550\times\frac{4}{960}\text{N}\cdot\text{m}=39.79\ \text{N}\cdot\text{m}$$

Ⅰ轴
$$T=9\,550\times\frac{P}{n}=9\,550\times\frac{3.84}{400}\ \text{N}\cdot\text{m}=91.68\ \text{N}\cdot\text{m}$$

Ⅱ轴　　$T_{\mathrm{I}}=9\ 550\times\frac{P_{\mathrm{I}}}{n_{\mathrm{I}}}=9\ 550\times\frac{3.69}{102}\ \mathrm{N\cdot m}=345.5\ \mathrm{N\cdot m}$

卷筒轴　　$T_w=9\ 550\times\frac{P_w}{n_w}=9\ 550\times\frac{3.62}{102}\ \mathrm{N\cdot m}=339\ \mathrm{N\cdot m}$

计算结果整理成表 2−5。

表 2−5　各轴参数计算结果

轴号	电动机轴	Ⅰ轴	Ⅱ轴	卷筒轴
功率/kW	4	3.84	3.69	3.62
转矩/（N·m）	39.79	91.68	345.5	339
转速/（$\mathrm{r\cdot min^{-1}}$）	960	400	102	102

第3章　传动零件的设计计算

传动装置是指各种类型的零部件，其中决定工作性能、结构和尺寸的是传动零件，支承零件和连结零件都要以传动零件为依据来设计，因此，一般先设计传动零件。

传动零件的设计包括确定传动零件的材料、主要参数及结构尺寸。一般先设计计算减速器外的传动零件（如带传动、链传动、开式齿轮传动等），再进行减速器内各轴转速、转矩及传动零件的设计计算。

各类传动零件的设计计算参考教材中的内容，在此对设计计算的要求和要注意的问题加以说明。

3.1　轴径的初算

为便于装配，一般减速器中的传动轴设计成阶梯轴，其轴径的大小要先初算，其最小直径往往在和带轮或联轴器相连处。

估算轴径的方法有两种：一是先按轴只受转矩来估算；另一种则是用类比法，即根据相近减速器或与之相配合的联轴器的孔径来确定。

按轴只受转矩，估算轴径的公式为

$$d \geqslant C\sqrt{\frac{P}{n}}$$

式中　d——初定的轴径（mm）；

n——轴的转速（r/min）；

C——轴的材料和承载情况决定的常数，参阅教材或有关手册；

P——轴传递的功率（kW）。

在初算轴径时如果有键槽，应适当增大轴径来减轻其对轴的削弱程度。然后按标准（参阅教材）圆整至标准值。如果初估直径轴的外伸端要与联轴器、带轮或电动机相连，则其值要与相配合零件的标准孔径相匹配。

3.2　联轴器的选择

选择联轴器包括选择联轴器类型和尺寸等。联轴器的类型应根据工作需要选定，连接电动机与减速器高速轴的联轴器，由于转速较高，一般应该选择具有缓冲、吸振作用的弹性联轴器，如弹性套柱销联轴器、弹性柱销联轴器。连结减速器低速轴和工作机的联轴器，由于转速低，传递的转矩大，还加上减速器与工作机轴间往往有很大的轴向偏移，故常选用刚性可移式联轴器，如滚子链联轴器、齿式联轴器等。对于一些中小型联轴器，输出轴与工作机轴间的偏移不大时也可以选择弹性柱销联轴器。

联轴器的型号是按计算转矩进行选择。选定联轴器的轴孔径范围应该与被连结两轴的直径相适应。值得注意的是减速器高速轴外伸段轴径应该与电动机的轴径相差不大，不然难以选择合适的联轴器。电动机选定后，其轴径也就定了，只需让减速器外伸段直径与其适应。

联轴器的选择和校核，应考虑机器起动时的惯性力和起动载荷的影响，按最大载荷进行。然而设计时最大载荷不宜确定，故常常用计算载荷进行选择和校核。

计算转矩 T_c 按下式计算

$$T_c = KT \leqslant [T_n]$$

式中　T——工作转矩（N·m）；

K——工作情况系数（参阅教材）；

T_n——公称转矩，见表 8－42～8－51。

联轴器转速满足

$$n \leqslant [n]$$

式中　$[n]$——联轴器许用转速，见表 8－42～8－51。

3.3　减速器箱体外部传动零件的设计

减速器箱体外部传动零件常用的有带传动、链传动、开式齿轮传动等。

3.3.1　带传动

1. 带传动设计的主要内容

确定带的型号、长度和根数、确定中心距、初拉力及张紧装置；选择大、小带轮直径、材料、结构尺寸等。

2. 带传动设计的原始依据

设计 V 带传动所需要的已知条件为：原动机种类和所需传递的功率（或转矩），主动轮和从动轮的转速（或传动比），工作条件及对外廓尺寸、传动位置的要求。

3. 带传动设计注意事项

1）注意检查带传动中各有关尺寸的协调。例如小带轮外圆半径与电动机的中心高是否相称，小带轮轴孔直径和长度与电动机轴径和长度是否对应；大带轮外圆直径选定后，要检查它是否过大而与箱体底座干涉，大带轮的孔径要注意与带轮直径尺寸相协调，以保证安装的稳定性，同时还要注意此孔径是否和变速器主动轴外伸端的轴径相配合。

2）设计参数应保证带传动良好的工作性能。例如满足带速 $5\ \text{m/s} \leqslant v \leqslant 25\ \text{m/s}$，小带轮包角 $\alpha_1 \geqslant 120^{\circ}$，一般带根数 $z \leqslant 4 \sim 5$ 等方面的要求。

3）带轮参数确定后，由带轮直径和滑动率计算实际传动比和从动轮的转速，并以此修正减速器所要求的传动比和输入转矩。

4）画带轮结构图时，注明主要尺寸，注意大带轮轴孔直径和宽度与减速器输入轴轴伸尺寸的关系，如图 3－1 所示。小带轮是和电动机相联，其轮毂孔径与电动机轴伸端有关，如图 3－2 所示。

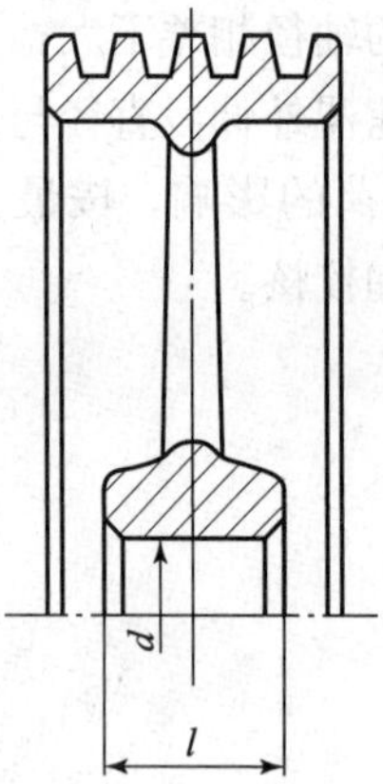

图 3－1　大带轮尺寸

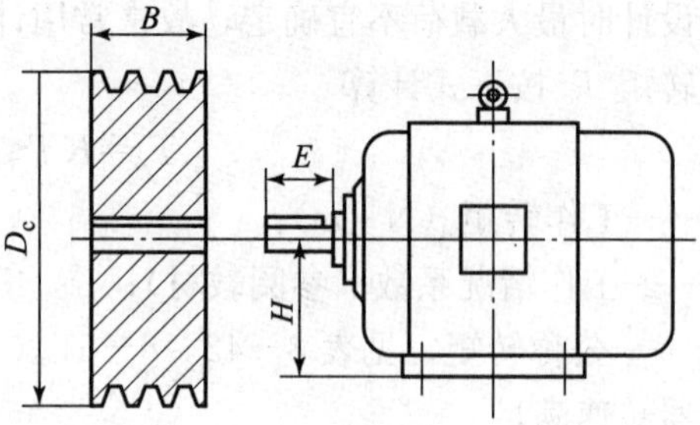

图 3－2　小带轮与电动机示意图

3.3.2　链传动

在减速器中用得较多的是滚子链传动。

1. 链传动设计的主要内容

选择链条的型号（链节距）、排数和链节数；确定传动中心距、链轮齿数、链轮材料和结构尺寸；考虑润滑方式、张紧装置和维护要求等。

2. 链传动设计的原始依据

传递功率、载荷特性和工作情况；主动链轮和从动链轮的转速（或传动比），外廓尺寸、传动布置方式的要求及润滑条件等。

3. 链传动设计的注意事项

1）注意检查链轮尺寸与传动装置外廓尺寸的相互关系。例如链轮轴孔直径和长度与减速器或工作机轴径和长度是否协调等。

2）设计参数应尽量保证链传动有较好的工作性能。例如采用单排链传动而计算出的链节距较大时，应改选双排链或多排链；大、小链轮的齿数最好选择奇数；链节数最好取偶数等。

3）链轮齿数确定后，应计算实际传动比和从动轮的转速，并考虑是否修正减速器所要求的传动比和输入转矩。

4）画链轮结构图时不必画出端面齿形图。

3.3.3　开式齿轮传动

1. 开式齿轮传动设计的主要内容

选择齿轮材料及热处理方式，确定齿轮传动的参数（中心距、齿数、模数、齿宽等）；设计齿轮的结构及其他几何尺寸。

2. 开式齿轮传动设计的原始依据

设计开式齿轮传动的已知条件为：所需传递的功率（或转矩）、主动轮转速和传动比、工作条件和尺寸限制等。

3. 开式齿轮传动设计注意事项

1）开式齿轮传动主要失效形式是磨损，一般只需进行轮齿弯曲强度计算，应将强度计算求得的模数加大 10%～20%，用以补偿磨损的存在，不必进行接触疲劳强度计算。为保证齿根弯曲强度，常取小齿轮齿数 z=17～20。

2）开式齿轮传动一般用于低速，为使支承结构简单，常采用直齿。由于暴露在空间，灰尘大，润滑条件差，选用材料时要注意耐磨性能和大小齿轮材料的配对，大齿轮材料应考虑其毛坯尺寸和制造方法。

3）开式齿轮一般都在轴的悬臂端，支承刚度小，故齿宽系数应取得小些，以减轻轮齿载荷集中。选取小齿轮齿数时，应尽量取得少一些，使模数适当加大，提高抗弯曲和磨损能力。

4）检查齿轮尺寸与传动装置和工作机是否相称；按大、小齿轮的齿数计算实际传动比和从动轮的转速，并考虑是否修正减速器所要求的传动比和输入转矩。

5）画出齿轮结构图时标明与减速器输出轴相配合的轮毂尺寸。

3.4　减速器箱体内部传动零件的设计

减速器箱体内部传动零件常用的有：圆柱齿轮传动、圆锥齿轮传动、蜗杆蜗轮传动。

3.4.1　圆柱齿轮传动

1. 圆柱齿轮传动设计的主要内容

同开式齿轮传动。即选择齿轮材料及热处理方式，确定齿轮传动的参数（中心距、齿数、模数、齿宽等）；设计齿轮的结构及其他几何尺寸。只是在确定参数时，由于闭式齿轮传动的失效形式与开式有可能不同，软齿面主要是齿面点蚀，也就是接触疲劳强度较低，一般先按齿面接触疲劳强度条件进行设计，确定中心距或小齿轮分度圆直径后，选择齿数和模数，然后校核齿根弯曲疲劳强度。如果是硬齿面，承载能力主要取决于轮齿的弯曲疲劳强度，则常按弯曲疲劳强度进行设计计算，然后校核齿面接触疲劳强度。设计方法和步骤详见教材。

2. 圆柱齿轮传动设计的原始依据

同开式齿轮传动。即所需传递的功率（或转矩）、主动轮转速和传动比、工作条件和尺寸限制等。

3. 圆柱齿轮传动设计的注意事项

1）齿轮材料及热处理方法的选择。要考虑齿轮毛坯的制造方法，当齿轮顶圆直径 $d \leqslant$ 400～500 mm 时，一般采用锻造毛坯；当 d 为 400～500 mm 时，因受锻造设备能力的限制，多采用铸造毛坯，且做成轮辐式；当小齿轮根圆直径与轴的直径相差不大，或齿根圆到键槽底部的径向距离 $y<2.5$ m 时，应将齿轮和轴做成一体，即齿轮轴，选择材料时要兼顾齿轮及轴的一致性要求；同一减速器内各级大小齿轮的材料最好相同，以减少材料牌号和简化工艺要求。

2）齿轮传动的几何参数和尺寸要求。应分别进行标准化、圆整或计算其精确值。例如模数必须标准化，中心距和齿宽尽量圆整，啮合尺寸（节圆、分度圆、齿顶圆及齿根圆直径、螺旋角、变位系数等）必须计算精确值。计算时要求长度尺寸精确到小数点后 2～3 位（单位为 mm），角度精确到 s，中心距应尽量圆整或尾数为 0 或 5，对于直齿轮传动可以调整模数 m 和齿数 z，或采用角变位来实现。对于斜齿轮传动可调节螺旋角 β 来实现。

3）齿轮的结构。齿轮的结构尺寸最好为整数，以便于制造和测量，如轮毂直径和长度、轮辐厚度和孔径，轮缘长度和内径等。按设计资料给定的经验公式计算后，都应尽量进行圆整。

4）齿轮齿数的选择。选择齿轮齿数时，注意避免发生根切。小齿轮齿数和大齿轮齿数最好互为质数，防止失效集中在某几个轮齿上。

5）齿宽系数的选择。齿宽系数 $\varphi_a=b/a$，其中，b 为一对齿轮的齿宽，a 为啮合齿的中心距。为便于装配和易于补偿齿轮轴向位置误差，常取小齿轮宽度 $b_1=b+$（5～10）mm，齿宽值应进行圆整。

3.4.2 圆锥齿轮传动

参看圆柱齿轮传动设计注意问题，同时还应注意：

1）直齿锥齿轮传动的锥距 R、分度圆直径 d（大端）等几何尺寸，都应以大端模数来计算，且算至小数点后 3 位，不得圆整。

2）两轴交角为 90°时，分度圆锥角 δ_1 和 δ_2 可以由齿数比 $u=z_2/z_1$ 算出。其中小锥齿轮的齿数 z_1 可取 17～25，u 值的计算应达到小数点后第 4 位，δ 值的计算应精确到 s。

3）大、小锥齿轮的齿宽应相等，按齿宽系数 $\varphi_R=b/R$ 计算出的数值应圆整。

3.4.3 蜗杆传动

1. 蜗杆设计的主要内容

设计计算的主要内容为：选择蜗杆和蜗轮的材料及热处理方式；确定蜗杆传动的参数（蜗杆分度圆直径、中心距、模数、蜗杆头数及导程角、蜗轮螺旋角、蜗轮齿数和齿宽等）；设计蜗杆和蜗轮的结构及其他几何尺寸。

2. 蜗杆传动设计的原始依据

设计蜗杆传动时的已知设计条件与圆柱齿轮传动相同。

3. 设计计算时应注意的问题

1）蜗杆副的材料选择与滑动速度有关，一般是在初估滑动速度的基础上选择材料；蜗杆副的滑动速度 v_s 可由下式估算：

$$v_s=5.2\times10^{-4}n_1\sqrt[3]{T_2}$$

式中 v_s 为滑动速度（m/s），n_1 为蜗杆转速（r/min），T_2 为蜗轮轴转矩（N·m）。

当蜗杆传动尺寸确定后，校核滑动速度和传动效率，若与初估值有较大出入，则应重新修正计算，其中包括检查材料选择是否恰当。

2）为便于加工，蜗杆和蜗轮的螺旋线方向应尽量取为右旋。

3）模数 m 和蜗杆分度圆直径要符合标准规定，在确定 m、d_1、z_2 后，计算中心距应尽量圆整成尾数为 0 或 5（mm），为此，常需要将蜗杆传动做成变位传动，只对蜗轮进行变位，蜗杆不变位。

4）蜗杆分度圆圆周速度 $v \leqslant 1 \sim 5$ m/s 时，一般将蜗杆下置，v 为 $4 \sim 5$ m/s 时，则将蜗杆上置。

5）蜗杆强度和刚度验算。蜗杆传动热平衡计算，应在画出装配底图、确定蜗杆支点距离和箱体轮廓尺寸后进行。

第 4 章　减速器结构设计与制图

4.1　概　　述

减速器装配图是表达各传动零件结构形状及相互位置的图纸，也是绘制零件工作图和制造、装配、维修机器的重要技术依据。所以，设计减速器装配图时，要全面考虑零件的材料、强度、刚度、加工、装拆、调整、润滑、密封和经济性等多方面的要求，再选用合适的图纸，以合理的比例尺和足够的视图（剖面）将减速器的各部分结构表达清楚。

减速器装配图的设计及绘制是设计过程中的重要环节。通常要按照“边绘图、边设计、边修改”的“三边”原则进行，即先绘制装配草图，然后在草图上观察选择的各种运动参数和传动件的结构尺寸是否合理，并借助装配草图确定轴的结构、跨距和受力点的位置。如果发现结构尺寸位置关系不合理或相互干涉时要及时修改，以获得结构较合理和表达较完整的图纸，这一过程可用图 4－1 的结构框图来表示。

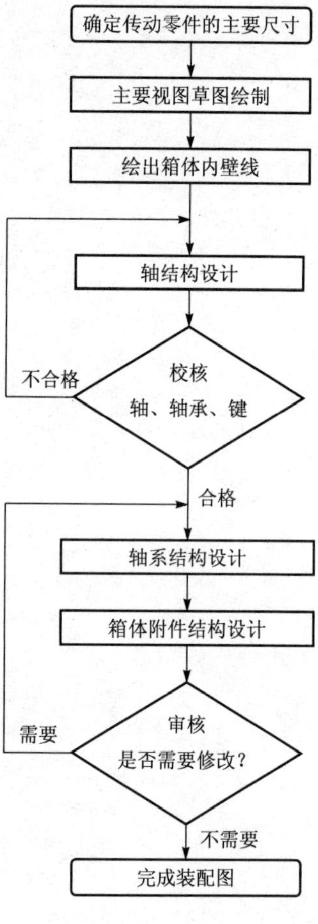

图 4－1　减速器装配图的设计绘制流程图

装配图绘制前的准备工作有以下几项。

（1）翻阅有关资料，认真阅读几张典型的减速器装配图纸。有条件的话还可参观或装拆实际减速器，并弄懂各部件的功用。

（2）确定各类传动零件的主要几何尺寸，如中心距、齿顶圆和分度圆直径及轮缘和轮毂的宽度。

（3）选择合适的电动机型号并按相关手册查出电动机的外伸轴直径、伸出长度、中心高和外形尺寸。

（4）确定滚动轴承的类型，具体型号暂不定。

（5）初步确定箱体的结构方案（铸造、焊接、剖分式、整体式）。

（6）初步确定轴承端盖的结构。

（7）按表 4－1 提供的计算项目、经验公式及经验数据，并对照图 4－2 计算减速器箱体有关结构尺寸，并列表备用。

注：用经验公式计算的数值允许稍许放大或缩小然后圆整，但标准件相关尺寸应符合相应标准。

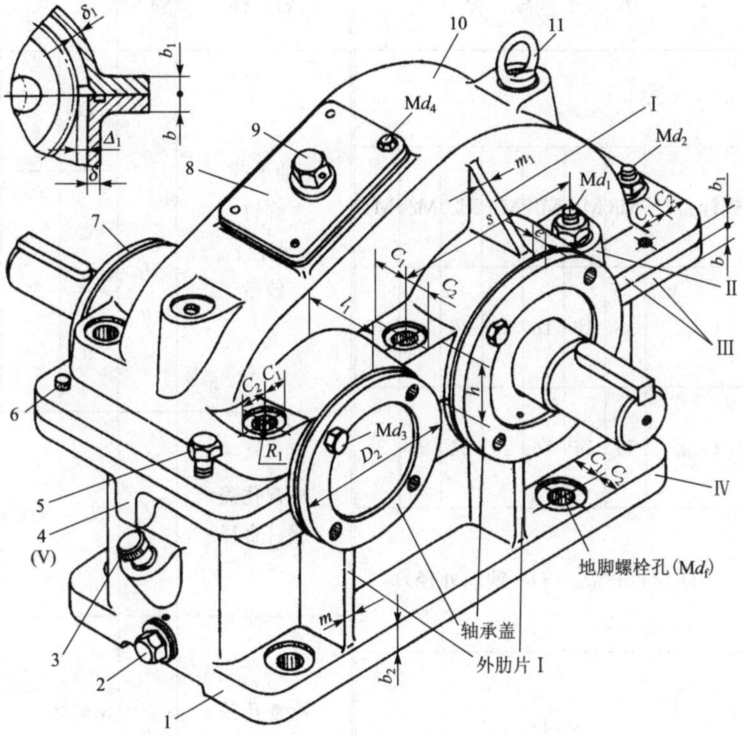

图 4－2　一级圆柱齿轮减速器

1—箱座；2—螺塞；3—油尺；4—吊钩（V）；5—启盖螺钉；6—定位销；7—调整垫片；8—检查孔盖；9—通气器；10—箱盖；11—吊环螺钉

表 4－1　铸铁减速器箱体结构尺寸

名　称	符号	尺　寸　关　系	名　称	符号	尺　寸　关　系
中心距	a	由传动件设计确定	地脚螺钉直径	d_f	$d_f=0.036a+12$
箱座壁厚	δ	$\delta=0.025a+1\geqslant 8$	地脚螺钉数量	n	$a\leqslant 250, n=4; a>250\sim 500, n=6; a>500, n=8$
箱盖壁厚	δ_1	$\delta_1=0.02a+1\geqslant 8$			
箱座凸缘厚度	b	$b=1.5\delta$	轴承旁螺栓直径	d_1	$d_1=0.75d_f$
箱盖凸缘厚度	b_1	$b_1=1.5\delta_1$	凸缘连接螺栓直径	d_2	$d_2=(0.5\sim 0.6)\ d_f$
箱座底凸缘厚度	b_2	$b_2=2.5\delta$			
箱座肋厚	m	$m=0.85\delta$	凸缘连接螺栓间距	1	$1\leqslant 150\sim 200$

续表

名称	符号	尺寸关系							
箱盖肋厚	m_1	$m_1=0.85\delta_1$							
扳手空间	C_1 C_2	螺栓直径	M8	M10	M12	M16	M20	M24	M30
		$C_{1\min}$	13	16	18	22	26	34	40
		$C_{2\min}$	11	14	16	20	24	28	34
轴承座端面外径	D_2	$D_2=D+5d_3$（D—轴承外径）							
轴承旁螺栓间距	s	$s\approx D_2$							
轴承旁凸台高度	h	根据 s 和 C_1，由作图决定							
轴承旁凸台半径	R_1	$R_1\approx C_2$							
箱体外壁至轴承座端面距离	I_1	$I_1=C_1+C_2+$（5～10）							

名称	符号	尺寸关系				
轴承盖螺钉直径、数量	d_3 n	D	45～65	70～100	110～140	150～230
		d_3	6	8	10	12～16
		n	4	4	6	6
检查孔盖螺钉直径	d_4	$d_4=$（0.3～0.4）d_f				
检查孔盖螺钉数量	n	$a\leqslant 250$，$n=4$；$a\leqslant 500$，$n=6$				
启盖螺钉直径（数量）	d_5	$d_5=d_2$（1～2 个）				
定位销直径（数量）	d_6	$d_6=0.8d_2$（2 个）				

（8）绘制减速器装配图可采用 A0 或 A1 图纸，为增加真实感，优先选用1∶1的比例尺。一般用（主视图、俯视图、左视图）3 个视图表达，结构简单的也可只选用主视图和俯视图来表达。装配图布局要合理，可参考表 4－2 中的数据和样式进行布置，以免视图偏出图纸。

表 4—2　视图大小估算表和视图布置

	A	B	C
一级齿轮减速器	$3a$	$2a$	$2a$

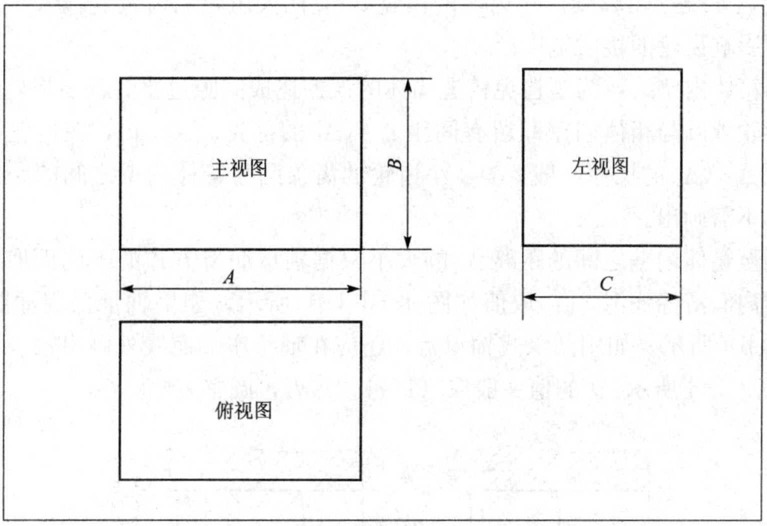

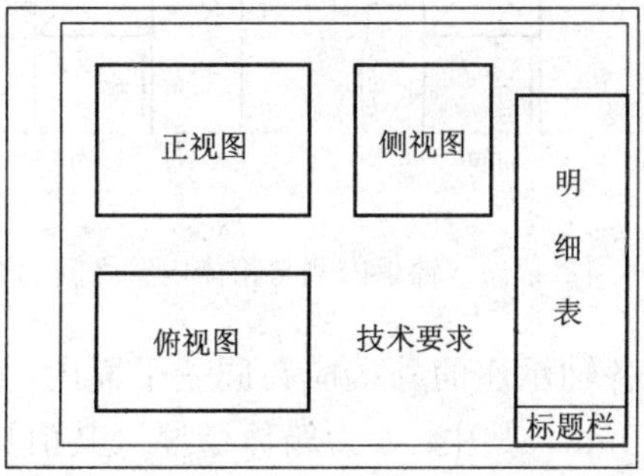

注：a 为传动中心距。

4.2　减速器装配图的初步设计

传动件、轴和轴承是减速器主要的零件，其他零件的结构尺寸都由这些零件的结构、位置决定。所以，在减速器装配图绘制的初步阶段，要先确定出这些零件的基本位置和基本尺寸。

绘图时要依照先画主要零件，后画次要零件；先画箱体内的零件，逐步向外画；先画零件的轮廓中心线，后补充内部结构细节的顺序进行绘图。绘图时一般以俯视图为主，兼顾其他视图。

由于首先绘制的是装配草图，要经过不断反复地修改后才可完成，这就要求在绘制草图时着笔要轻，线条要细，零件的倒角、倒圆、剖面线等不必画出，还必须注意零件的尺寸大小应严格遵守选定的比例尺，才可得到准确的零件结构形状、尺寸数据、零件间的相互位置。

其具体内容如下。

4.2.1　绘制传动零件的中心线、轮廓线、箱体内壁线和轴承座端面的位置

先从主视图和俯视图着手，线条由内及外画出齿轮中心线、齿顶圆、节圆及齿轮宽度的对称线和齿轮宽度线等轮廓线。小齿轮的齿宽 b_1 应比大齿轮的齿宽 b_2 宽 5～10 mm，以避免安装误差而影响齿轮的接触宽度。

然后绘制箱体内壁线，为了避免铸造箱体的误差造成间隙过小，甚至齿轮与箱体内壁相碰，需在大齿轮顶圆与箱体内壁间留有间距 Δ_1（Δ_1 的值见表 4－1），在齿轮端面与箱体内壁间留有间距 Δ_2（Δ_2 的尺寸一般$>\delta$），小齿轮的齿顶圆与箱体内壁之间的距离要由箱体结构来决定，暂不需画出。

轴承内侧至箱体内壁之间的距离 Δ_3 的大小根据轴承润滑方式的不同而取值不同。如果轴承采用箱体内润滑油润滑，Δ_3 取值如图 4－3（a）所示；如果轴承采用油脂润滑，Δ_3 取值如图 4－3（b）所示。如用凸缘式轴承盖，还应在轴承座端面线外画出轴承端盖凸缘厚度 t 的位置（如图 4－4 所示，t 的值一般取（1～1.2）d_3，圆整）。

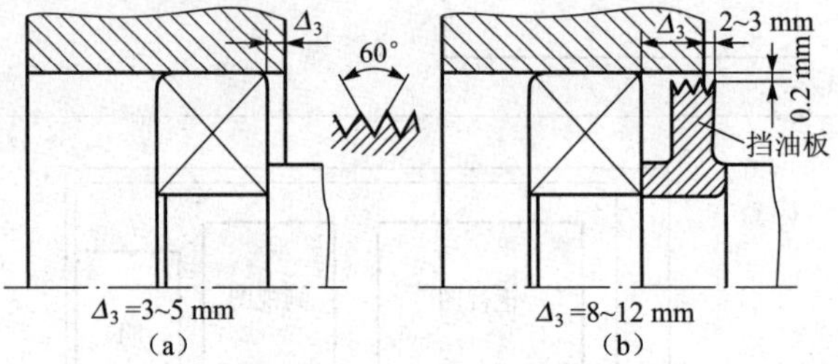

图 4－3　轴承内侧与箱体内壁之间的距离

为了方便机械加工，各轴承座的外端应在同一平面内，则箱体内壁至轴承座端面距离 $l_2=\delta+c_1+c_2+$（8～12）mm，其中：δ 为箱体壁厚（其值见表 4－1）；c_1、c_2 为扳手空间的最小尺寸（其值见表 4－1）。

图 4－4 所示为一级圆柱齿轮减速器装配草图（一）。

4.2.2　联轴器的选择

联轴器的类型较多，常用的多已标准化或规格化了，一般要参阅相关手册按工作条件和工作要求进行合理选用。

联轴器的常用类型介绍如下。

（1）弹性联轴器：可用于连接电动机和减速器的高速轴，具有较小的转动惯量和良好的减振缓和冲击的性能，如弹性套柱销联轴器和弹性柱销联轴器。（具体结构形式和尺寸见相关手册。）

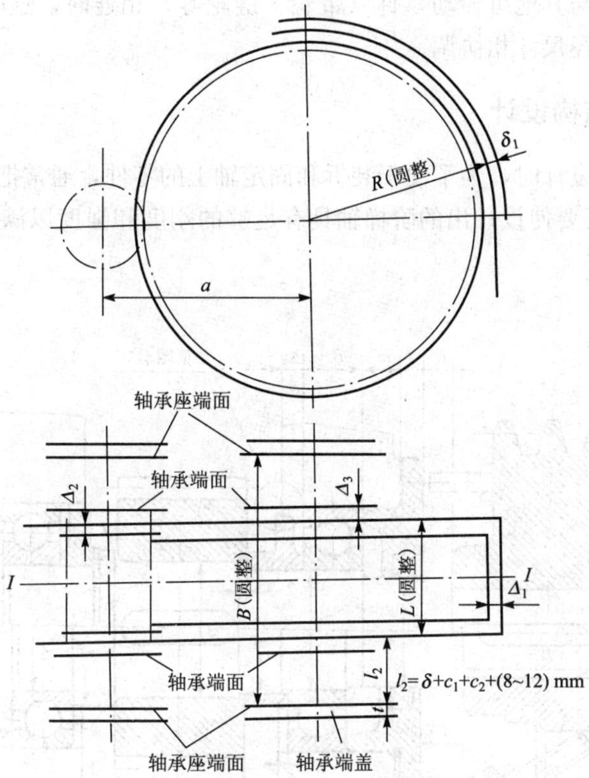

图 4－4　一级圆柱齿轮减速器装配草图（一）

（2）刚性联轴器：可用于连接减速器低速轴和工作机输入轴，具有转速较低、传递转矩较大的特点。如两轴能保证安装同心度（有公共底座），采用刚性固定式联轴器，例如凸缘联轴器；如两轴不能保证安装同心度，采用刚性可移式联轴器，例如齿轮联轴器、刚性滑块联轴器。（具体结构形式和尺寸见相关手册。）

确定了联轴器的类型之后，再按轴传递的扭矩、轴径和轴的转速大小按相关手册选定联轴器的具体型号尺寸。

4.2.3　初步计算轴径

由于轴的跨距还未确定，无法利用弯扭组合强度条件计算轴径大小，只能先按轴所受的扭矩初步估算轴的直径 d，其计算公式为

$$d \geqslant c\sqrt[3]{\frac{P}{n}}$$

式中　P——轴传递的功率，kW；

n——轴的转速，r/min；

c——由轴的许用应力确定的系数，其值的大小参见相关教材。

如此轴径处开有键槽时，d 值需增大 4%～5%，再圆整。

当高速轴伸出端直接与电动机相连时，这时轴端直径 d 应与电动机伸出轴直径相差不大，还应在所选联轴器允许的最大直径和最小直径的范围内。

如果轴的外伸端与其他可转动零件（带轮、链轮等）相连时，这时的轴端直径 d 要与相配合的零件轮毂孔径尺寸相协调。

4.2.4 轴的结构设计

在进行轴的结构设计时，为了便于装拆和固定轴上的零件，通常把轴设计成阶梯轴，如图 4－5 所示。同时还要使设计出的阶梯轴具有足够的刚度和强度以满足传动要求以及良好的加工工艺性。

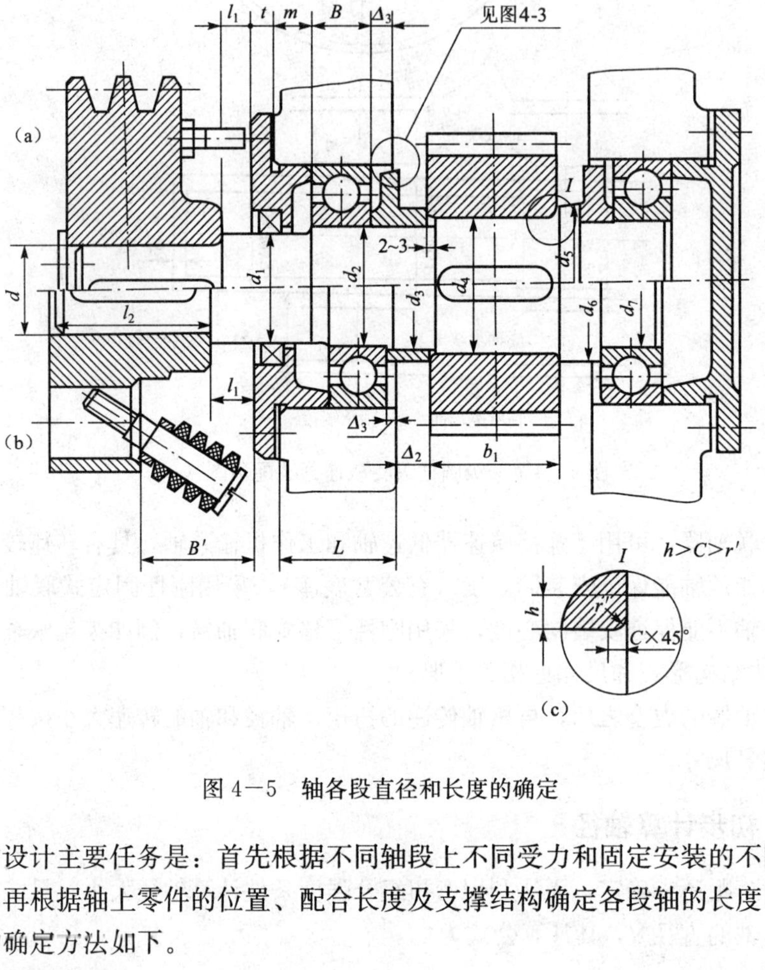

图 4－5 轴各段直径和长度的确定

轴的结构设计主要任务是：首先根据不同轴段上不同受力和固定安装的不同要求确定各段轴的直径，再根据轴上零件的位置、配合长度及支撑结构确定各段轴的长度。

其具体的确定方法如下。

1. 确定各段轴的直径

图 4－5（a）和（b）是两种不同的轴的结构设计方案。其中：d 为前面计算出来的初步计算轴径值。

对于阶梯轴的台阶，当相邻轴段直径变化起定位作用时，轴径变化应大些，取 6～8 mm；当仅考虑装配要求或区分加工表面甚至同一尺寸不同精度时，轴径变化要小些，取 1～3 mm 。

$d_1=d+$（6～8）mm，因为此处轴肩对轴上零件有固定和定位的作用，所以 d_1 比 d 的轴径变化要大些。d_1 的确定还要考虑联轴器的定位需要和轴承端盖密封圈的内径标准。

d_2 为轴承内径（d_2 为标准值，可由相关轴承手册查到）。

d_3 稍大于 d_2 以区分加工表面。

$d_4=d_3+$（1～3）mm，d_4 为齿轮轮毂直径，为了装配方便，应使 d_4 比 d_3 略大些。

$d_5=d_4+$（6～8）mm，此处为一轴环其轴肩也对齿轮的轴向有固定作用，直径变化要大些。d_6 比 d_5 稍大或 $d_6=d_7+$（6～8）mm，轴环要对轴承进行轴向固定。因考虑轴承的便于装拆，d_6 不能超过轴承的安装尺寸 D_1（D_1 可由轴承手册查到），如图 4－6（a）和（b）所示。此时过渡圆角半径 r_g（图 4－6（c））应小于轴承孔的圆角半径 r（r 由轴承手册查得）。

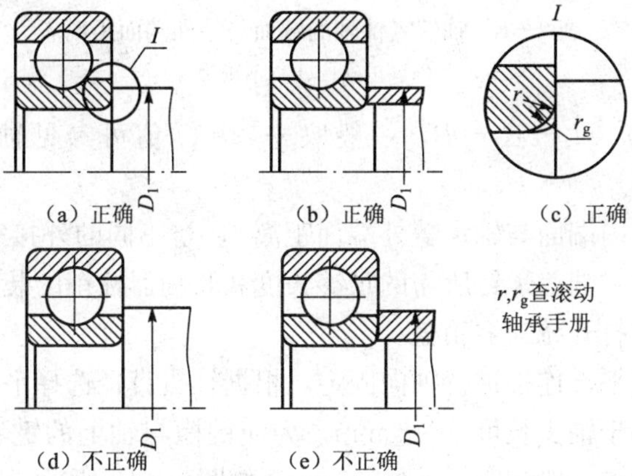

图 4－6　D_1 的确定

$d_7=d_2$，同一根轴上的滚动轴承尽量选择同一型号，便于轴承座孔的镗制加工。

注：① 为保证零件端面靠近定位面，应使过渡圆角半径 r' 小于轴孔倒角 c 和轴肩高度 h（图 4－5（c））。

② 如加工工艺要求精加工、磨削或切螺纹时，可在轴径变化处开设砂轮越程槽或螺纹退刀槽，其尺寸见相关手册。

③ 为便于装配，在轴端和过盈配合表面压入端应制成倒角。

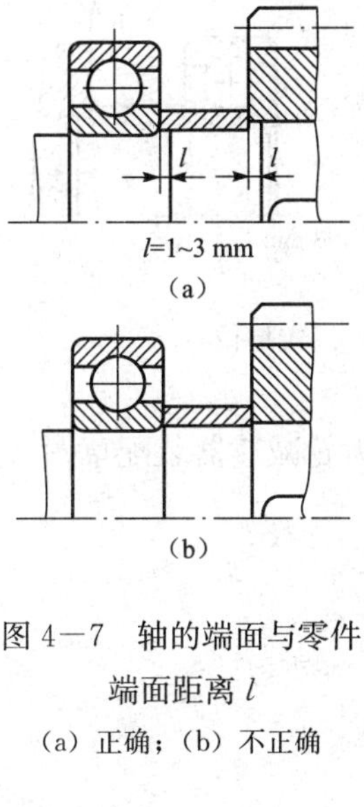

图 4－7　轴的端面与零件端面距离 l

（a）正确；（b）不正确

2. 确定各段轴的长度

轴头长度是由所装零件的轮毂宽度决定的，但必须注意其长度要比轮毂宽度小2～3 mm，如图 4－7（a）和（b）所示，以保证零件端面与套筒真正接触以起到轴向固定作用。安装轴端零件的轴头的长度确定同理，如图 4－8（a）和（b）所示。

轴环的宽度为 $b\approx 1.4a$（a 为轴肩高度），如图 4－9 所示。

轴承宽度 B 一般按轴径直径初选中窄系列。同一根轴上尽量选取同一规格的轴承，使轴承座孔一次镗出保证加工精度。

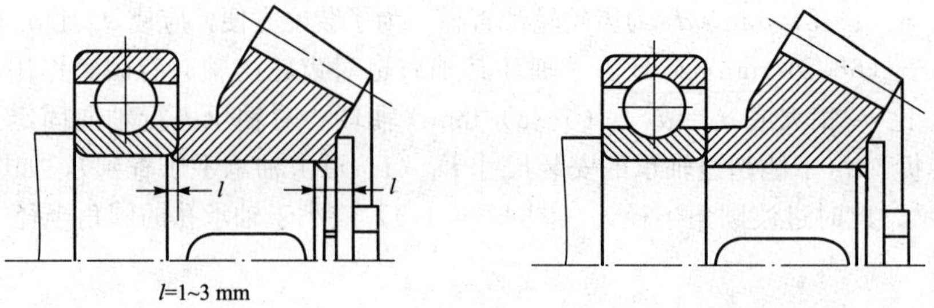

图 4－8　轴端零件轴的端面与零件端面距离 l

(a) 正确；(b) 不正确

轴承盖长度尺寸 $m=l_2-\Delta_3-B$，一般取 $m \geqslant t$（t 值可参见轴承盖结构尺寸相关手册）。

外伸轴上旋转零件内端面与轴承盖外端面距离 l，与不同的外接零件及轴承端盖结构有关，还要保证拆卸凸缘式端盖螺钉所需的足够长度和联轴器柱销的装拆长度，以便在不拆卸联轴器的情况下，可以打开减速器箱盖。

轴上零件多以普通平键连接进行轴向固定，根据轴头直径选择平键截面尺寸并选用标准键长系列，且键长要小于轴头长度 5～8 mm，为使键槽与轴上的键容易对准，应使轴上键槽靠近零件装入的一端，一般相距 $\Delta=1\sim3$ mm，如图 4－10 所示。在一根轴上有多个键槽时，为便于加工应尽量使其分布在同一方位的母线上，如轴径相差不大可以取同一尺寸的键槽，以减少铣刀数量。

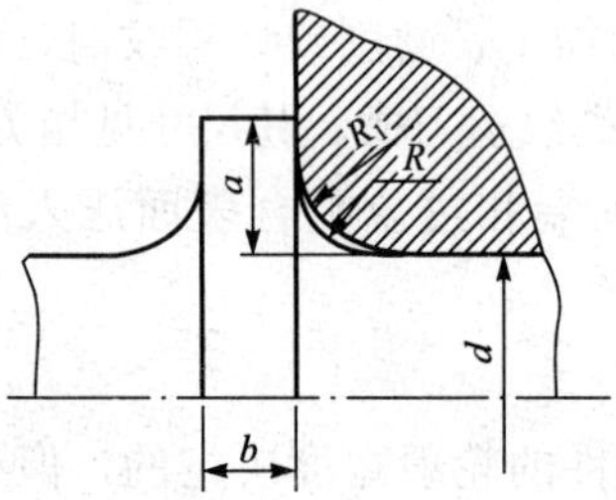

图 4－9　轴环

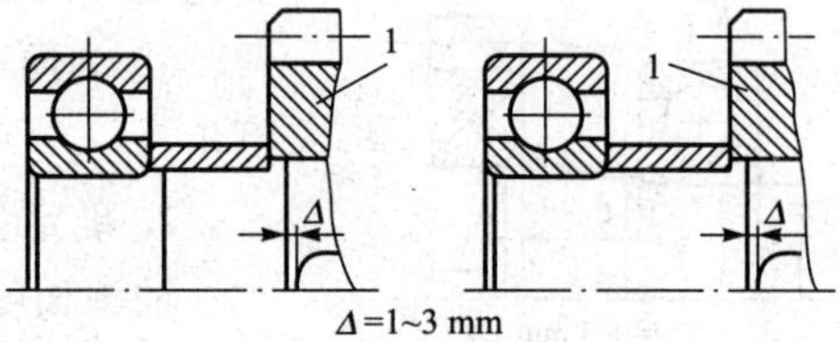

图 4－10　键槽位置

在轴的设计完成之后，即可得到如图 4－11 所示的一级圆柱齿轮减速器装配草图（二）。

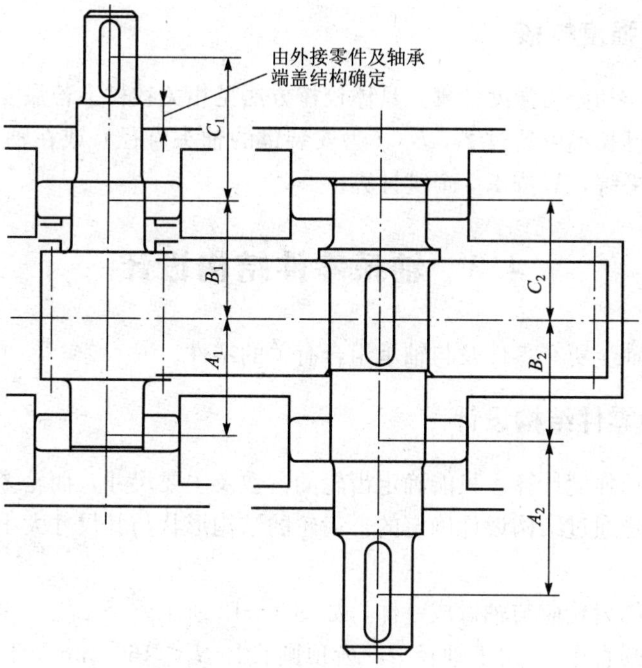

图 4－11　一级圆柱齿轮减速器装配草图（二）

4.2.5　确定轴上力的作用点和支点距离

由轴的结构及轴上零件的位置便可从图 4－11 中确定出轴的支点距离和轴上零件力的作用点，轴上零件力的作用点一般视为轮缘宽度的中点，当采用角接触轴承时，轴承支点应在如图 4－12 所示的距离轴承外圈端面的 a（a 值见相关轴承标准）处，深沟球轴承的支点可以认为作用在轴承宽度的中点。

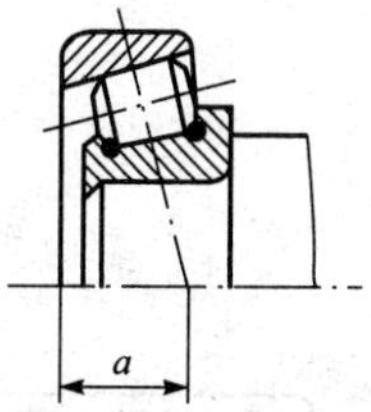

图 4－12　角接触轴承的支点

4.2.6　轴的强度计算

对照图 4－11 可确定出各轴的支点距离，然后进行力学分析，作出相应的弯矩图、扭矩图和当量弯矩图。根据轴上各处所受力矩的大小及应力集中情况找到危险截面，按弯扭组合进行强度校核。

如强度不够，考虑重新选材，增大轴径或修改轴的结构尺寸。

如果强度裕度很大，可待轴承寿命及键连接的强度校核后综合考虑轴的刚度、结构要求后决定是否修改。

4.2.7　轴承的寿命计算

计算方法参见相关教材，滚动轴承的预期寿命可取减速器中齿轮的寿命或检修期，到时更换轴承，如轴承寿命不合格，可修改轴承的直径系列或宽度系列，还不能达到要求时可改变轴承类型或修改轴承内径，但随之就会牵涉到轴上零件尺寸的变化和轴的强度，会造成极大返工，应谨慎。

4.2.8 键的强度校核

平键要进行挤压和剪切强度计算，具体校核方法见相关教材。若强度不够可适当增加键和轮毂的长度，但键长不可超过 $2.5d$（d 为安装键的轴头直径）或在轴上相隔 180°位置上对称布置两个普通平键，只按 1.5 个键计算。

4.3 轴系零件结构设计

轴系零件包括轴上所有零件及与轴承组合有关的零件。

4.3.1 传动零件结构设计

通过齿轮的传动强度计算，只能确定齿轮的参数及主要尺寸，而轮缘、轮辐和轮毂的结构形式及尺寸大小是通过结构设计确定的。齿轮的结构形状与其尺寸大小、材料、毛坯大小及制造方法有关。

对于直径较小的齿轮应与轴做成一体，如图 4－13 所示。

当齿轮的齿根圆直径 d_f 大于轴径 d，齿顶圆直径 $d_a \leqslant 160$ mm，且 $x \geqslant 2.5m$（m 为模数）时，齿轮可与轴分开制造，可做成实心结构，如图 4－14 所示。

齿顶圆直径 $d_a < 600$ mm 的齿轮可做成腹板式结构，如图 4－15（a）和（b）所示，腹板式齿轮一般要在腹板上加工出孔来减轻质量。

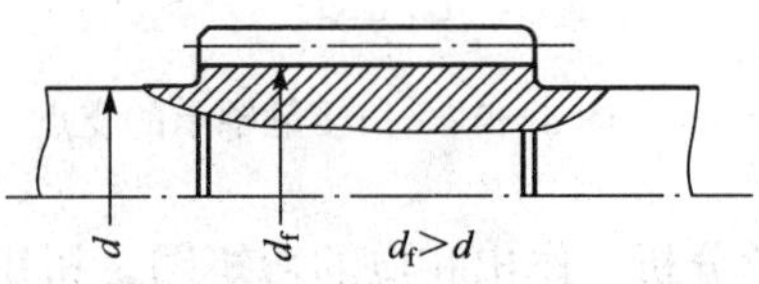

图 4－13 齿轮轴

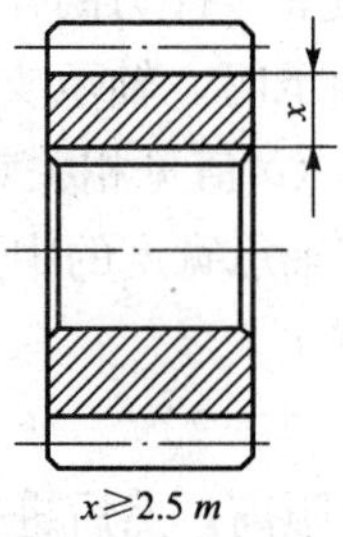

图 4－14 实心式齿轮

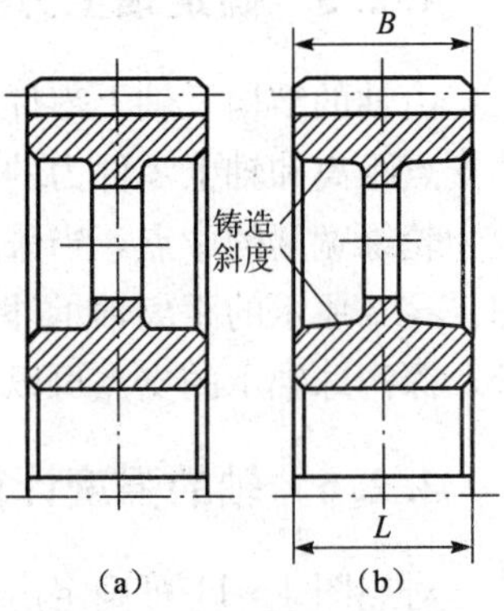

图 4－15 腹板式齿轮

（a）锻造结构；（b）铸造结构

大型齿轮可做成轮辐式结构，多采用铸造或焊接工艺成型。

齿轮的轮毂宽度与轴径有关，一般大于等于轮缘宽度，其具体结构尺寸见相关手册。

4.3.2 滚动轴承组件的结构设计

1. 轴承座的设计

轴承座必须具有足够的刚度。一般采用设置加强筋的方法来增加刚度。

为提高同一轴上轴承座孔的同轴度，同一轴上的轴承孔应一次镗出，使两轴承外径相同。如两轴承孔的同轴度难以保证或轴承座孔与轴承的中心线难以准确重合时，可采用调心轴承。

2. 轴的热膨胀补偿

轴在转动时会因生热而膨胀伸长，也会带动轴颈上的轴承作轴向移动。若支撑的结构限制它们的轴向移动，则轴承内的滚动体会与轴承套圈轴向压紧，而损坏轴承。加上轴的制造安装误差，可以允许轴承有一定的轴向移动。

实现轴承轴向移动的方法有两种。

(1) 一端固定一端游动：轴的一端为固定支撑，另一端为游动支撑，如图 4－16 所示。在轴受热膨胀时，游动端可沿轴向自由移动，以补偿热膨胀，它允许较大的轴向伸长量，适用于较长的轴和较高的工作温度。固定支撑可以承受变向的轴向载荷，设计时要选径向载荷较小的一端为游动支撑，以减少摩擦磨损。

(2) 两端游动：两端轴承都是游动的，如图 4－17 所示。轴承内、外圈两边都必须固定，使轴受热膨胀后可以伸长。适用于轴作双向移动的场合和跨距较小的轴和轴向载荷方向变化不大的场合。

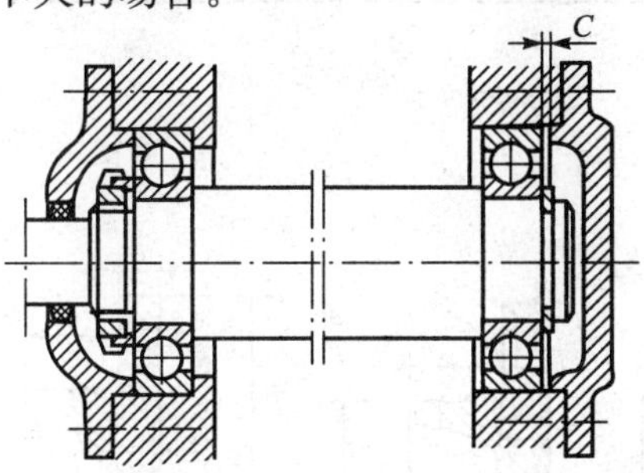

图 4－16　一端固定一端游动

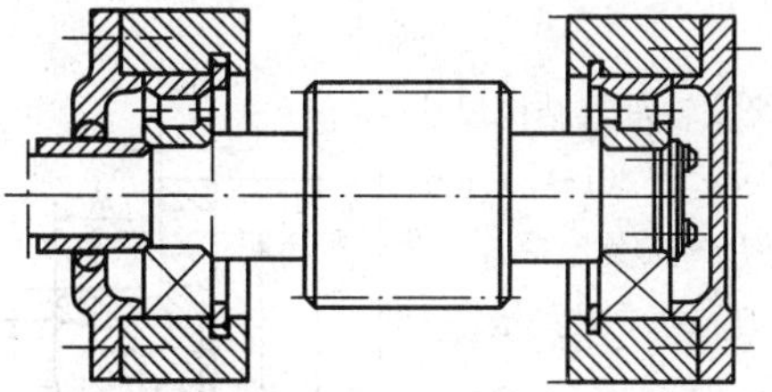

图 4－17　两端游动

3. 轴承端盖

轴承端盖分为嵌入式（如图 4－18 所示）和凸缘式（如图 4－19 所示）两种，用以固定轴承的外圈，调整轴承间隙并承受轴向力，其材料一般为铸铁或钢。

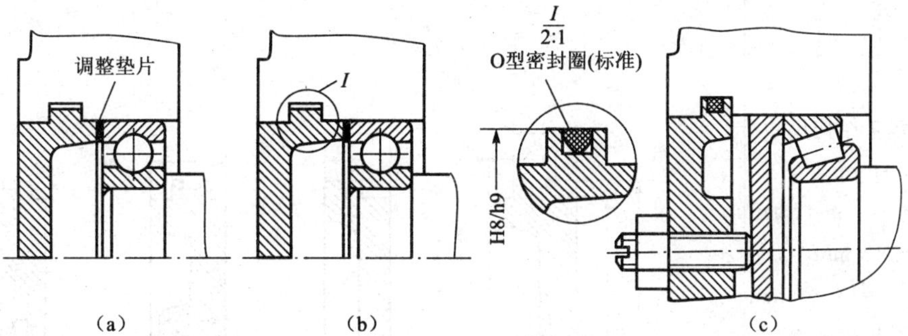

图 4－18　嵌入式轴承盖

嵌入式轴承端盖结构简单、紧凑，不需要用螺钉紧固，质量轻，轴承座端面与轴承孔中心线不需要严格垂直。但密封性较差，一般需在端盖的外凸部分开槽，并加 O 型密封圈，装拆端盖和调整轴承间隙较麻烦，需打开机盖放置和调整垫片，或采用调节螺钉和压盖进行调节，如图 4－18（c）所示。

凸缘式轴承端盖调整轴承间隙比较方便，用螺钉固定密封性好，所以应用广泛。

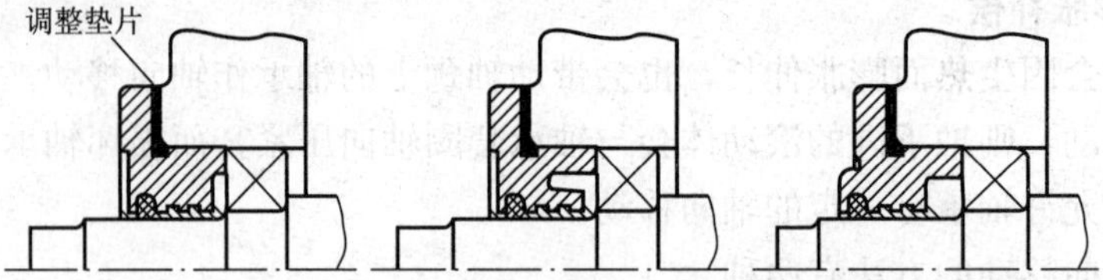

(a)　　　　(b)　　　　(c)

图 4—19　凸缘式轴承盖

按照轴承盖中间是否有孔又分为透盖和闷盖。透盖中间有孔，用于轴的外伸端以便轴向外伸出，与轴接触处要设有密封装置；闷盖中间无孔，用于轴的非外伸端。轴承盖的结构尺寸见表 4—3。

表 4—3　轴承盖结构尺寸

凸缘式轴承盖结构尺寸 $d_3'=d_3+$（1～2）mm $D_0=D+2.5\ d_3$ $D_2=D_0+2.5\ d_3$ $e=1.2\ d_3$　$e_1\geqslant e_3$ m 由结构确定 $D_4=D+$（10～15）mm d_1，b_1 由密封尺寸确定	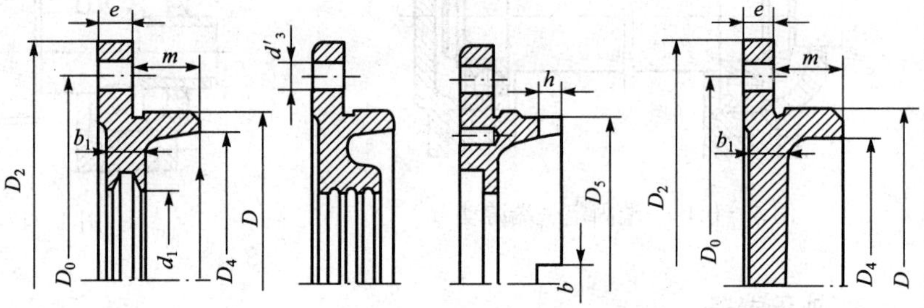
嵌入式轴承盖结构尺寸 $e_2=5\sim8$ mm， 用 O 型圈时 $e_2=8\sim12$ mm $s=10\sim15$ mm， 用 O 型圈时 $s=15\sim20$ mm m 由结构确定 $D_3=D+e_2$， 用 O 型圈时 $D_3=D+$（10～15）mm d_1，b_1，a 由密封尺寸确定 $e=8\sim12$ mm	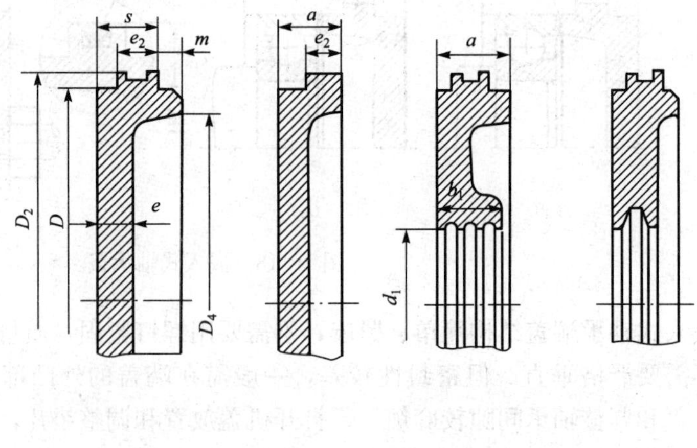

4. 滚动轴承的游隙

滚动轴承的游隙如果过大，轴承运转中会使轴产生振动。如果游隙过小，轴承容易发热磨损，都会缩短轴承寿命。因此，要根据使用条件适当调整轴承的游隙。

深沟球轴承和圆柱滚子轴承在制造时已留有规定范围的游隙，安装时不需再进行调整，而向心推力轴承和推力轴承在安装时必须根据使用情况对游隙进行适当调整。其调整方法为：利用安装于轴承端盖与箱体间的调整垫片（其材料一般为软钢片或黄铜片，结构尺寸见表 4－4）来调整，如图 4－20 所示；开始安装时不用垫片而装上轴承端盖，用端盖螺钉固定轴承端盖，顶紧轴承直到滚动体与内外圈接触，轴承内无间隙，测量出轴承端盖与轴承座孔端面之间的间隙 δ；用轴承正常工作所需的轴向间隙 Δ 加间隙 δ 即得所需垫片的总厚 $\delta+\Delta$，把总厚度为 $\delta+\Delta$ 的垫片组装上旋紧螺钉即可。

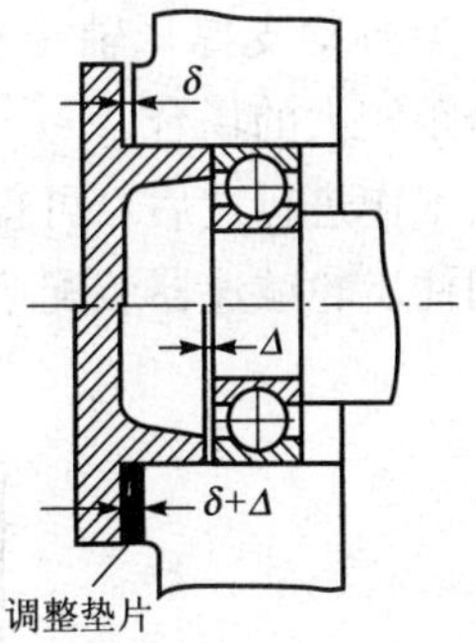

图 4－20　利用调整垫片调整轴承游隙

表 4－4　调整垫片组

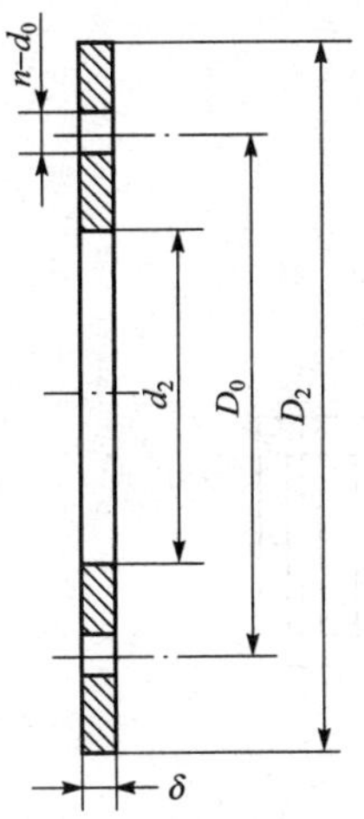

组别	A 组			B 组			C 组		
厚度 δ/mm	0.5	0.2	0.1	0.5	0.15	0.1	0.5	0.15	0.12
片数 z	3	4	2	1	4	4	1	3	3

1. 材料：冲压铜片或 08 钢片抛光。
2. 凸缘式轴承端盖用的调整垫片：$d_2=D+$（2－4），D——轴承外径，D_0，D_2，n 和 d_0 由轴承端盖结构决定。
3. 嵌入式轴承端盖用的调整环 $D_2=D-1$，d_2 按轴承外圈的安装尺寸决定。
4. 建议准备 0.05 mm 的垫片若干，以备调整微量间隙用。

还可利用调整环调节轴承的游隙，如图 4－21 所示，或利用调节螺钉和压盖调节轴承的游隙，如图 4－18（c）所示。

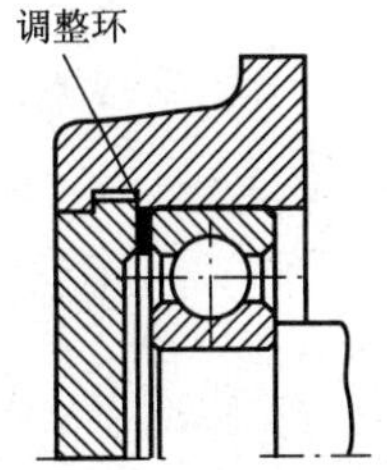

图 4－21　利用调整环调整轴承游隙

5. 减速器中常用支撑组件的结构设计

直齿圆柱齿轮常用支撑组件的结构设计：

如图 4－22 所示，采用深沟球轴承，两轴承内圈一侧用轴肩定位，外圈用轴承盖作轴向固定。右端轴承外圈与轴承盖间留有轴向间隙 C（0.2～0.5 mm），使轴受热后可自由伸长。密封处轴的圆周速度 $v \leqslant 7\ m/s$。

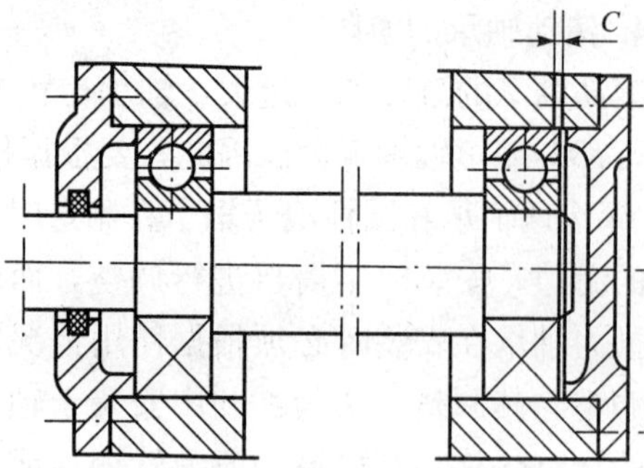

图 4－22　直齿圆柱齿轮支撑组件的结构（一）

如图 4－23 所示，采用深沟球轴承和凸缘式轴承盖，右轴承的内外圈均作双向固定，为固定支撑。左轴承的外圈与轴承盖有较大的轴向间隙，为游动支撑，轴受热后可自由伸长。用于轴跨距较大的场合。

以上工作进行过后，可得到图 4－24 所示的一级圆柱齿轮减速器装配草图（三）。

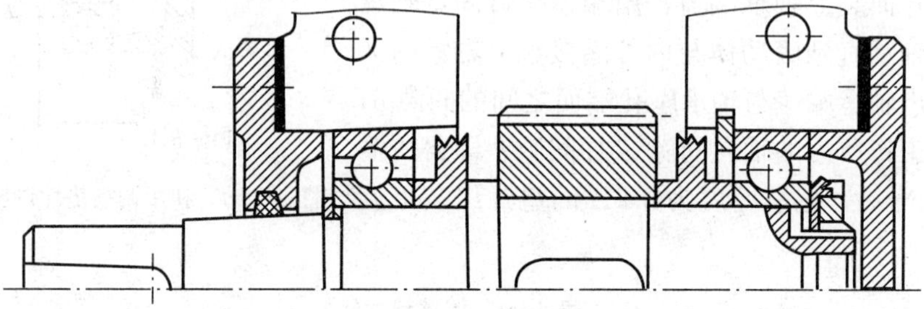

图 4－23　直齿圆柱齿轮支撑组件的结构（二）

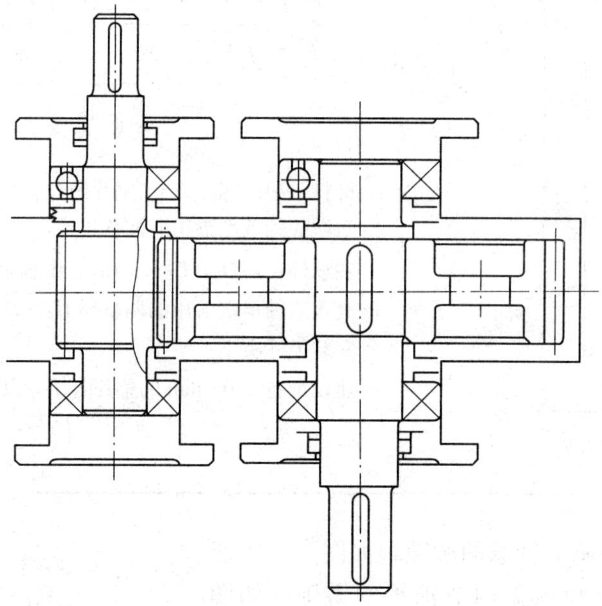

图 4－24　一级圆柱齿轮减速器装配草图（三）

4.4　减速器箱设计

减速器箱体是用来支持和固定轴系零件的重要零件，具有保证传动件啮合精度并使箱内零件得到良好润滑和密封的作用。因此，对于减速器箱体的结构设计，要全面考虑减速器的工作性能、加工工艺、材料消耗和成本等问题，以避免使箱体质量较大而加工复杂。

4.4.1　减速器箱体结构形式

减速器箱体按毛坯制造方法不同可分为：铸造箱体和焊接箱体两种。

（1）铸造箱体：可采用 HT150 或 HT200 铸造而成。具有较好的刚性和吸振性，容易切削加工而获得合理复杂的外形，但制造工艺复杂、质量大、生产周期长。在批量生产中广泛采用。

（2）焊接箱体：如图 4－25 所示，可采用 Q215 或 Q235 钢板焊接而成。具有生产周期短、材料省、质量轻的优点。但由于焊接时易产生热变形要求有较高的焊接技术且焊后需要进行退火处理，适用于单件生产。

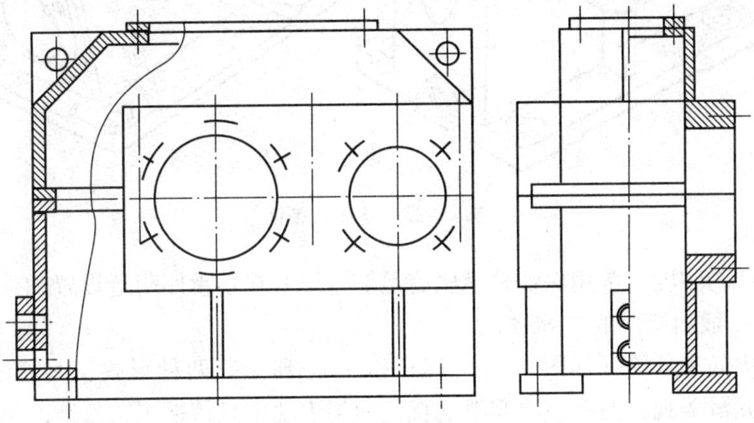

图 4－25　焊接箱体

减速器按箱体剖分与否又可分为：剖分式和整体式两种。

（1）剖分式箱体：其结构被广泛采用，其剖分面常与轴的中心线平面重合，便于减速器箱体内零件的装拆、维修。一般减速器只有一个水平剖分面，但为了便于制造和安装，某些水平轴在垂直面内排列的减速器也可采用两个剖分面，如图 4－26 所示。

（2）整体式箱体：如图 4－27 所示，其质量轻、结构紧凑、孔加工精度高，但装配较复杂常被小型圆锥齿轮和蜗杆减速器采用。

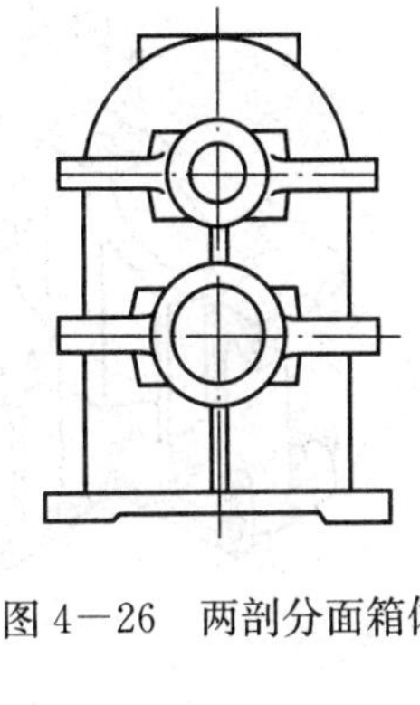

图 4－26　两剖分面箱体

4.4.2　箱体结构设计应满足的问题

设计箱体时，应在 3 个基本视图面上同时进行。绘图时按先箱体，后附件；先主体，后局部的顺序进行。

1. 足够的刚度

为了避免减速器在运转过程中箱体产生不允许的变形，使轴承座孔中心偏斜后产生偏载，从而影响传动零件的正确啮合和平稳运转。在设计减速器箱体时，应首先考虑保证箱体应有足够的刚度。

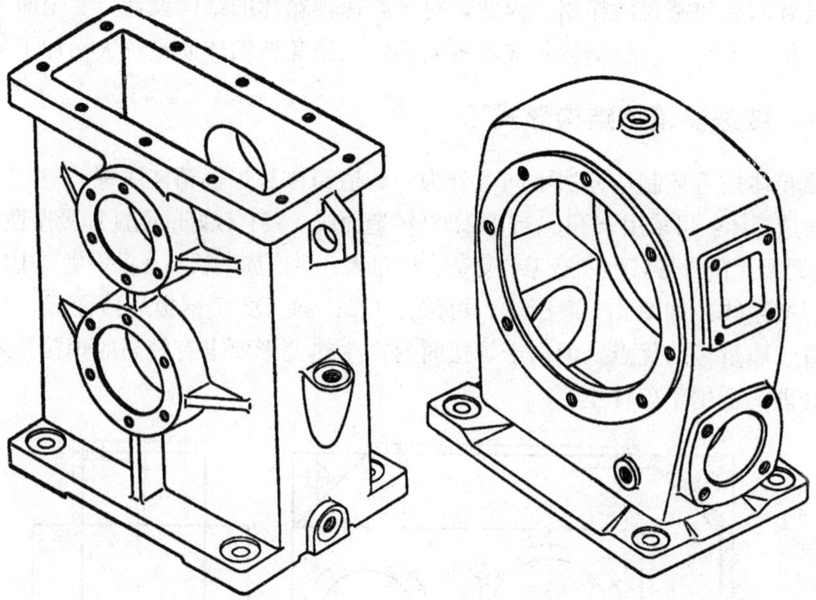

图 4－27　整体式箱体

为提高箱体的刚度，常用保证轴承座有足够壁厚并在轴承座附近设置加强筋的办法。加强筋的厚度 m 一般为壁厚的 0.85 倍。

加强筋有内筋和外筋（如图 4－28（a）和（b）所示）两种形式。内筋设于箱体内部，刚度大，外表光滑美观，但会引起润滑油扰流而损失功率且铸造工艺复杂。当轴承座伸到箱体内部时常用内筋。外筋做在箱体外面，也可在一定程度上起到提高轴承座刚度的作用。

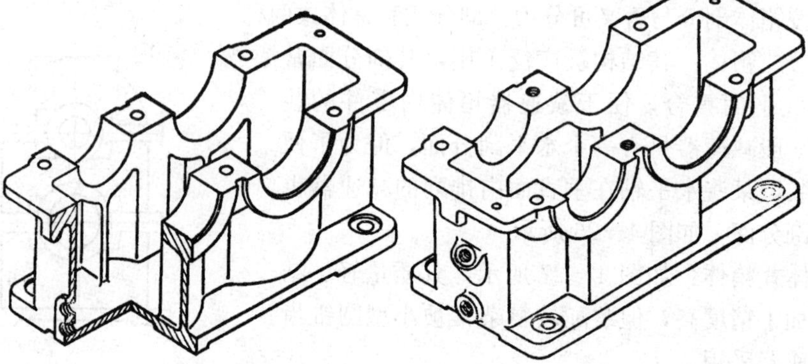

(a)　　(b)

图 4－28　箱体加强筋的形式

(a) 内筋；(b) 外筋

当轴承座是剖分式结构时，还要保证箱体的连接刚度。可以采用轴承座附近的连接螺栓尽量靠近轴承孔的方法，提高连接刚度，如图 4－29 所示。为此，轴承座旁应做出凸台，如图 4－29（a）所示，其高度和面积保证能使用扳手顺利地装拆螺栓，即有足够的扳手空间，其尺寸大小见表 4－1，由绘图确定。如图 4－29（b）所示为无凸台，$s_2 > s_1$，故刚度小。

绘图时，凸台结构（如图 4－30 所示）要有正确的投影关系，如图 4－31 所示。

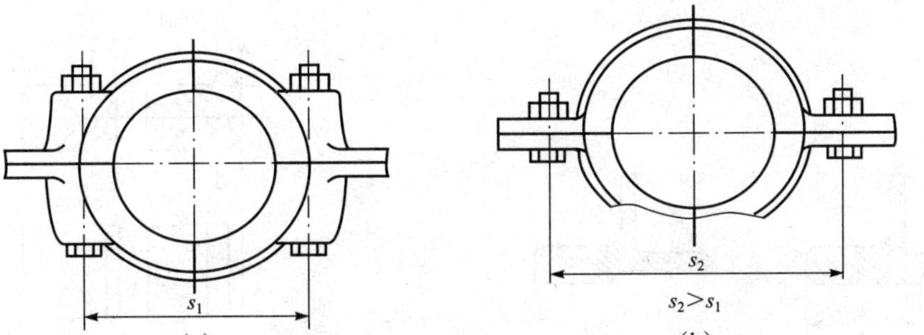

(a)　　　　　　(b)

图 4－29　轴承座连接刚性比较

(a) 轴承座刚度大；(b) 轴承座刚度小

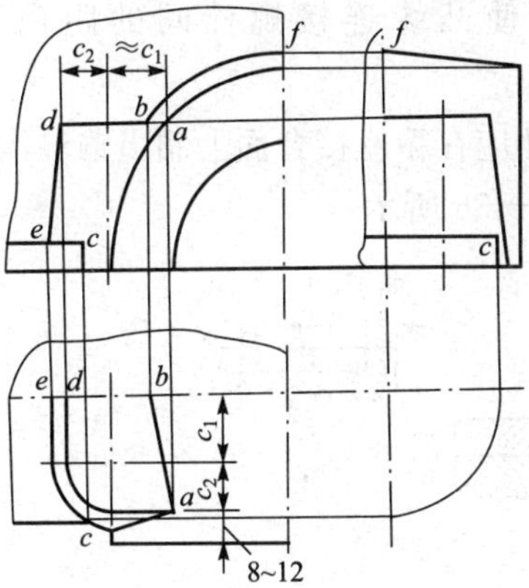

图 4－30　凸台结构

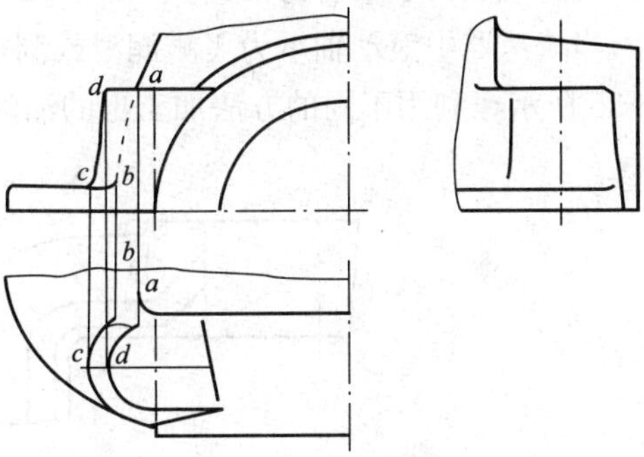

图 4－31　凸台结构的投影关系

常见的凸台形式如图 4－32 所示。

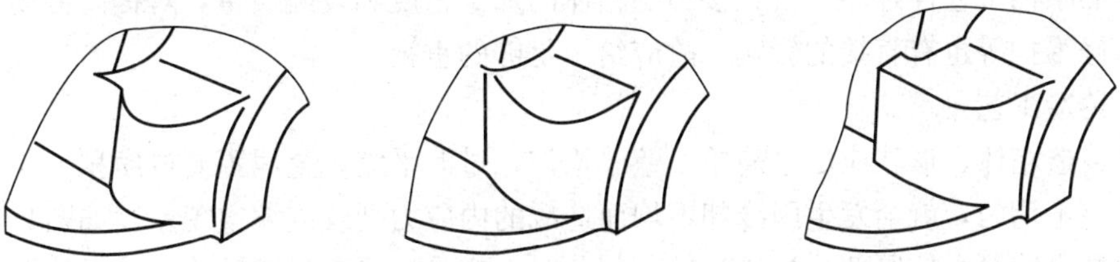

(a)　　　　　　(b)　　　　　　(c)

图 4－32　常见的凸台形式

设计箱体时，还应注意轴承座两侧的螺栓不能与端盖的连接螺钉发生干涉。箱座和箱盖连接凸缘应取厚些，约为 1.5 倍壁厚。箱座底凸缘的宽度 B 应超过箱座内壁，如图 4－33 所示，即 $B \geqslant c_1+c_2+\delta$。

2. 箱体接合面的结构

为了使减速器具有良好的密封性，箱座与箱盖应紧密地接合。接合面需精刨，其表面粗糙度不大于 $R_a=6.3\ \mu m$，重要的还需刮研，需在接合面上制出回油沟，如图 4－34 所示，使渗入接合面的油重新流回箱体内部，以提高密封性。

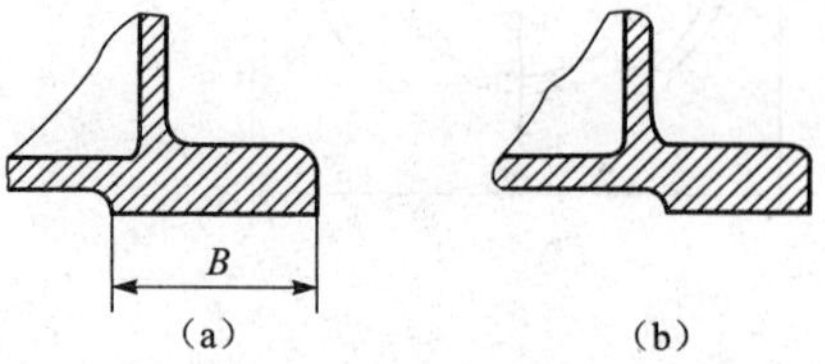

图 4－33　箱座底凸缘的结构

(a) 正确；(b) 不好

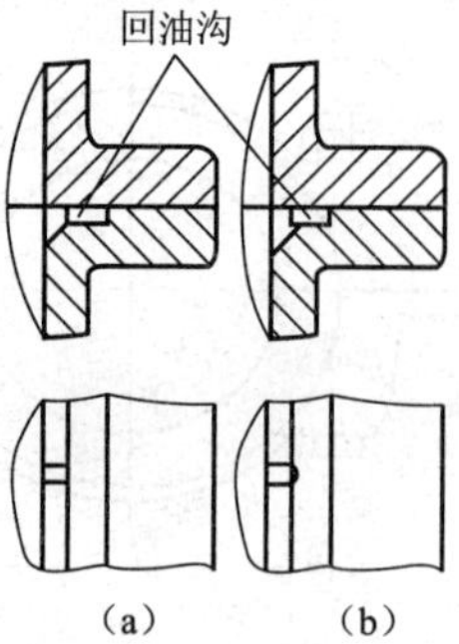

图 4－34　回油沟结构

箱盖与箱座连接凸缘应具有足够的宽度，并使凸缘连接螺栓间的距离不大于150～200 mm，尽量均匀布置。

当减速器中滚动轴承为飞溅润滑或刮板润滑时，还应在箱座接合面上制出输油沟，如图4－35所示。利用不同的方法加工出的油沟形式如图4－36所示。

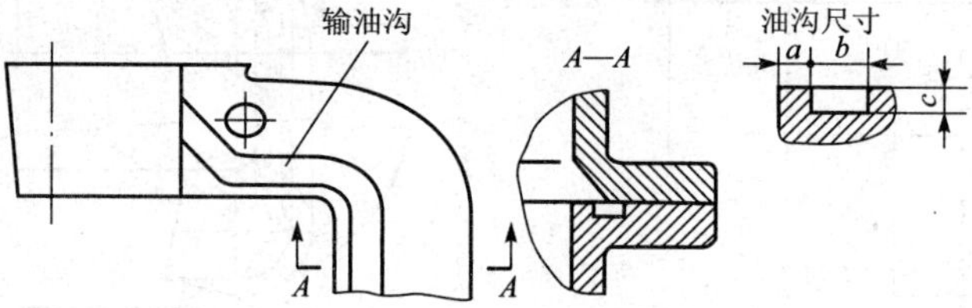

图 4－35　输油沟结构

b=6～10 mm；c=3～5 mm；a=5～8 mm（铸造）；a=3～5 mm（机加工）

3. 具有良好的工艺性

箱体的结构工艺性好坏，会直接影响箱体的加工精度和装配质量，对提高劳动生产率以及便于检修维护等也有直接的影响，故应给予足够的重视。

(1) 铸造工艺要求。

对于铸造箱体，形状应尽量简单，壁厚均匀，过渡平缓，金属不要过度积聚。如果箱体各部分壁厚不均匀，就会发生因冷却不均而造成的内应力裂纹或缩空现象，如图4－37所示。箱体形状要求壁厚由较厚部分过渡到较薄部分时，应采用平缓过渡结构，其尺寸见表4－5。

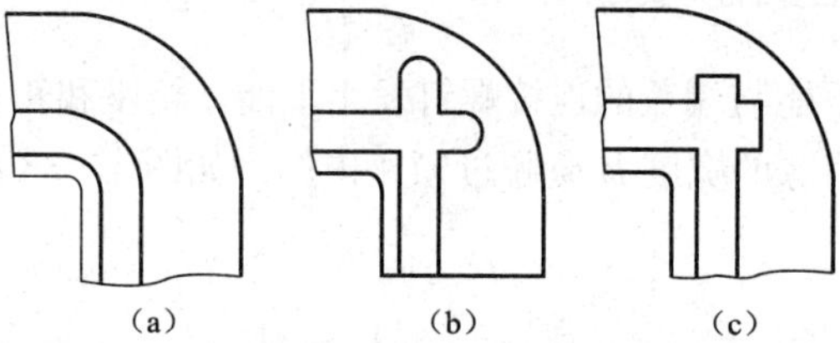

图 4－36　不同加工方法的油沟形式

(a) 铸造的油沟；(b) 圆柱铣刀加工的油沟；

(c) 盘状铣刀加工的油沟

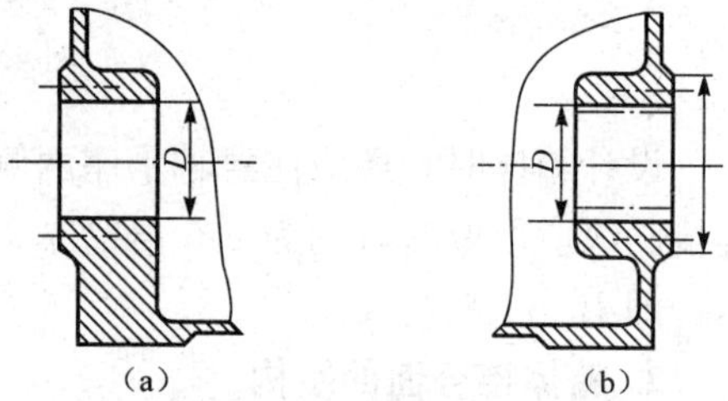

图 4－37　轴承座结构

(a) 不好（有缩孔）；(b) 正确

表 4—5　铸件过渡部分的尺寸

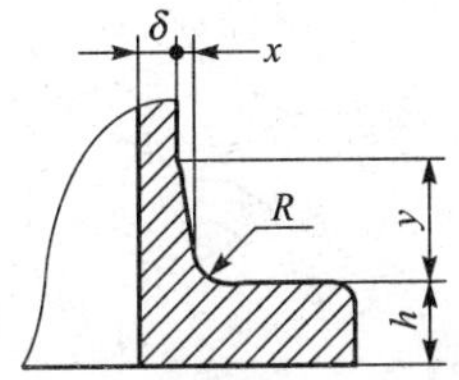	铸件壁厚 h	x	y	R
	10～15	3	15	5
	15～20	4	20	5
	20～25	5	25	5

为了提高液态金属在砂型中流动的通畅性，避免壁厚太薄而产生的铸件填充不满的缺陷，为砂型铸件限制了最小壁厚值，见表 4—6。一般砂型圆角半径 $r \geqslant 5$ mm。

表 4—6　铸件最小壁厚

材　　料	小　型　铸　件 ≤200×200	中型铸件 （200×200～500×500）	大　型　铸　件 ＞500×500
灰口铸铁	3～5	8～10	12～15
可锻铸铁	2.5～4	6～8	
球墨铸铁	＞6	12	
铸　　钢	＞8	10～12	15～20
铝	3	4	

为了避免金属积聚，所有转折处都应有过渡圆角，而不宜采用锐角相交的倾斜筋，如图 4—38 所示。

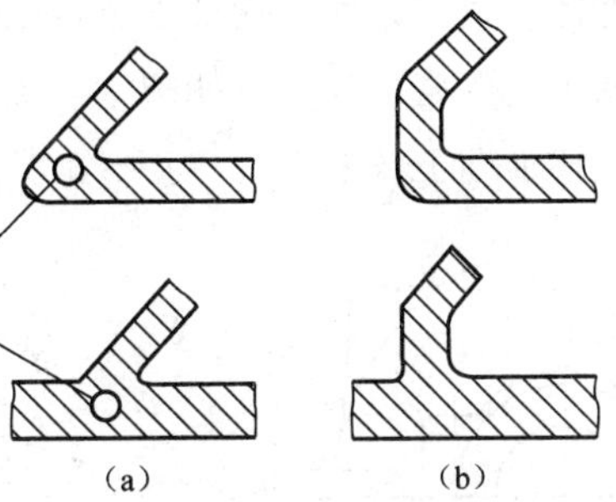

图 4—38　箱体筋和壁相交的结构

（a）不正确；（b）正确

为了造型时拔模方便，铸件应沿拔模方向有一定的拔模斜度，其值一般为 1∶20～1∶10。另外，还应尽量减少沿拔模方向的凸起结构，如有多个凸起部分时，尽量连成一体，以减少拔模困难。

铸件应尽量避免出现狭缝，这时由于砂型强度差，易形成废品，如图 4—39 所示。图 4—39（a）中相邻轴承座两凸台距离过近形成狭缝，这时应将凸台连在一起，如图 4—39（b）、（c）和（d）所示。

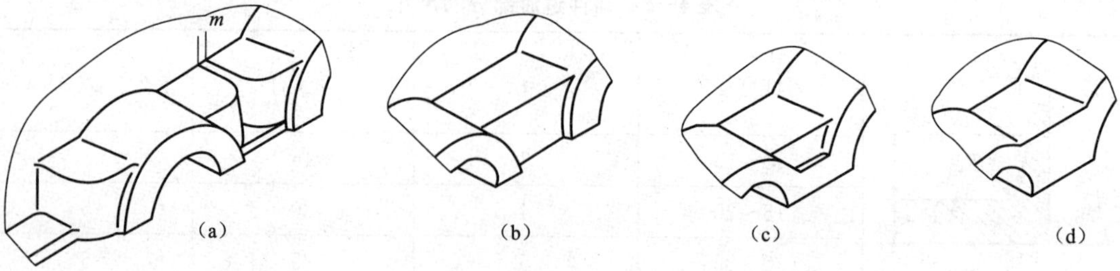

图 4－39　箱体中间凸台的结构

(2) 机械加工工艺性。

在设计箱体结构形状时，要充分考虑机械加工的工艺性，应尽可能地减少机械加工面积，提高劳动生产率和减少刀具磨损。如图 4－40 所示的箱座底面的结构形式，其中图 (a) 底面全部进行机械加工，加工面积太大、不经济，且难以保证安装面的平整，所以不宜采用；图 (b)、(c) 和 (d) 为较好的结构。

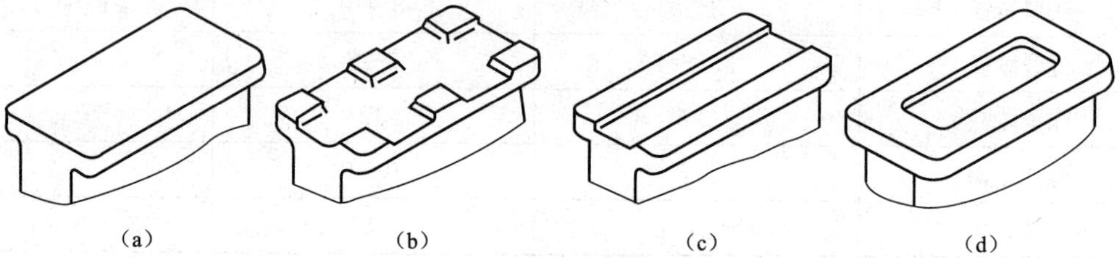

图 4－40　箱座底面结构

要尽量减少机械加工时工件和刀具的调整次数，提高加工精度并减少加工工时，如应使同一轴线上的两轴承座孔直径一致，以便一次镗出。各轴承座旁凸台取相同高度，各轴承座外端面取同一平面上，以利于一次调整加工，如图 4－41 所示。

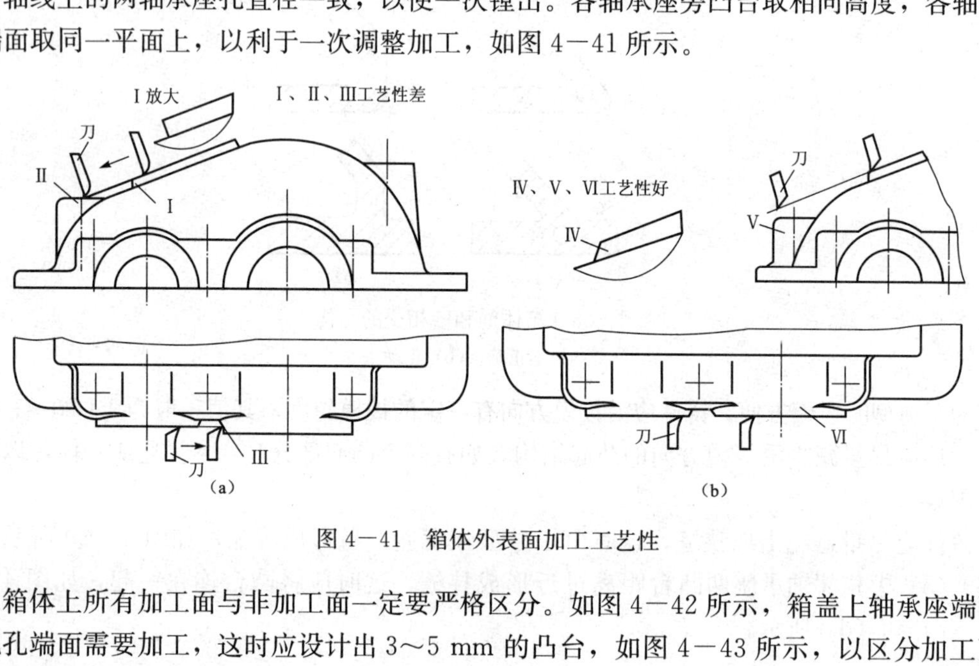

图 4－41　箱体外表面加工工艺性

箱体上所有加工面与非加工面一定要严格区分。如图 4－42 所示，箱盖上轴承座端面和窥视孔端面需要加工，这时应设计出 3～5 mm 的凸台，如图 4－43 所示，以区分加工面和非加工面。对于与螺栓头或螺母、垫圈接触的接合面，也应设计出凸台或沉孔进行机械加工，如图 4－44 所示，其中，图（a）和（b）为沉孔加工方法，图（c）和（d）为加工凸台平面的方法。

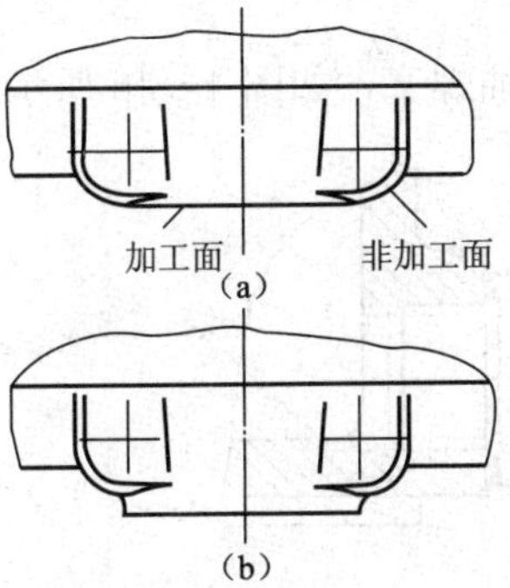

图 4－42　加工面与非加工面的区分

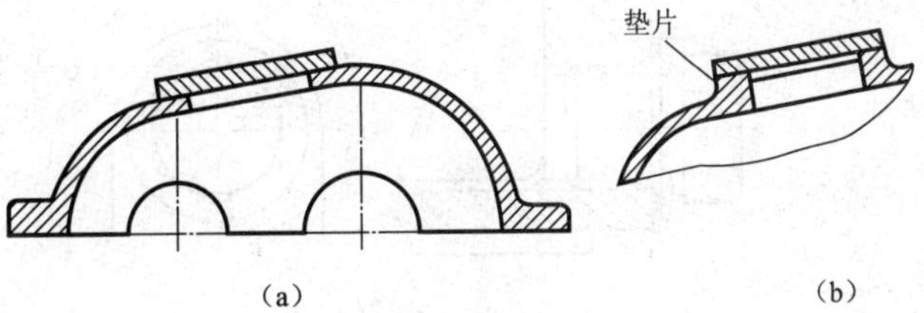

图 4－43　窥视孔端面的凸台

（a）错误；（b）正确

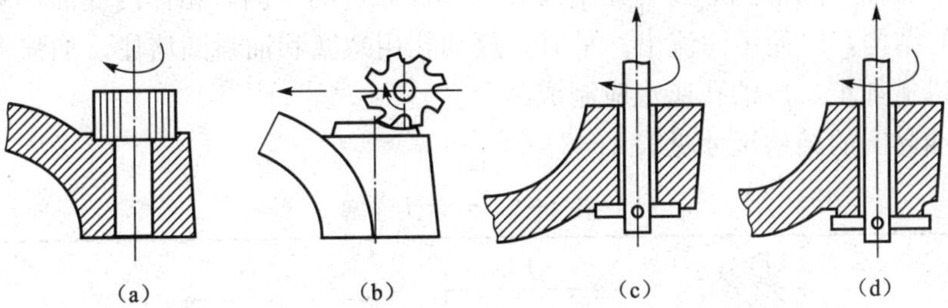

图 4－44　凸台和沉孔机械加工的方法

4.5　附件设计

4.5.1　窥视孔盖和窥视孔

窥视孔用来检查传动件的啮合情况、润滑情况、接触斑点和齿侧间隙等，所以窥视孔应设计在箱盖顶部并能观察到传动零件啮合区的合适位置，其大小随减速器的大小不同而不同，但至少能供手伸进检查操作。箱体内的润滑油也是由窥视孔注入的，为了过滤油中杂质，可在窥视孔口安装一个过滤网。

窥视孔一般放置在盖板盖上，用 M6～M10 的螺钉紧固，并用加强垫片加强密封，如图 4－43 所示。盖板常用钢板或铸铁制成，窥视孔盖板的结构如图 4－45 所示，其结构尺寸可参看相关手册或图册，也可根据不同减速器的结构尺寸自行设计。

为了便于机械加工与窥视孔盖接触的接合面，

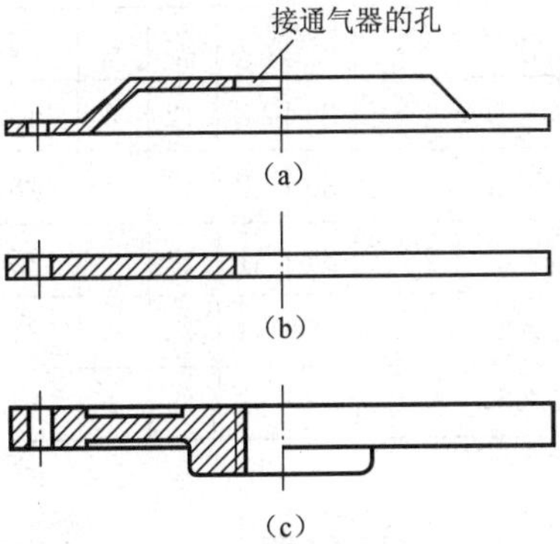

图 4－45　窥视孔盖

（a）冲压薄钢板；（b）钢板；（c）铸铁（工艺性差）；（d）铸铁（工艺性好）

箱盖上窥视孔口应制成凸台，如图 4—43（b）所示。

4.5.2 放油螺塞

为了便于放油和排出箱底杂质，应在油池最低处设置放油螺塞，如图 4—46 所示。

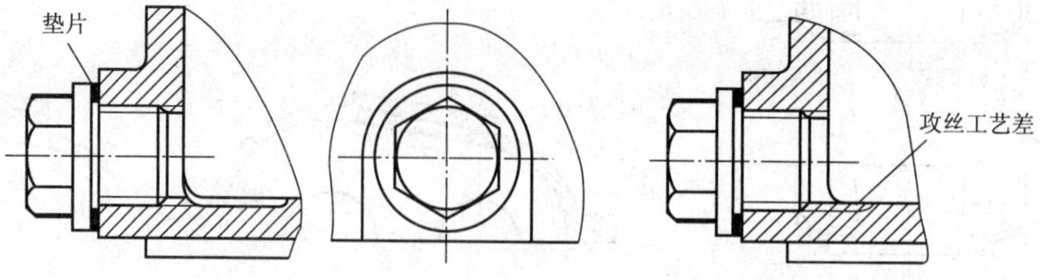

（a）　　（b）

图 4—46　放油螺塞

为了便于放油，放油孔应设置在不与其他部件靠近的一侧，箱体内底面一般做成向孔端倾斜 1°～2°的结构，以便污油流出。平时，放油孔用螺塞和油封圈堵住，加强密封。

为方便机械加工，放油孔座也应制成凸台。

螺塞和油封圈的结构尺寸见表 4—7。

表 4—7　六角头螺塞

mm

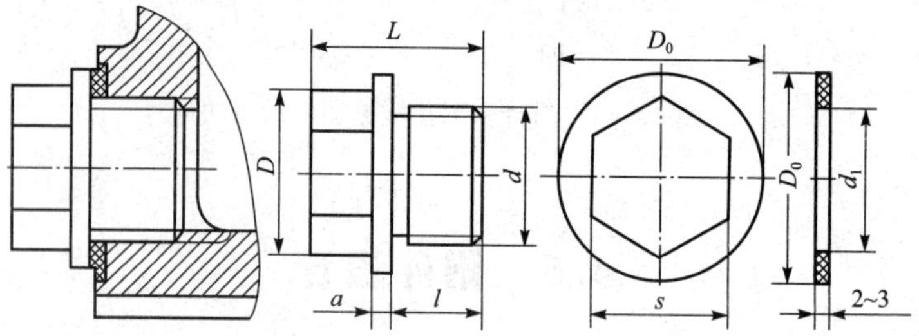

d	D_0	L	l	a	D	s	d_1	材料
M16×1.5	26	23	12	3	19.6	17	17	螺塞：Q235 油封圈：耐油橡胶；工业用革；石棉橡胶纸
M20×1.5	30	28	15	4	25.4	22	22	
M24×2	34	31	16	4	25.4	22	26	
M27×2	38	34	18	4	31.2	27	29	
M30×2	42	36	18	4	36.9	32	32	

4.5.3 通气器

减速器在工作时，箱体内的温度会升高，使箱体内气体膨胀，气压升高。为了便于箱体内的热气逸出，保证箱体内外压力平衡，提高箱体分界面和外伸轴密封处的密封性，常在箱盖顶部或窥视孔盖上安装通气器。表 4—8 所示为常见通气器的结构尺寸，供选用。其中：通气器 1 防尘通气能力较小，适用于比较清洁的场合；通气器 2 内部做成曲路，有金属网，通气能力好，可用于防止停机后灰尘随空气吸进箱内。

表 4—8　通气器　　mm

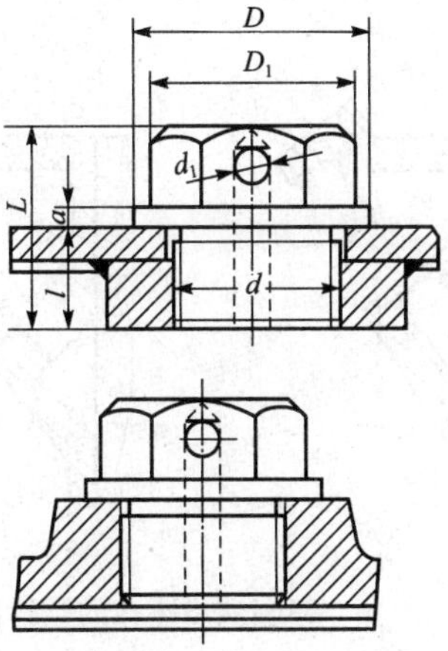

d	D	D_1	s^*	L	l	a	d_1
M10×1	13	11.5	10	16	8	2	3
M12×1.25	18	16.5	14	19	10	2	4
M16×1.5	22	19.6	17	23	12	2	5
M20×1.5	30	25.4	22	28	15	4	6
M22×1.5	32	25.4	22	29	15	4	7
M27×1.5	38	31.2	27	34	18	4	8
M30×2	42	36.9	32	36	18	4	8
M33×2	45	36.9	32	38	20	4	8
M36×3	50	41.6	36	46	25	5	8

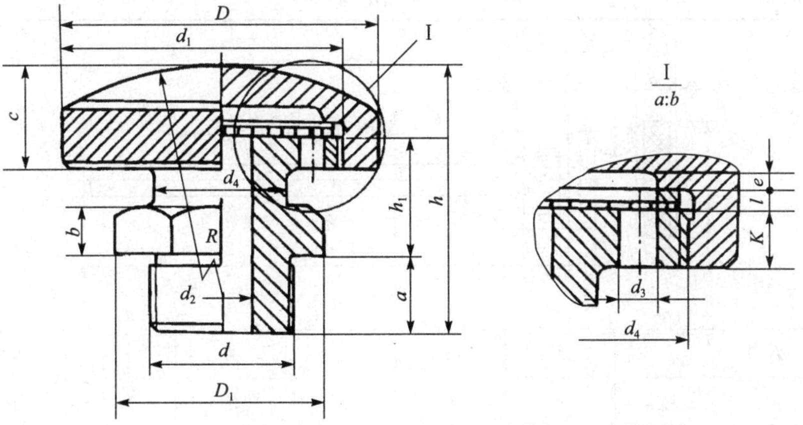

d	d_1	d_2	d_3	d_4	D	h	a	b	c	h_1	R	D_1	s^*	K	e	l
M24	M28×1.5	12	5	22	55	55	15	8	20	25	85	41.6	36	10	2	2
M36	M64×2	20	8	30	75	60	20	12	20	30	160	577	50	10	2	2

*：s——螺母扳手宽度。注：材料 Q235。

4.5.4　油标

油标用于检查油面高度，常设置于方便观察油面及油面较稳定处，如在低速级齿轮附近。

常用的油标有油尺、圆形游标长形油标等，一般多选用带有螺纹部分的油尺。油尺在减速器中多采用侧装式结构，如图 4—47 所示。

油尺座孔的高度和倾斜位置要合适，否则会直接影响油尺座孔的加工和油标的使用。如油尺座孔的倾斜角度太小，如图 4－48（a）所示，则铣刀无法加工出油尺座孔且油标也不能正确安装；反之，如油尺座孔的位置较低且倾斜角过大时，如图 4－48（b）所示，就会产生箱内润滑油从油尺座孔溢出的现象。

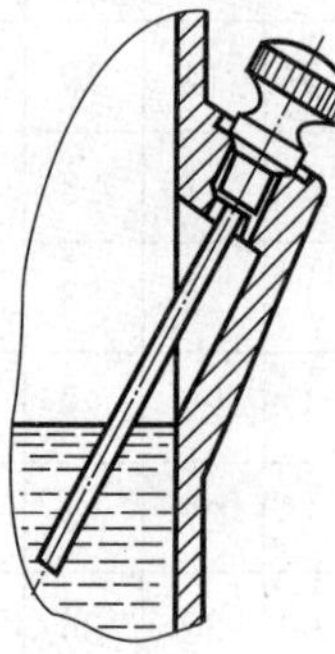

图 4－47　油尺

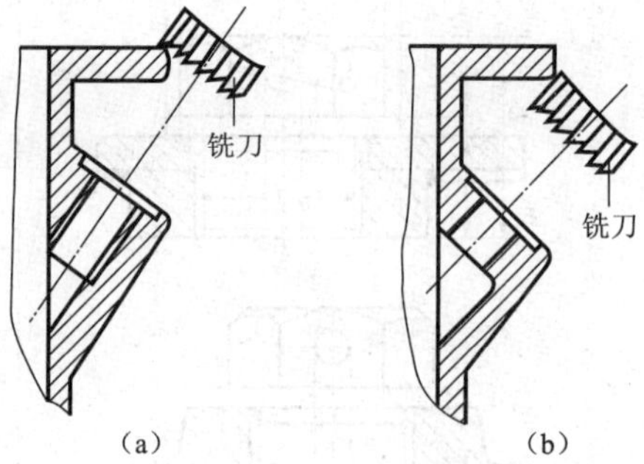

图 4－48　箱座油尺座孔的倾斜位置

（a）不正确；（b）正确

油尺的结构尺寸见表 4－9。

表 4－9　油尺的结构尺寸　　mm

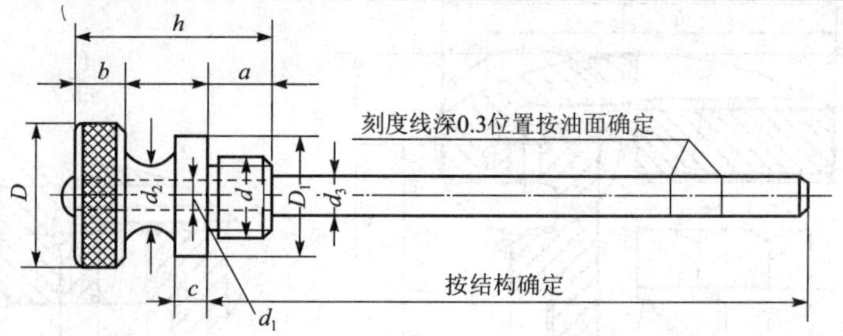

d	d_1	d_2	d_3	h	a	b	e	D	D_1
M12	4	12	6	28	10	6	4	20	16
M16	4	16	6	35	12	8	5	26	22
M20	6	20	8	42	15	10	6	32	26

4.5.5　环首螺钉、吊耳和吊钩

环首螺钉装在箱盖上，用于箱盖的拆卸及搬运，它为标准件，可按起质量由手册选取。安装环首螺钉时，必须使其台肩抵紧箱盖接合面即保证螺纹部分全部拧入后，才能承受较大载荷，因此箱盖上螺钉孔必须局部锪大，如图 4－49 所示，其中：图（a）的结构不正确，环首螺钉旋入螺孔的螺纹部分 l_1 过短，l_2 过长，会使钻头在加工螺孔时，钻头半边切削的行程过长，钻头易折断。图（b）和（c）中的螺钉孔工艺性较好，可采用。

减速器中，常常采用在箱盖上直接铸出吊耳或吊耳环来代替环首螺钉，以减少机械加工工序，其结构尺寸见表 4－10。

为吊运整台减速器，需在箱座凸缘下面铸出吊钩，其结构尺寸见表 4－10。

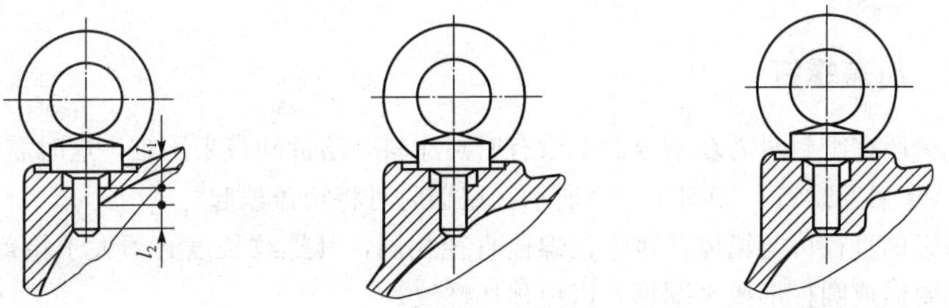

(a)　　　　　　(b)　　　　　　(c)

图 4－49　环首螺钉的螺钉尾部结构

(a) 不正确（l_1 过短，l_2 过长）；(b) 可用；(c) 正确

表 4－10　吊耳和吊钩

1. 吊耳（铸在箱盖上） 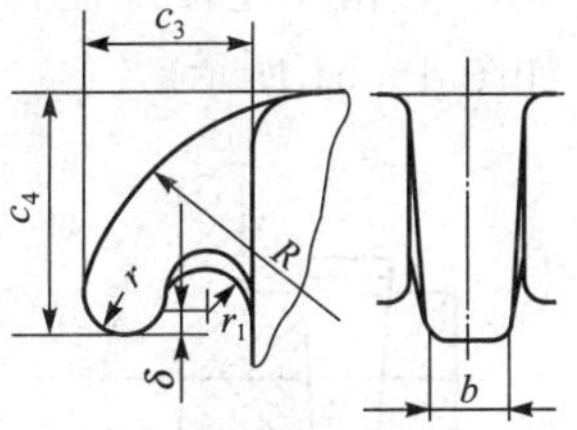	$c_3=(4\sim5)\delta_1$ $c_4=(1.3\sim1.5)c_3$ $b=(1.8\sim2.5)\delta_1$ $R=c_4$ $r_1\approx0.2c_3$ $r\approx0.25c_3$ δ_1 为箱盖壁厚
2. 吊耳环（铸在箱盖上） 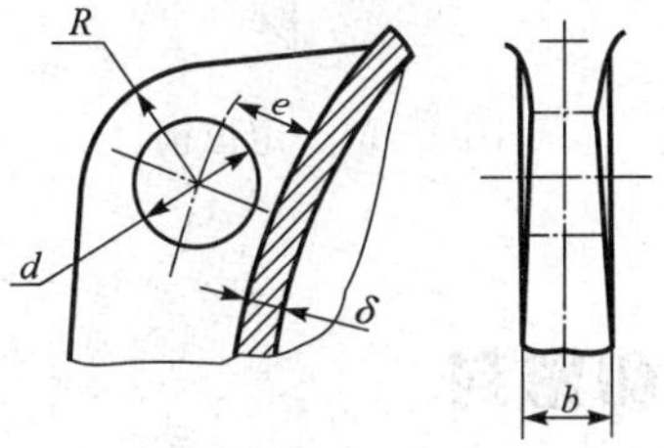	$d=b\approx(1.8\sim2.5)\delta_1$ $R\approx(1\sim1.2)d$ $e\approx(0.8\sim1)d$
3. 吊钩（铸在箱座上） 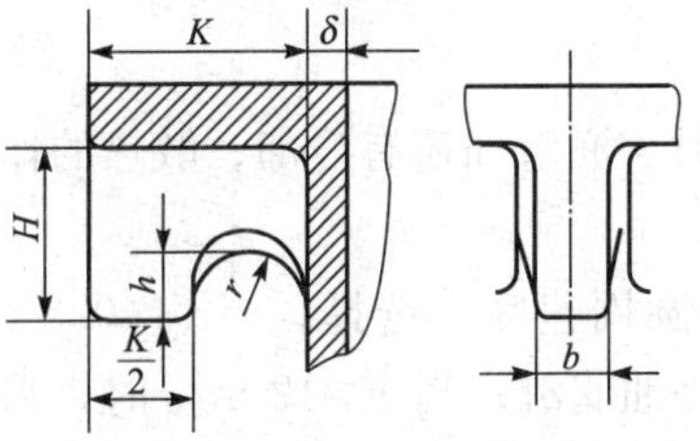	$K=c_1+c_2$（表 4－1） （K 为箱座接合面凸缘宽度） $H\approx0.8K$ $h\approx0.5H$ $r\approx0.25K$ $b\approx(1.8\sim2.5)\delta$
4. 吊钩（铸在箱座上） 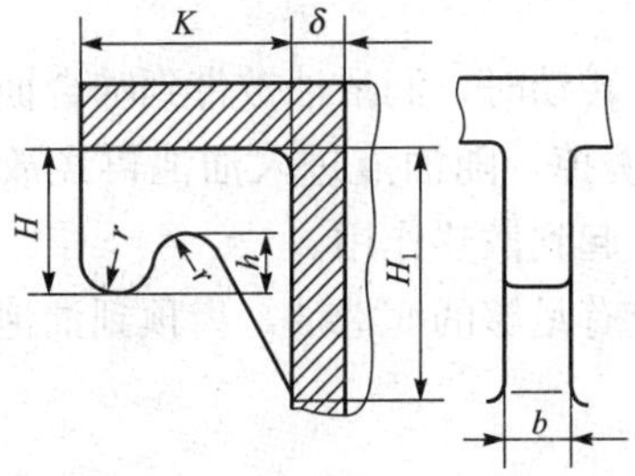	$K=c_1+c_2$（表 4－1） $H\approx0.8K$ $h\approx0.5H$ $r\approx K/6$ $b\approx(1.8\sim2.5)\delta$ H_1 按结构确定

4.5.6 启盖螺钉

箱盖、箱座在密封时需在剖分面上涂有密封涂料，给拆卸带来困难，这时需在箱盖凸缘上设置 1～2 个启盖螺钉，如图 4—50 所示，启盖时可将箱盖顶起。

启盖螺钉的直径可与箱体凸缘连接螺栓直径相同，其螺纹长度必须大于箱盖凸缘厚度，且钉杆端部要做成圆柱形或半圆形，以免顶坏螺纹。

4.5.7 定位销

定位销的作用是为了保证剖分箱体的轴承座孔的加工精度和装配精度。为提高定位精度，圆锥销尽量设置在不对称位置上，一般是在箱体连接凸缘上距离尽量远处（如对角线方向），安装两个圆锥定位销。

定位销的公称直径（小端直径）$d=$（0.7～0.8）d_2（d_2 为箱体连接螺栓直径），为了方便装拆，其长度应大于箱盖和箱座连接凸缘的总厚度，如图 4—51 所示。

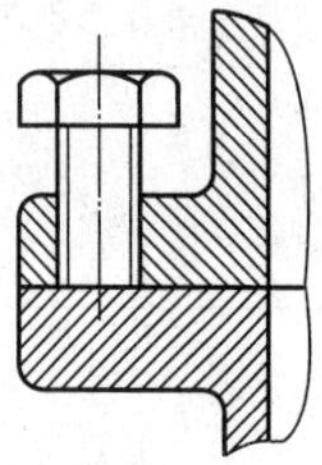

图 4—50　启盖螺钉

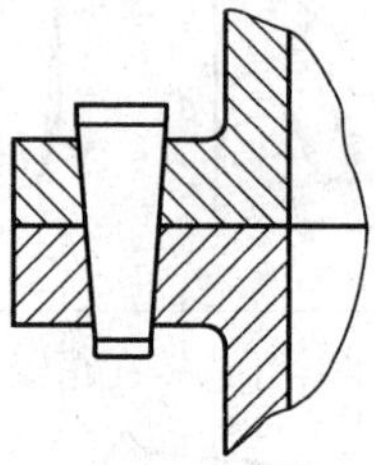

图 4—51　定位销

4.6 减速器的润滑和密封

4.6.1 减速器的润滑

减速器的润滑可以减少磨损，提高传动效率。同时，润滑油还有冷却、散热的作用。

1. 齿轮传动的润滑

减速器传动件的润滑形式要根据传动件的不同的圆周速度来选择。当 $v<0.8$ m/s 时，采用润滑脂润滑；当 0.8 m/s$<v<$ 12 m/s 时，采用浸油润滑；当 $v>12$ m/s 时，采用喷油润滑。对于大多数减速器传动件的圆周速度 $v\leqslant12$ m/s，故常采用浸油润滑。

（1）浸油润滑。

浸油润滑是指将齿轮浸入箱体润滑油中，当传动件转动时，润滑油被带到啮合面上进行润滑，同时还可将啮合面上长期形成的氧化物杂质冲洗掉，随油液进入油池再经放油孔流出。另外，浸油润滑时油池中的油也同时被甩上箱壁，起到散热作用。

为了润滑散热和避免油搅动时沉渣泛起，箱体内应有足够的润滑油，齿顶到油池底面的距离 H 应不小于30～50 mm，由此可以确定箱座高度。

图 4—52 中给出了传动件的浸油深度 h。

浸油深度确定后，就可以确定出所需的注油量了。然后再按传递功率大小进行验算，保证散热要求。对于单级传动，每传递 1 kW 需油量 $V_0=0.35\sim0.7\ dm^3$。如不满足，可适当增加箱座的高度，保证足够的油池容积。

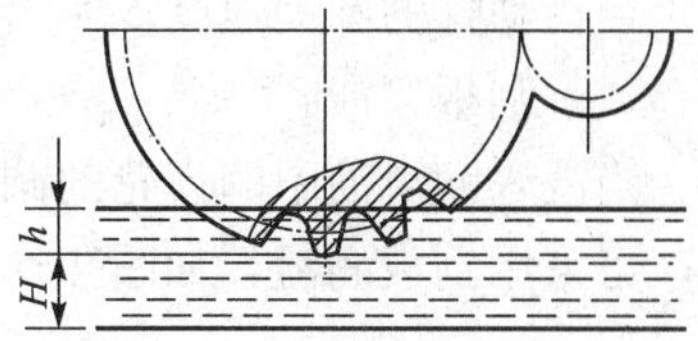

图 4－52　传动件的浸油深度 h

$H=30\sim50$ mm；

h——一个齿高，不小于 10 mm

（2）喷油润滑。

当齿轮圆周速度 $v>12$ m/s 时，传动件带起的润滑油由于离心力作用易被甩掉，而不能进入啮合区进行润滑，并使搅动太大油温升高，油易氧化。此时，应采用喷油润滑形式，如图 4－53 所示，即利用液压泵将润滑油通过喷嘴喷到齿轮上，可以不断冷却和过滤，润滑效果好，但需专门的油路、滤油器、冷却等装置，费用较高。

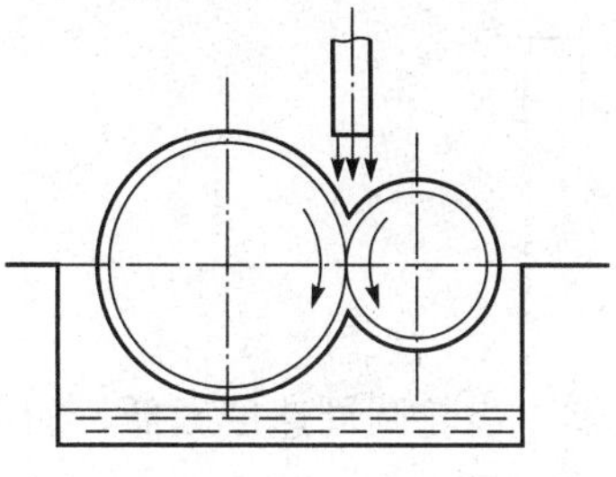

图 4－53　齿轮传动的喷油润滑

2. 滚动轴承的润滑

对于齿轮减速器，当浸油齿轮的圆周速度 $v<2$ m/s 时，滚动轴承宜采用润滑脂润滑；当齿轮的圆周速度 $v\geqslant2$ m/s 时，滚动轴承多采用飞溅润滑。

（1）飞溅润滑。

减速器内只要有一个浸油齿轮的圆周速度 $v\geqslant2$ m/s 时，即可利用飞溅润滑。这时，需在箱体剖分面上制出输油沟，使溅到箱盖内壁上的油流入输油沟，从油沟导入轴承，如图 4－54 所示。

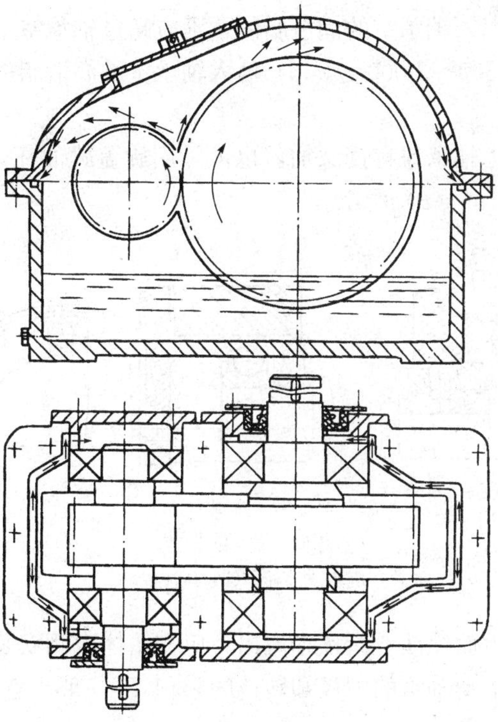

图 4－54　飞溅润滑

当传动件的圆周速度 $v>3$ m/s 时，飞溅的油可形成油雾，直接润滑轴承。

（2）刮板润滑。

当浸入润滑油中的齿轮的圆周速度 $v<2$ m/s 时，而轴承又需利用箱体内的油进行润滑时，可采用刮板润滑，如图 4－55 所示。

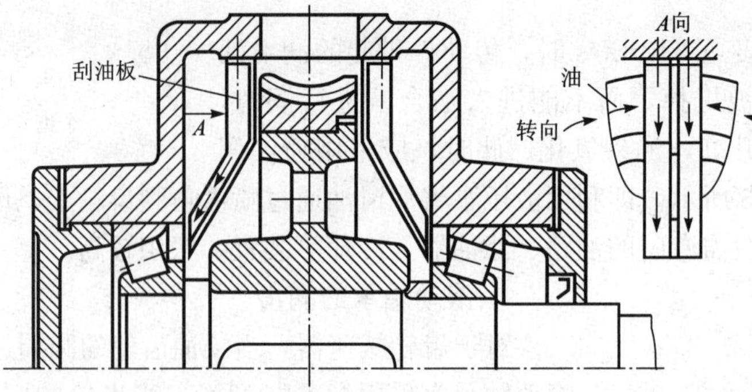

图 4－55　刮板润滑

（3）润滑脂润滑。

润滑脂润滑易于密封，结构简单，维护方便，适用于减速器中齿轮圆周速度太低，润滑油难以飞溅、难以导入轴承或难以使轴承浸油润滑时的情况。

采用润滑脂润滑时，只需在装配时将润滑脂填入轴承室中，以后每隔一定时期（通常每年 1～2 次）补充一次。

对于低速及中速轴承填入轴承室的润滑脂的量不应超过轴承室空间的 2/3。

对于高速轴承（n=1 500～3 000 r/min）填入轴承室的润滑脂的量不应超过轴承室空间的 1/3。

添加润滑脂时，可拆去轴承盖直接添加，也可采用旋盖式油杯，如图 4－56（a）所示，或采用压注油杯，如图 4－56（b）所示。

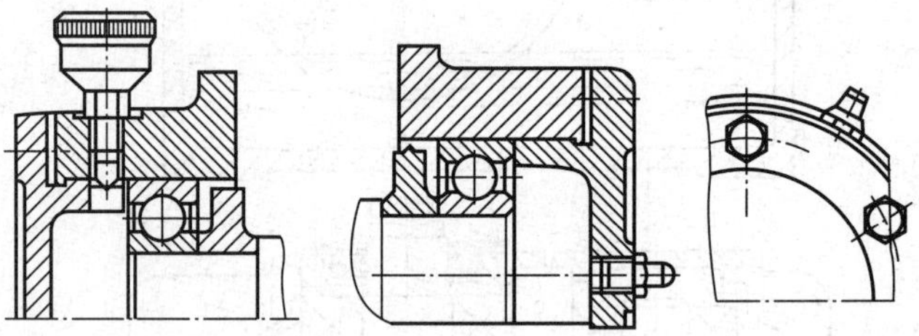

(a)　　(b)

图 4－56　油杯

（a）旋盖式油杯；（b）压注油杯

为防止箱内油进入轴承而使润滑脂稀释流出，应在箱体内侧安装密封装置。

采用润滑脂润滑时，滚动轴承的内径和转速的乘积 dn 一般不宜超过 2×10^5 mm/min。

3. 对润滑剂的要求

润滑剂有减少摩擦、降低磨损和散热冷却的作用，还可以减振、防锈及冲洗杂质。

对于重载、高速、频繁启动的情况，应采用黏度高、油性和极压性好的润滑油，如低速重载齿轮传动。对于轻载、间歇工作的传动件可采用黏度较低的润滑油。

一般齿轮减速器常用40号、50号、70号等机械油润滑。对于中、重型齿轮减速器，可用汽缸油、28号轧钢机油、齿轮油（HL _ 20、HL _ 30）及工业齿轮油、极压齿轮油等润滑。

换油时间取决于油中杂质的多少及氧化与被污染的程度，一般为半年左右。

4.6.2　减速器的密封

1. 轴伸出端的密封

轴伸出端密封的目的是使滚动轴承与箱外隔绝，防止箱内润滑油或轴承室内的润滑脂漏出和箱外杂质、水分等进入轴承室，其常见的形式如下。

（1）毡圈式密封。

如图4—57所示，这种密封结构简单，尺寸紧凑，价格便宜，安装方便。但在轴颈接触面处的摩擦严重，毡圈使用寿命较短。主要采用脂润滑，工作温度$t \leqslant 90℃$。毡圈和槽的尺寸见相关手册。

（2）皮碗式密封。

如图4—58所示，这种密封由耐油橡胶圈和螺旋弹簧圈组成，便于安装和更换，工作可靠。可采用油润滑和脂润滑。

工作时，耐油橡胶圈唇形结构的弹性和螺旋弹簧圈的扣紧力使唇形部分贴紧轴表面，压力愈大，唇部与轴贴得愈紧而形成自紧，密封作用很强。

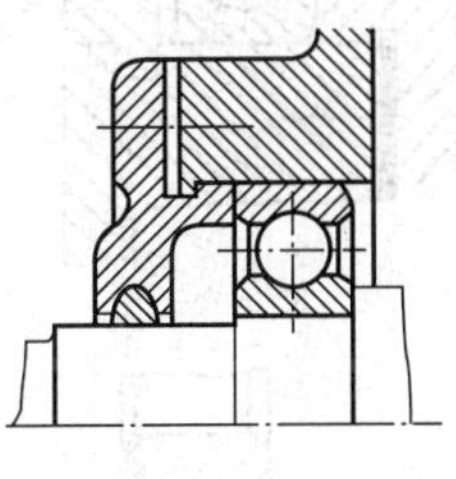

图4—57　毡圈式密封

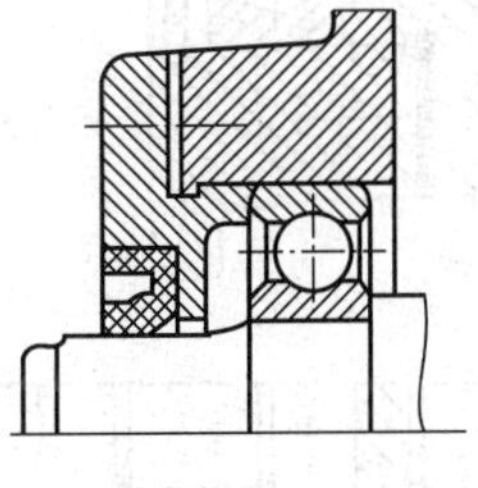

图4—58　皮碗式密封

皮碗式密封允许轴颈的圆周速度为：精车轴颈$v \leqslant 10$ m/s；磨光轴颈$v \leqslant 15$ m/s，工作温度$t = -40℃ \sim 150℃$。

密封圈有标准可选用，密封圈及槽的尺寸参见相关手册。

（3）沟槽式密封。

这种密封利用环形间隙或沟槽填满润滑脂后实现密封。图4—59所示为间隙沟槽式密封装置。

为提高密封性，可采用减少轴与孔的间隙（0.2～0.5 mm）和增加沟槽数目（不小于3）的办法。

这种密封结构简单，但密封不够可靠，适用于环境清洁的场合。

（4）迷宫式密封。

这种密封是在转动元件与固定元件上各加工出曲槽，并在曲折狭小的缝隙中充满油脂，实现密封的目的，如图4—60所示。

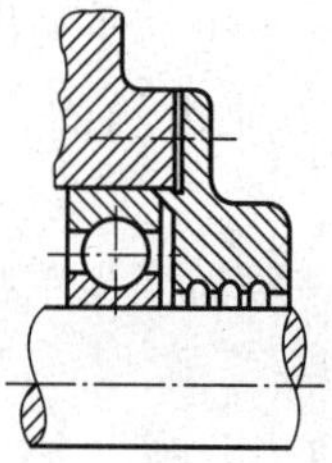

图 4－59　间隙沟槽式密封

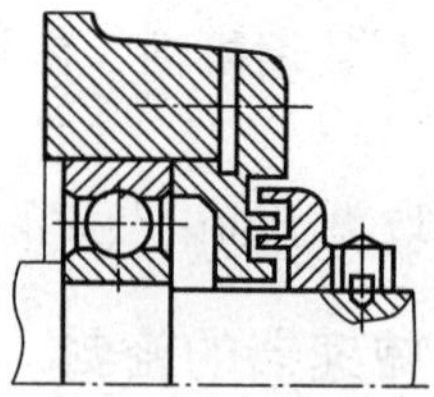

图 4－60　迷宫式密封

迷宫式密封具有密封性可靠、无摩擦磨损的特点，对防尘和防漏有一定作用，油润滑和脂润滑均可适用，是一种较理想的密封形式。缺点是结构复杂、制造安装不方便。

2. 轴承室内侧的密封

（1）封油环。

采用脂润滑的轴承，可把轴承室与箱体内部隔开，防止轴承内的润滑脂流入箱内或箱内的润滑油溅入轴承室使润滑脂稀释流失。

常见的封油环装置如图 4－61 所示。

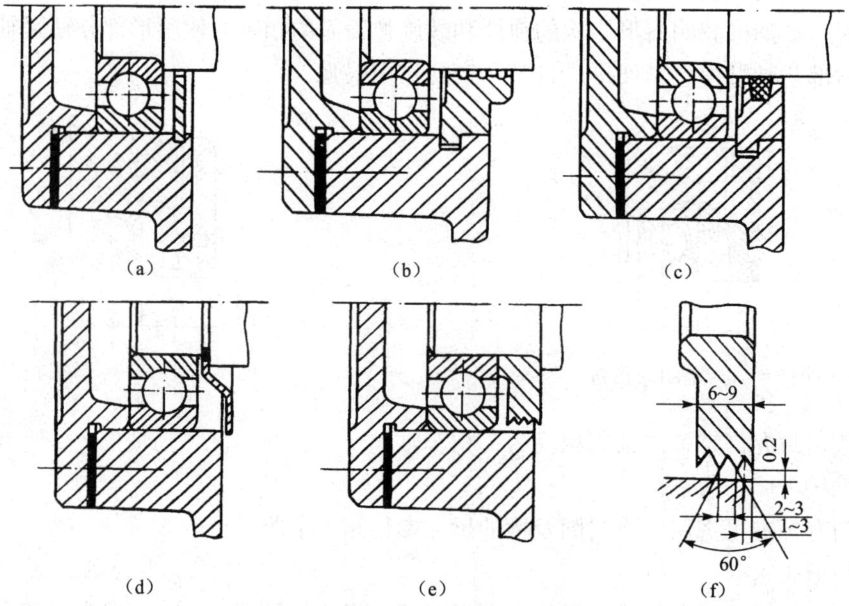

图 4－61　封油环密封装置

（2）挡油环。

挡油环用于油润滑轴承，不让过多的润滑油、杂质进入轴承室。挡油环与轴承座孔之间应留有一定的间隙，以便一定量的润滑油进入轴承室润滑轴承。

常见的挡油环装置如图 4－62 所示。

3. 箱盖与箱座接合面的密封

箱盖与箱座接合面的密封是在接合面上涂密封胶（601 密封胶、7302 密封胶及液体尼龙密封胶等）或水玻璃。

为了加强密封效果，可在接触面上开回油沟（回油沟的结构尺寸见图 4－35），让渗入接合面缝隙的润滑油通过回油沟流回箱内油池。

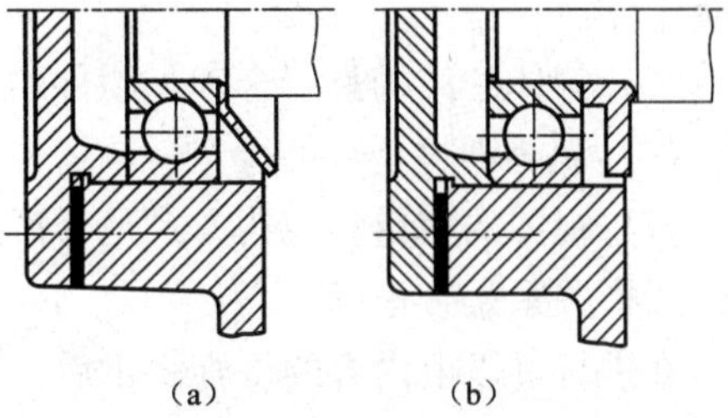

图 4－62　挡油环装置

一般禁止在接合面上加垫片进行密封，因为这样会影响轴承与座孔的配合，但可在接合面上开槽，在槽内嵌耐油橡胶条进行密封。

对于减速器凸缘式轴承盖的凸缘、窥视孔盖板以及油塞等与箱座、箱盖的配合处均需装封油环，以保证良好的密封。

上述内容进行过后，可得到如图 4－63 所示的完整的一级圆柱齿轮减速器装配草图。

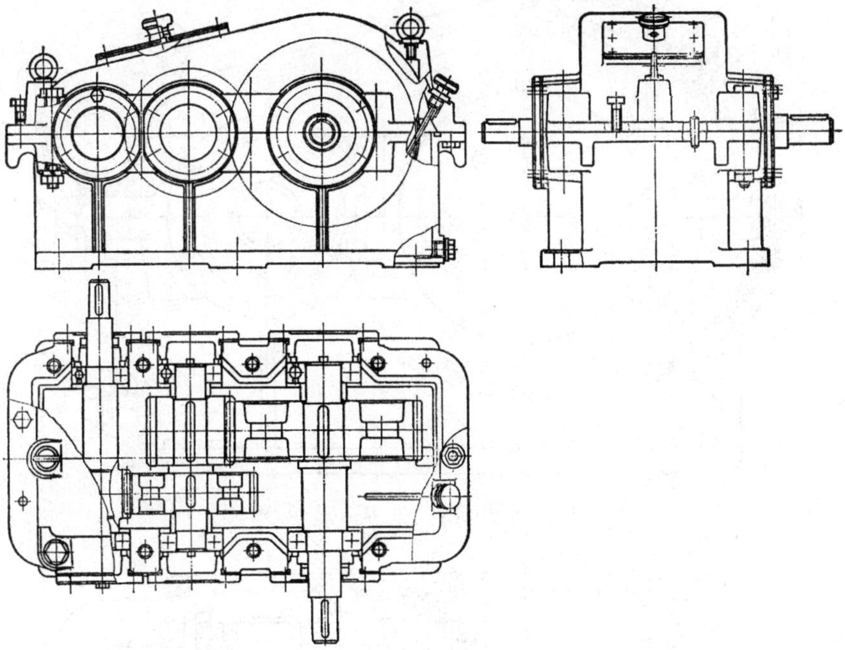

图 4－63　一级圆柱齿轮减速器完整装配草图

4.7　装配草图的检查与修正

当装配草图绘制完成后，要仔细检查和修改，主要从以下几方面入手。

（1）装配图设计与任务书传动方案是否一致，如输入、输出轴的位置等。

（2）装配图中重要零件的结构尺寸与设计计算的结果是否完全一致，如中心距、分度圆直径、齿宽、轴的结构尺寸等。

（3）传动件的结构是否合理，其结构与选用的材料及毛坯的加工形式是否一致。

（4）轴系其他零部件的结构设计是否合理，轴上零件的定位和固定是否可靠，能否顺利装拆。

（5）箱体的结构是否合理，附件的布置是否合理、结构是否正确，是否满足安装要求。

（6）润滑密封是否可行。

（7）视图的数量和表达方式是否恰到好处，各零件间的相互关系是否表达清楚，三个视图的投影关系是否正确。

在进行过以上内容的检查修正后，不要忙于线条加粗，应待零件图完成后，确认不需要再修改装配图时再加粗。

4.8 一级圆柱齿轮减速器的常见错误

如图 4－64 所示，图中以○表示不正确或工艺性不好之处。

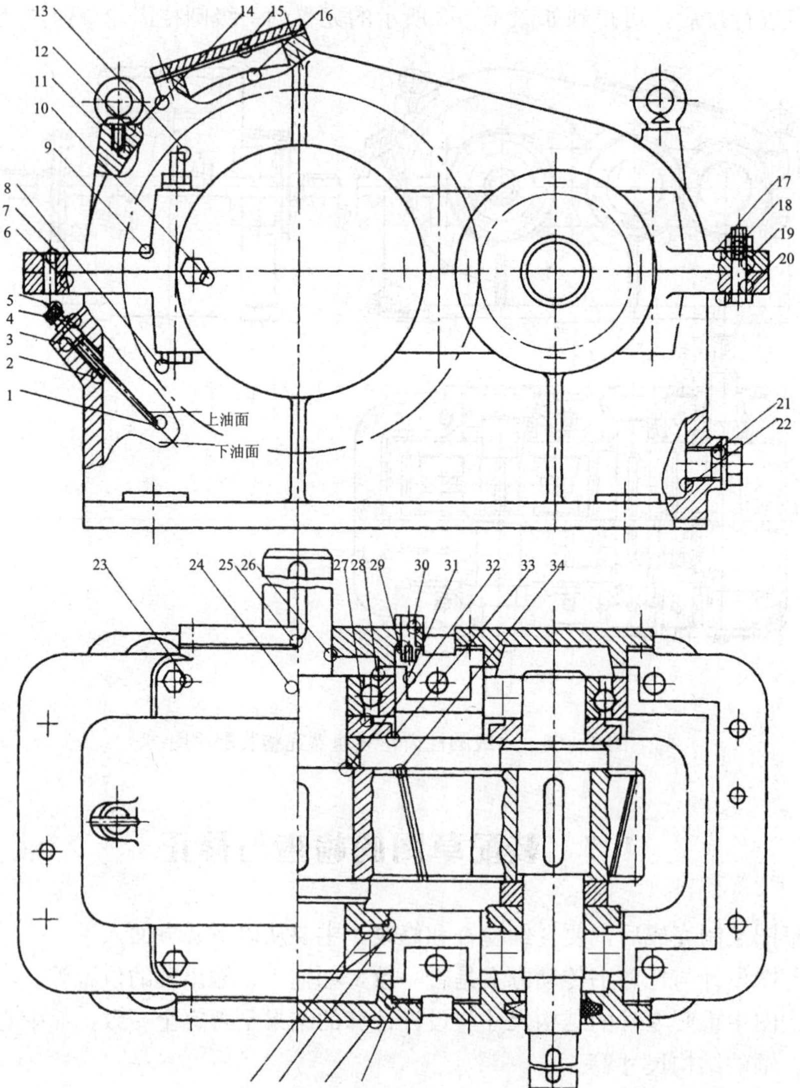

图 4－64　圆柱齿轮减速器的常见错误

圆柱齿轮减速器的常见错误分析如表 4－11 和表 4－12 所示。

表 4－11　圆柱齿轮减速器的常见错误分析（一）

错误位置	错误点	正确画法	各错误点的错误原因
油塞的位置与画法	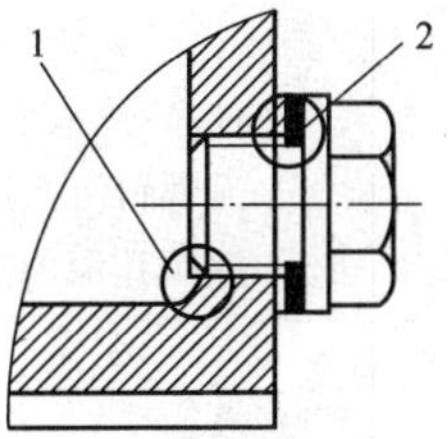	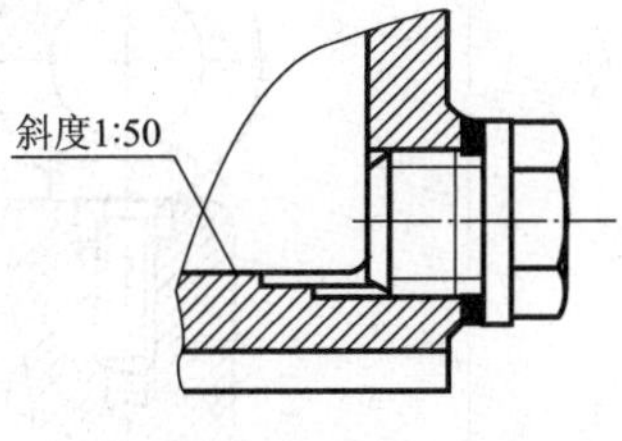	1—油塞的位置太高，使油不易流出，底部应有 1∶50 的斜度 2—螺纹大径大于垫圈内径，螺塞无法拧入
螺栓连接	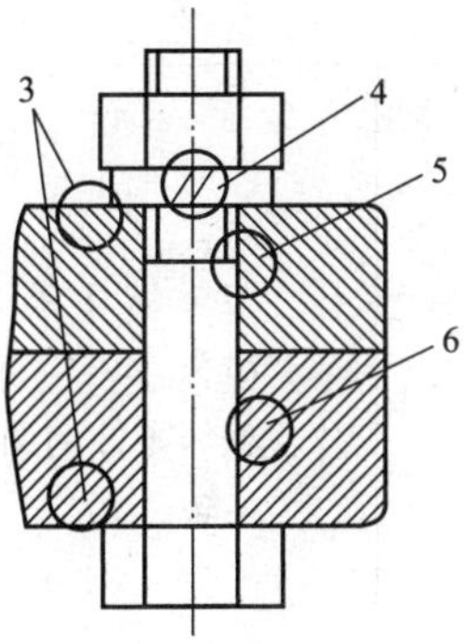	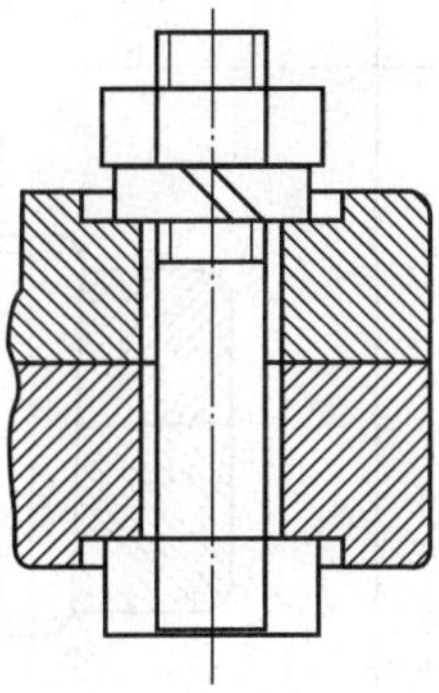	6—没画间隙 5—螺纹牙底应为细实线 4—弹簧垫圈开口方向反了 3—应有鱼眼坑
窥视孔盖	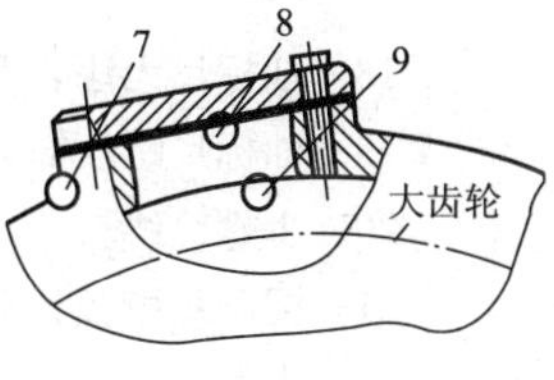	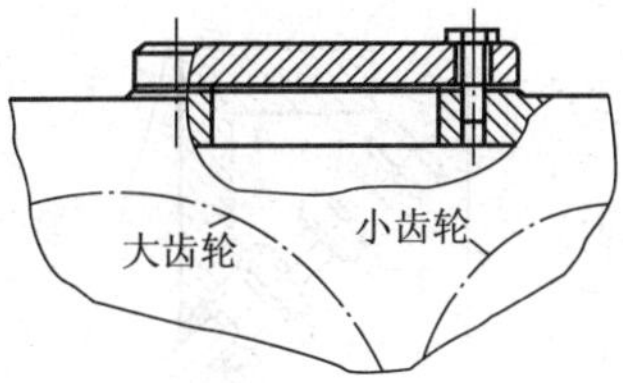	7—缺轮廓线 8—此处垫片没剖着，不应涂黑 9—窥视孔的位置应放在两齿轮啮合部分上部
轴承座凸台及螺栓连接	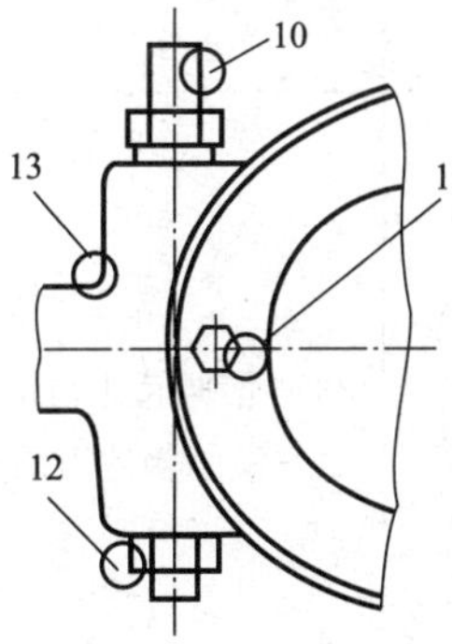	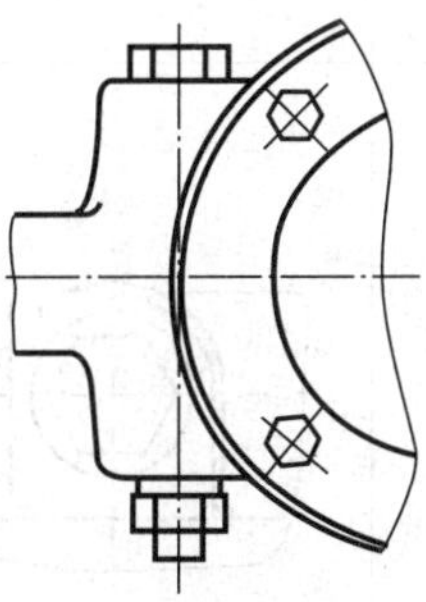	10—螺栓出头太长 11—螺栓不能拧在剖分面上 12—螺栓无法从下往上装，应将螺栓头调来，由图 4－64可看出 13—没画凸台过渡线

续表

<table>
<tr><th>错误位置</th><th>错误点</th><th>正确画法</th><th>各错误点的错误原因</th></tr>
<tr><td>吊环螺钉</td><td>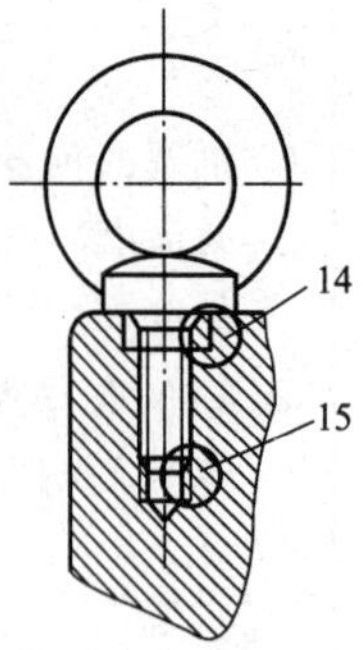</td><td>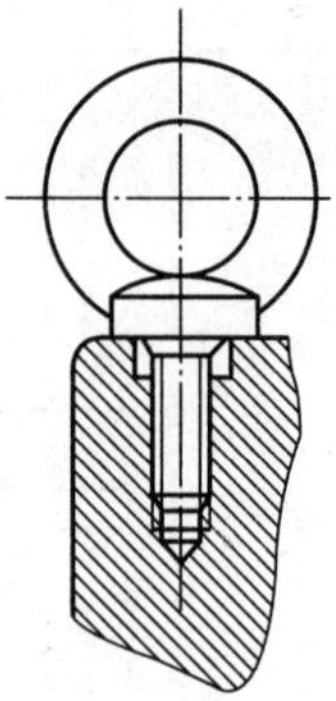</td><td>14—无螺钉沉头座孔
15—螺纹孔深应有余量</td></tr>
<tr><td>定位销</td><td>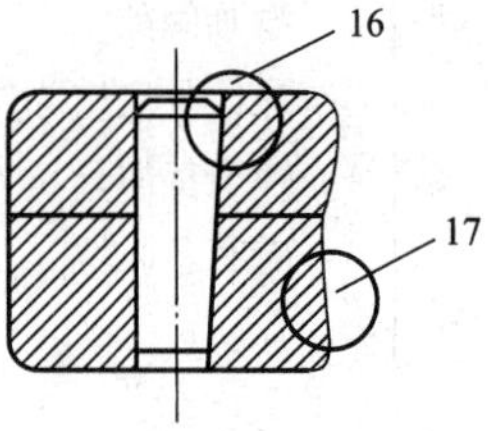</td><td>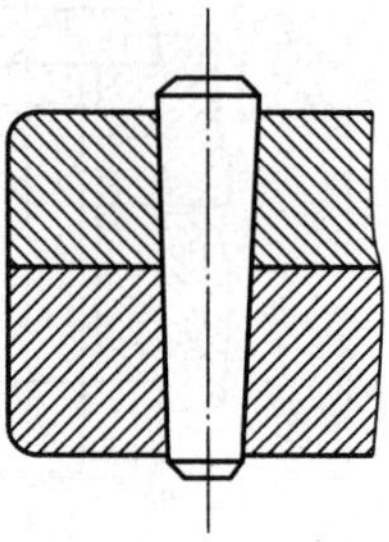</td><td>16—为了便于装拆，销钉应出头
17—相邻零件剖面线方向不能一致</td></tr>
<tr><td>油标尺的安装</td><td>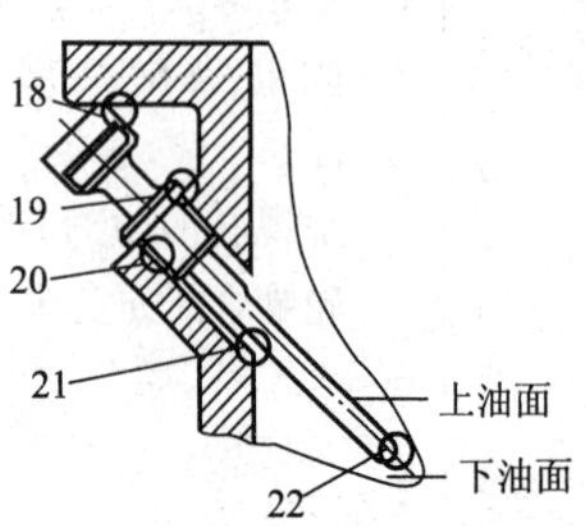</td><td>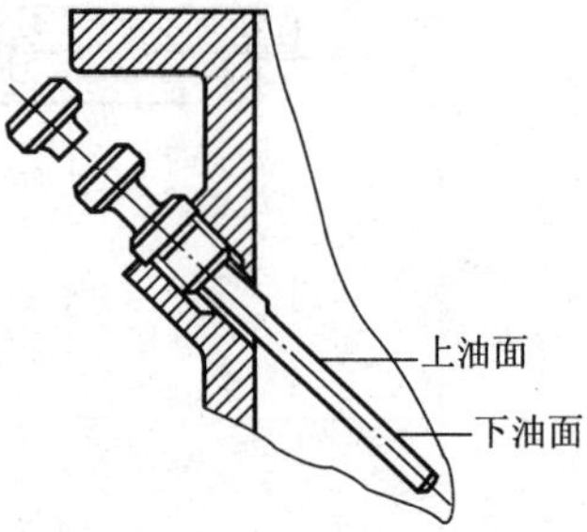</td><td>18—油标尺无法装拆
19—油标尺螺纹部分缺退刀槽
20—少螺纹线
21—漏画箱壁投影线，内螺纹太长
22—油标尺太短，测不到下油面</td></tr>
<tr><td>俯视图上的凸台</td><td>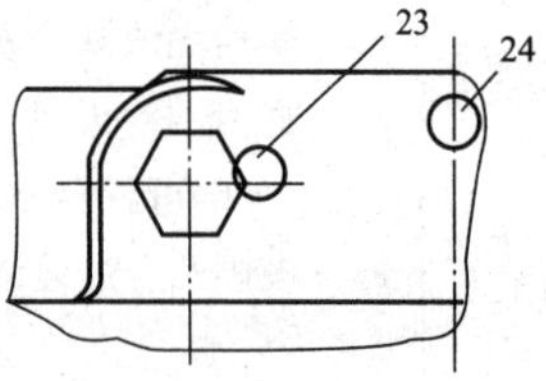</td><td>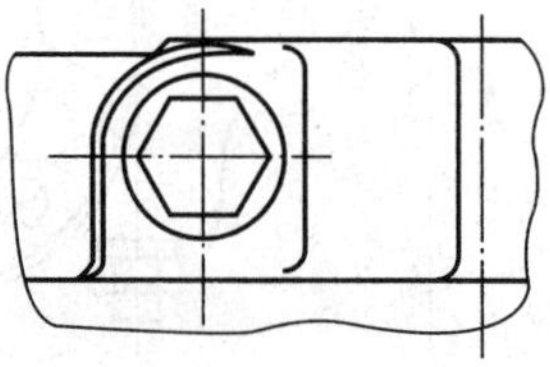</td><td>23—漏画鱼眼坑的投影线
24—漏画箱体上的投影线</td></tr>
</table>

表 4—12　圆柱齿轮减速器的常见错误分析（二）

（轴及其轴上零件部分）

错误示例	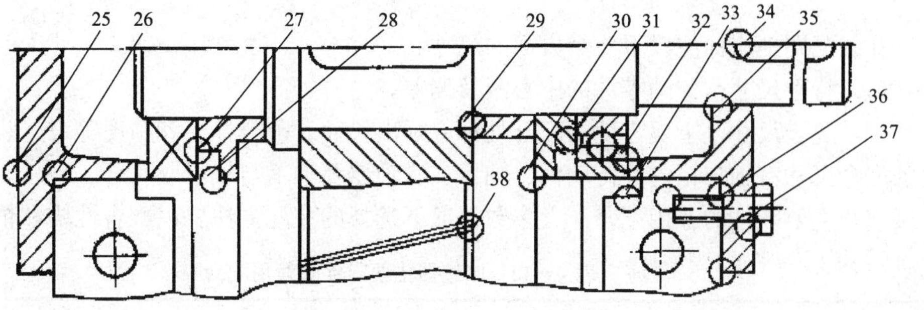
正确图例	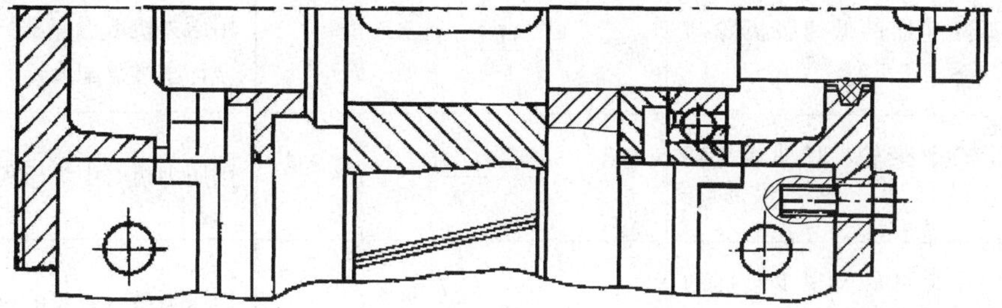
错误分析	25—应减小加工面积；26—相配合的两零件的拆角处不应都做成尖角或相同的圆角；31、27—挡油环与轴承接触部分太高，不利于轴承转动；28—漏画轴承座孔的投影线；29—三面接触，套筒厚度不够；30—挡油环与轴承孔间要留间隙，环的外端面应伸出箱体内壁 1～2 mm，以保证将油甩出；32—为适应轴受热伸长，应留间隙；33—用油脂润滑，不要输油沟；34—键不应伸到轴承盖里去；35—轴与轴承盖间要留间隙，装密封件；36—漏画局部剖面线，螺纹孔应深些；37—漏画螺钉与螺孔间隙；38—斜齿轮上的斜线不应出头

4.9　装配图的完成

装配图的总成设计要完成：标注尺寸及配合关系、写出减速器的技术特性或技术要求、标注零件部件的序号、绘制标题栏及明细表等。

4.9.1　绘图要求

减速器的装配图要尽量把其工作原理和主要装配关系集中表达在一个基本视图上，如齿轮减速器应集中在俯视图上。

对于装配图一般不用虚线表示零件结构，而采用局部剖视图或局部视图表达。

装配图的某些结构可以采用简化画法，如螺栓、螺母、滚动轴承可采用制图标准中规定的简化画法，相同类型、尺寸、规格的螺栓连接只画一个，其他的用中心线表示即可。

画剖视图时，用不同的剖面线方向来区别相邻的不同零件，一个零件在各剖视图中的剖面线方向和间隔应一致。像垫片这样很薄的零件剖面可以涂黑。

4.9.2 标注尺寸及配合

在装配图上应标注以下4个方面的尺寸。

(1) 特性尺寸：传动零件的中心距及偏差。

(2) 配合尺寸：主要零件的配合处都应标出尺寸、配合性质和精度等级。装配图上应标注的配合尺寸有轴与箱内外传动件、轴承、联轴器及轴承与轴承座孔等。表4—13为供参考的减速器主要零件的荐用配合。大多数情况下选择的装配方法要以配合性质和精度为依据。

表4—13 减速器主要零件的荐用配合

配合零件	荐用配合	装拆方法
大中型减速器的低速级齿轮与轴的配合	$\frac{H7}{r6}$，$\frac{H7}{s6}$	用压力机或温差法（中等压力的配合，小过盈配合）
一般齿轮、带轮、联轴器与轴的配合	$\frac{H7}{r6}$	用压力机（中等压力的配合）
要求对中性良好及很少装拆的齿轮、联轴器与轴的配合	$\frac{H7}{n6}$	用压力机（较紧的过渡配合）
较常装拆的齿轮、联轴器与轴的配合	$\frac{H7}{m6}$，$\frac{H7}{k6}$	手锤打入（过渡配合）
滚动轴承内孔与轴的配合（内圈旋转）	j6（轻载荷），k6，m6（中等载荷）	用压力机（实际为过盈配合）
滚动轴承外圈与箱体孔的配合（外圈不转）	H7，H6（精度高时要求）	木槌或徒手装拆
轴承套杯与箱体孔的配合	$\frac{H7}{h6}$	木槌或徒手装拆

(3) 外形尺寸：减速器总长、总宽、总高等。

(4) 安装尺寸：包括减速器的中心高，输入和输出轴外伸端直径、长度，箱体底面的长、宽、厚尺寸，地脚螺栓孔中心的定位尺寸，地脚螺栓孔之间的中心距和直径。

4.9.3 技术特性和技术要求

(1) 技术特性。

技术特性应包括输入功率和转速、传动效率、总传动比及各级传动比等，可列表表示。如表4—14所示为一级圆柱齿轮减速器技术特性的示范表。

表 4—14　一级圆柱齿轮减速器技术特性表

输入功率 /kW	输入转速 /（r·min^{-1}）	效率 η	总传动比 i	传动特性		
				m	z_2/z_1	精度等级

（2）技术要求。

一般装配图上要写明在视图上无法表示的关于装配、调整、润滑、检验和维护等方面的技术要求。需要在装配图上以文字的形式表达出来。

① 对零件的要求：在装配之前，所有零件用煤油或汽油清洗，箱体内不允许有任何杂物存在。箱体内壁涂上防侵蚀的涂料。

② 安装和调整要求：安装滚动轴承时内圈应贴紧轴间和定位环，并必须留有一定的游隙或间隙，其具体尺寸见图 4—20。

齿轮安装后，要保证需要的齿侧间隙和齿面接触斑点。齿侧间隙的检查是将塞尺或铅片塞进相互啮合的两齿间，再测量塞尺厚度或铅片变形后的厚度。接触斑点的检查是在主动轮齿面上涂色，当主动轮转 2～3 周后，观察从动轮齿面的着色情况，由此分析接触区的位置及接触面积大小。表 4—15 为圆柱齿轮接触斑点部位及调整方法。

表 4—15　接触斑点部位及调整方法

接触部位	原因分析	调整、改进方法
	正常接触	
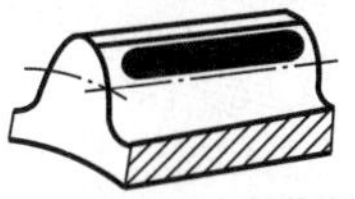	齿形误差超差或齿轮的齿圈径向跳动超差	对轮齿进行返修
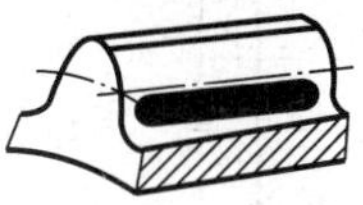		
	两齿轮轴线歪斜等	对轮齿或轴承座孔进行返修

③ 密封要求：在减速器的运转中，所有连接面及轴外伸处都不允许漏油，箱体接合面应涂密封胶或水玻璃，但不允许放任何垫片。轴的外伸处的密封圈应严格按图纸所示的位置安装，并涂上润滑油或润滑脂。

④ 润滑要求：润滑剂具有在机器运转过程中散热、冷却、减少摩擦和磨损的作用，对传动性能有很大的影响。在技术要求中要标出传动件及轴承所用的润滑剂牌号、用量、补充及更换时间。

⑤ 试验要求：在额定转速下正反转各 1 小时，进行空载试验，在额定转速、额定载荷

下运转至油温平衡为止。进行负载试验，要求油池温升不超过 35℃，轴承温升不超过 40℃。

（3）包装、运输和外观的要求。

外伸轴及其零件应涂油严密包装，箱体表面应涂灰色油漆，搬动、起吊时不得使用环首螺钉及吊耳，运输和装卸时不可倒置。

4.9.4 对所有零件进行编号

装配图上所有零件均应标出序号，名称和规格相同的零件同用一个序号，且只标注一次。零件的序号要标注在视图外面，并填写在引出线一端的横线上，引出线的另一端指在所表示的零件的内部，并在末端画一小黑点。指引线应尽可能分布均匀且不要彼此相交，也不要与剖面线平行，必要时可画成折线，但只允许弯折一次，如图 4－65 所示。对于装配关系清楚的零件组允许用公共指引线，如图 4－66 所示。序号应按水平及垂直方向排列整齐，沿顺时针或逆时针方向的顺序编排，不能遗漏。

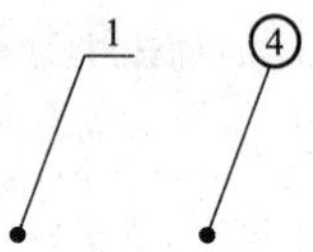

图 4－65 指引线

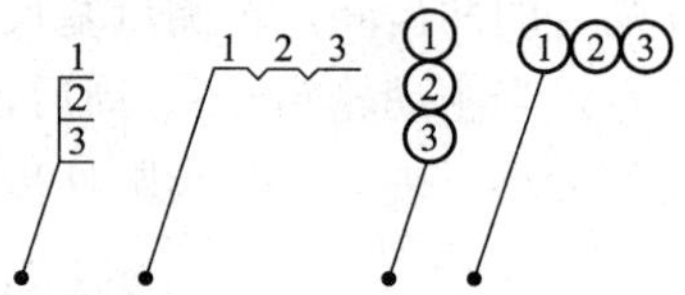

图 4－66 公共指引线

4.9.5 列出零件明细表及标题栏

装配图的右下角应附有标题栏，如图 4－67 所示，用来说明减速器的名称、质量、图号、材料和图样比例等。

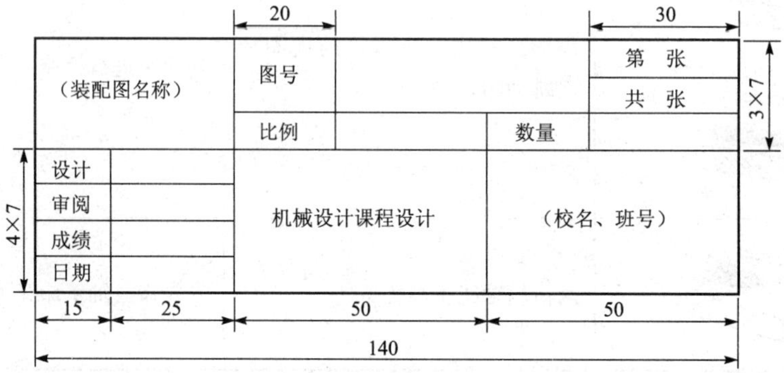

图 4－67 明细表格式

明细表是减速器所有零件的详细目录，安排在标题栏之上，如图 4－68 所示，用来说明装配图上各序号零件的名称、标准件的代号、数量、材料及备注等。

05	螺栓M24×80	6	As	GB 5783—1986	
04	轴	1	45		
03	大齿轮m=5,z=79	1	45		
02	箱盖	1	HT200		
01	箱座	1	HT200		
序号	名称	数量	材料	标 准	备 注

10　40　10　20　40　20

140

5×7

10

图 4—68　装配图标题栏

第 5 章　典型案例：一级圆柱齿轮减速器的设计

例：如图 5－1 所示带式运输机传动方案，运输带工作拉力 F＝1 500 N，运输带速度 v＝1.5 m/s，滚筒直径 D＝220 mm，荐用电机同步转速 n＝1 500 r/min。

工作条件：载荷平稳，连续单向运转，两班制工作。（运输带与滚筒及支撑间的摩擦阻力已在 F 中考虑。）

使用期限：寿命 10 年，大修期 3 年。

动力来源：三相交流电（220/380 V）。

生产条件：中型机械制造厂，可加工 7、8 级齿轮、蜗轮。

生产批量：小批量生产。

设计内容：① 减速器装配图一张（1＃图纸）；

② 零件工作图（2～3 张）；

③ 设计计算说明书一份。

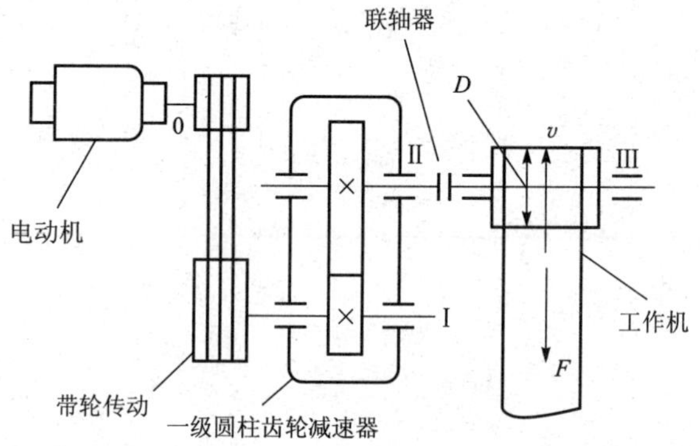

图 5－1　带式运输机传动图

以下为在这种方案下设计出的一级直齿圆柱齿轮减速器的计算说明书、减速器装配图（如图 5－6 所示）及零件图（从动轴的零件图如图 5－7 所示；齿轮的零件图如图 5－8 所示）。

设计计算说明书

设计计算内容	计　算　及　说　明	结　果
一、减速器的结构与性能介绍		
1. 结构形式	本减速器设计为水平剖分，封闭卧式结构	
2. 电动机的选择	（1）工作机的功率 P_w $P_w=FV/1\,000=1\,500\times1.5/1\,000=2.25$（kW） （2）总效率 $\eta_{总}$ $\eta_{总}=\eta_{带}\ \eta_{齿轮}\ \eta_{联轴器}\ \eta_{滚筒}\ \eta_{轴承}^{3}=$ $0.96\times0.98\times0.99\times0.96\times0.99^2=0.876$ （3）所需电动机功率 P_d $P_d=P_w/\eta_{总}=2.25/0.876=2.568$（kW） 查《机械零件设计手册》得 $P_{ed}=3$ kW 选 Y100L2−4　　$n_{满}=1\,420$ r/min	电动机选用 Y100L2−4
3. 传动比的分配	工作机的转速 $n=60\times1\,000v/(\pi D)=$ $60\times1\,000\times1.5/(3.14\times220)=$ 130.284（r/min） $i_{总}=n_{满}/n=1\,420/130.284=10.899$ 取 $i_{带}=3$，则 $i_{齿}=10.899/3=3.633$	$i_{带}=3$ $i_{齿}=3.633$
4. 动力运动参数计算	（1）转速 n $n_0=n_{满}=1\,420$ r/min $n_{Ⅰ}=n_0/i_{带}=n_{满}/i_{带}=1\,420/3=473.333$（r/min） $n_{Ⅱ}=n_{Ⅰ}/i_{齿}=473.333/3.633=130.287$（r/min） $n_{Ⅲ}=n_{Ⅱ}=130.287$（r/min） （2）功率 P $P_0=P_d=2.568$ kW $P_{Ⅰ}=P_0\eta_{带}=2.568\times0.94=2.465$（kW） $P_{Ⅱ}=P_{Ⅰ}\eta_{齿轮}\eta_{轴承}=2.465\times0.98\times0.99=2.392$（kW） $P_{Ⅲ}=P_{Ⅱ}\eta_{联轴器}\eta_{轴承}=2.392\times0.99\times0.99=2.344$(kW) （3）转矩 T $T_0=9\,550P_0/n_0=9\,550\times2.568/1\,420=17.271$（N·m） $T_{Ⅰ}=T_0\eta_{带}\ i_{带}=17.271\times0.96\times3=49.740$（N·m） $T_{Ⅱ}=T_{Ⅰ}\eta_{齿轮}\eta_{轴承}i_{齿}=49.740\times0.98\times0.99\times3.633$ $=175.320$（N·m） $T_{Ⅲ}=T_{Ⅱ}\eta_{联轴器}\eta_{轴承}i_{齿带}=175.320\times0.99\times0.99\times1$ $=173.567$（N·m） 将上述数据列表如下	

续表

<table>
<tr><th>设计计算内容</th><th>计 算 及 说 明</th><th>结 果</th></tr>
<tr><td></td><td>
<table>
<tr><th>轴号</th><th>功率 P/kW</th><th>n/ (r·min^{-1})</th><th>T/ (N·m)</th><th>i</th><th>η</th></tr>
<tr><td>0</td><td>2.568</td><td>1 420</td><td>17.271</td><td rowspan="2">3</td><td rowspan="2">0.96</td></tr>
<tr><td>Ⅰ</td><td>2.465</td><td>473.333</td><td>49.740</td></tr>
<tr><td>Ⅱ</td><td>2.392</td><td>130.287</td><td>175.320</td><td>3.633</td><td>0.97</td></tr>
<tr><td>Ⅲ</td><td>2.344</td><td>130.287</td><td>173.567</td><td>1</td><td>0.98</td></tr>
</table>
</td><td></td></tr>
<tr><td>二、齿轮的设计计算及结构说明</td><td>
小齿轮选用 45 号钢，调质处理，HB=236
大齿轮选用 45 号钢，正火处理，HB=190
由《机械零件设计手册》查得，
$\sigma_{Hlim1}=580$ MPa，$\sigma_{Hlim2}=530$ MPa，$S_{Hlim}=1$
则 $\sigma_{Flim1}=215$ MPa，$\sigma_{Flim2}=200$ MPa，$S_{Flim}=1$
$[\sigma_H 1]=580$ MPa，$[\sigma_{H2}]=530$ MPa，
$[\sigma_F 1]=244$ MPa，$[\sigma_{F2}]=204$ MPa
(1) 小齿轮的转矩 T_1
$T_1=9\ 550\ P/n_1=49.740$ N·m
(2) 选载荷系数 K
由原动机为电动机，工作机为带式输送机，载荷平稳，齿轮在两轴承间对称布置。查《机械原理与机械零件》教材中表得，取 $K=1.1$
(3) 计算尺数比 u
$u=Z_2/Z_1=n_1/n_2=473.333/130.287=3.633$
(4) 选择齿宽系数 ψ_d
根据齿轮为软齿面和齿轮在两轴承间为对称布置。查《机械原理与机械零件》教材中表得，取 $\psi_d=1$
(5) 计算小齿轮分度圆直径 d_1
$d_1 \geqslant 766\sqrt[3]{\dfrac{KT_1(u+1)}{\psi_d[\sigma_{H2}]^2 u}}=766\sqrt[3]{\dfrac{1.1\times 49.740\times(3.633+1)}{1\times 530^2\times 3.633}}$
$=48.1$ (mm)
(6) 确定齿轮模数 m
$a=\dfrac{d_1}{2}(1+u)=\dfrac{48.1}{2}(1+3.633)=111.4$ (mm)
$m=(0.007\sim0.02)a=(0.007\sim0.02)\times 111.4$
取 $m=2$
</td><td></td></tr>
</table>

续表

设计计算内容	计　算　及　说　明	结　果
	（7）确定齿轮的齿数 Z_1 和 Z_2 $Z_1=\frac{d_1}{m}=\frac{48.1}{2}=24.05$　取 $Z_1=26$ $Z_2=uZ_1=3.7\times26=96.2$　取 $Z_2=96$	$Z_1=26$ $Z_2=96$
	（8）实际齿数比 u' $u'=\frac{Z_2}{Z_1}=\frac{96}{26}=3.692$ 齿数比相对误差 $\Delta u=\frac{u-u'}{u}=\frac{3.633-3.692}{3.633}=-1.62\%$ $\Delta u<\pm2.5\%$ 允许	
	（9）计算齿轮的主要尺寸 $d_1=mZ_1=2\times26=52$（mm） $d_2=mZ_2=2\times96=192$（mm） 中心距 $a=\frac{1}{2}(d_1+d_2)=\frac{1}{2}(52+192)=122$(mm)	$d_1=52$ mm $d_2=192$ mm $a=122$ mm
	齿轮宽度 $B_2=\psi_d d_1=1\times52=52$(mm) $B_1=B_2+(5\sim10)=57\sim62$(mm) 取 $B_1=57$(mm)	$B_1=57$ mm $B_2=52$ mm
	（10）计算圆周转速 v 并选择齿轮精度 $v=\frac{\pi d_1 n_1}{60\times1\,000}=\frac{3.14\times52\times473.333}{60\times1\,000}=1.288$（m/s） 查表应取齿轮等级为 9 级，但根据设计要求定齿轮精度等级为 7 级	$v=1.288$ m/s 定为 IT7
1. 校核齿轮的弯曲强度	（1）确定两齿轮的弯曲应力 由《机械零件设计手册》中的图表，查得齿轮的弯曲疲劳极限为 $\sigma_{F1}=215$ MPa，$\sigma_{F2}=200$ MPa 最小安全系数 $S_{Fmin}=1$ 相对应力集中系数 $Y_{sr1}=0.88$，$Y_{sr2}=0.98$ 齿轮许用弯曲应力为 $[\sigma_{F1}]=\frac{\sigma_{F1}}{S_{Fmin}Y_{sr1}}=\frac{215}{1\times0.88}=244$（MPa） $[\sigma_{F2}]=\frac{\sigma_{F2}}{S_{Fmin}Y_{sr2}}=\frac{200}{1\times0.98}=204$（MPa） （2）计算两齿轮齿根的弯曲应力 $Y_{F1}=13$　　$Y_{F2}=2.19$ 比较 $Y_F/[\sigma_F]$ 的值	

续表

设计计算内容	计 算 及 说 明	结 果
	$\frac{Y_{F1}}{[\sigma_{F1}]}=\frac{2.63}{244}=0.0108>\frac{Y_{F2}}{[\sigma_{F2}]}=\frac{2.19}{204}=0.0107$ 计算小齿轮齿根弯曲应力为 $\sigma_{F1}=\frac{2\,000KT_1Y_{F1}}{B_2m^2Z_1}=\frac{2\,000\times1\times49.740\times2.63}{52\times2^2\times26}$ $=48.379$ (MPa) $<[\sigma_{F1}]$ 齿轮的弯曲强度足够	强度足够
2. 齿轮的几何尺寸计算	齿顶圆直径 d_a $d_{a1}=d_1+2h_{a1}=(Z_1+2h_a')m=(26+2\times1)\times2=56$ (mm) $d_{a2}=d_2+2h_{a2}=(Z_2+2h_a')m=(96+2\times1)\times2=196$ (mm) 齿全高 h ($c'=0.25$) $h=(2h_a'+c')m=(2\times1+0.25)\times2=4.5$ (mm) 齿厚 S $S=\frac{P}{2}=\frac{\pi m}{2}=\frac{3.14\times2}{2}=3.14$ (mm) 齿根高 $h_f=(h_a'+c')m=2.5$ (mm) 齿顶高 $h_a=h_a'm=2$ (mm) 齿根圆直径 d_f $d_{f1}=d_1-2h_f=52-2\times2.5=47$ (mm) $d_{f2}=d_2-2h_f=192-2\times2.5=187$ (mm)	$d_{a1}=56$ mm $d_{a2}=196$ mm $h=4.5$ mm $S=3.14$ mm $P=6.28$ mm $h_f=2.5$ mm $h_a=2$ mm $d_{f1}=47$ mm $d_{f2}=187$ mm
3. 齿轮的结构设计	小齿轮采用齿轮轴结构，大齿轮采用锻造毛坯的腹板式结构 大齿轮的有关尺寸计算如下： 轴孔直径 $d=\varphi50$ mm 轮毂直径 $D_1=1.6d=1.6\times50=80$ (mm) 轮毂长度 $L=B_2=52$ mm 轮缘厚度 $\delta_0=(3\sim4)m=6\sim8$ (mm)　取 $\delta_0=8$ mm 轮缘内径 $D_2=d_a-2h-2\delta_0=196-2\times4.5-2\times8=171$(mm) 取 $D_2=170$ mm 腹板厚度 $c=0.3B_2=0.3\times52=15.6$ (mm) 取 $c=16$ mm 腹板中心孔直径 $D_0=0.5(D_2+D_1)=0.5\times(170+80)=125$ (mm) 腹板孔直径 $d_0=0.25(D_2-D_1)=0.25\times(170-80)=22.5$ (mm) 取 $d_0=20$ mm 齿轮倒角 $n=0.5m=0.5\times2=1$ mm 齿轮工作图如图 5-2 所示	

续表

设计计算内容	计 算 及 说 明	结 果

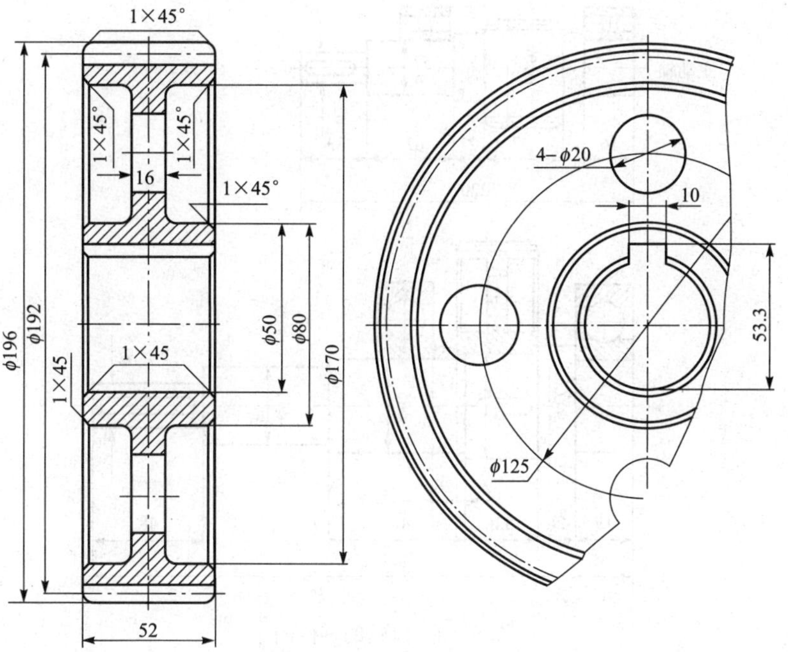

图 5－2　从动轴的零件图

设计计算内容	计 算 及 说 明	结 果
三、轴的设计计算及校核		
1. 轴的选材及其许用应力	由《机械零件设计手册》中的图表查得 选 45 号钢，调质处理，HB217～255，$\sigma_b = 650$ MPa，$\sigma_s = 360$ Mpa，$\sigma_{-1} = 280$ MPa	
2. 按扭矩估算最小直径	主动轴 $d_1 \geqslant c\sqrt[3]{\frac{P_1}{n_1}} = 115\sqrt[3]{\frac{2.465}{473.333}} = 19.95$ (mm) 若考虑键 $d_1 = 19.95 \times 1.05 = 20.9$ (mm) 选取标准直径 $d_1 = 22$ (mm) 从动轴 $d_2 \geqslant c\sqrt[3]{\frac{P_2}{n_2}} = 115\sqrt[3]{\frac{2.392}{130.287}} = 30.46$ (mm) 考虑键槽 $d_2 = 30.46 \times 1.05 = 31.98$ (mm) 选取标准直径 $d_2 = 32$ (mm)	
3. 轴的结构设计	根据轴上零件的定位、装拆方便的需要，同时考虑到强度的原则，主动轴和从动轴均设计为阶梯轴，如图5－3所示	$d_1 = 22$ mm $d_2 = 32$ mm

续表

设计计算内容	计 算 及 说 明	结 果

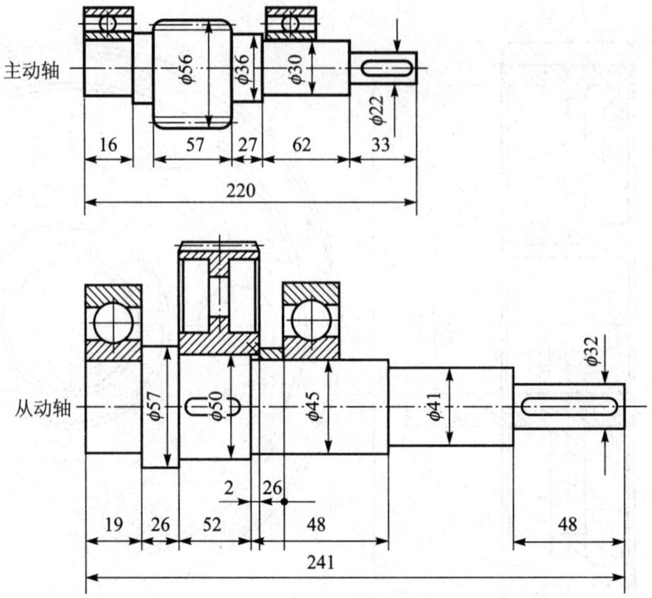

图 5—3　齿轮的零件图

设计计算内容	计 算 及 说 明	结 果
4. 危险截面的强度校核	(1) 从动轴的强度校核 圆周力 $F_t - \frac{2\,000T_2}{d_2} = \frac{2\,000 \times 177.07}{192} = 1\,844.48$ (N) 径向力 $F_r = F_t \tan\alpha = 1\,844.48 \times \tan 20° = 671.47$ (N) 由于为直齿轮，轴向力 $F_a = 0$ 作从动轴受力简图（如图 5—4 所示） $L = 125$ mm $R_{HA} = R_{HB} = \frac{F_t}{2} = \frac{1\,844.48}{2} = 922.24$ (N) $M_{HC} = R_{HA}\frac{L}{2} = 922.24 \times \frac{125}{2 \times 1\,000} = 57.64$ (N·m) $R_{VA} = R_{VB} = \frac{F_r}{2} = \frac{671.47}{2} = 335.74$ (N·m) $M_{VC} = R_{VA}\frac{L}{2} = 335.74 \times \frac{125}{2 \times 1\,000} = 20.98$ (N·m) 扭矩 $T = 177.072$ (N·m)	

续表

设计计算内容	计 算 及 说 明	结 果
	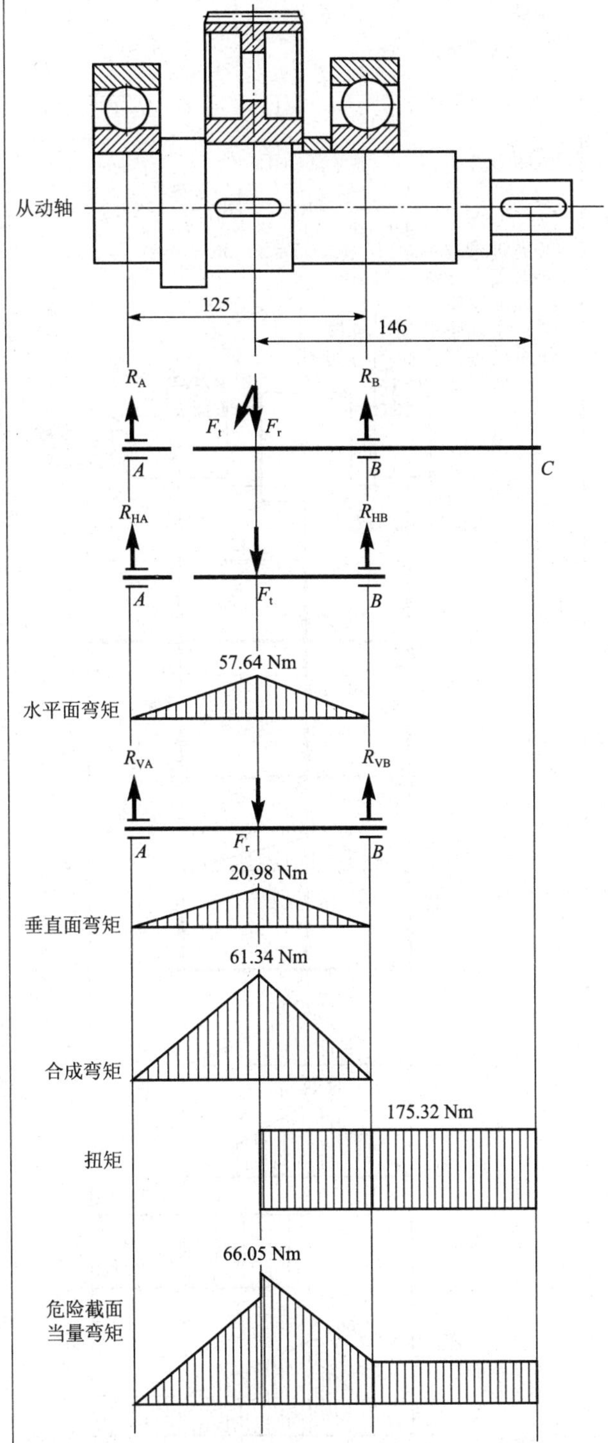 图 5－4　从动轴受力简图	

续表

设计计算内容	计 算 及 说 明	结 果
	校核 $M_c=\sqrt{M_{HC}^2+M_{VC}^2}=\sqrt{57.64^2+20.98^2}=$ $61.34\ (N\cdot m)$ $M_e=\sqrt{M_c^2+(\alpha T)^2}=\sqrt{61.34^2+(0.6\times175.32)^2}=$ $122.68\ (N\cdot m)\ (\alpha=0.6)$ 由图表查得，$[\sigma_{-1}]_b=55$ MPa $d\geqslant10\sqrt[3]{\frac{M_e}{0.1\,[\sigma_{-1}]_b}}=10\sqrt[3]{\frac{122.68}{0.1\times55}}=28.15$ (mm) 考虑键槽 $d=28.15\times1.05=29.56$ (mm) $d=29.56$ mm<45 mm 则强度足够 (2) 主动轴的强度校核 作主动轴受力简图（如图 5—5 所示） 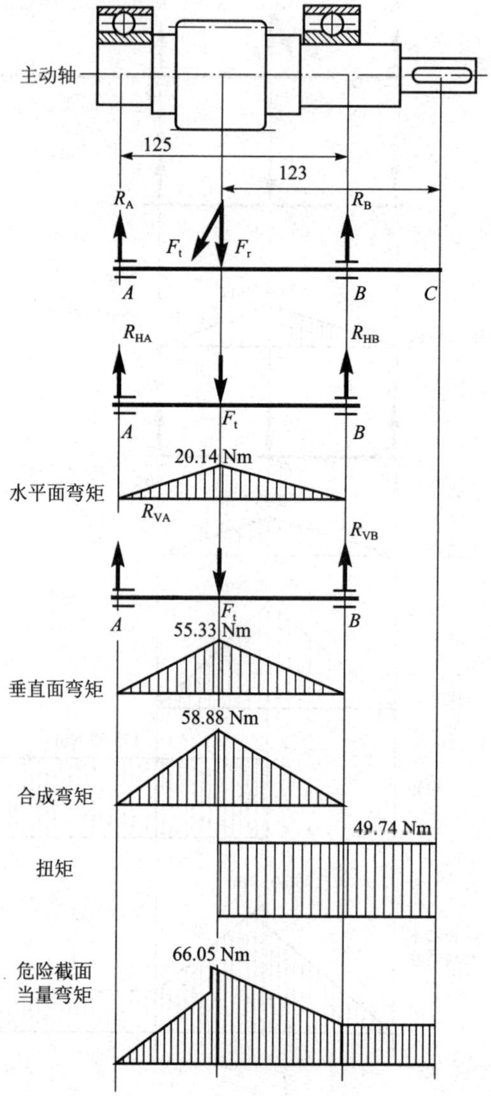 图 5—5　主动轴受力简图	

续表

设计计算内容	计　算　及　说　明	结　果
	$L=125$ mm $R_{VA}=R_{VB}=\frac{F_r}{2}=\frac{671.47}{2}=335.74$（N） $M_{VC}=R_{VA}\frac{L}{2}=335.74\times\frac{120}{2\times 1\,000}=20.14$（N·m） $R_{HA}=R_{HB}=\frac{F_t}{2}=\frac{1\,844.48}{2}=922.24$（N） $M_{HC}=R_{HB}\frac{L}{2}=922.24\times\frac{120}{2\times 1\,000}=55.33$（N·m） 扭矩 $T=49.74$（N·m） 校核 $M_c=\sqrt{M_{HC}{}^2+M_{VC}{}^2}=\sqrt{55.33^2+20.14^2}$ $=58.88$（N·m） $M_e=\sqrt{M_c{}^2+(\alpha T)^2}=\sqrt{58.88^2+(0.6\times 49.74)^2}$ $=66.05$（N·m） （$\alpha=0.6$） 由图表查得 $[\sigma_{-1}]_b=55$ MPa $d\geqslant 10^3\sqrt{\frac{M_e}{0.1[\sigma_{-1}]_b}}=10^3\sqrt{\frac{66.05}{0.1\times 55}}=22.90$（mm） 考虑键槽 $d=22.90\times 1.05=24.05$（mm） $d=24.05$ mm<30 mm 则强度足够	
四、滚动轴承的选择	考虑轴受力较小且主要是径向力，故选用单列向心球轴承 主动轴承根据轴颈值查《机械零件设计手册》选择 6206 2 个（GB/T 276—1993） 从动轴承 6209 2 个（GB/T 276—1993） 寿命计划： 两轴承承受纯径向载荷为 $P=F_r=671.47$ N，$X=1$，$Y=0$ 主动轴轴承寿命：深沟球轴承 6206，基本额定动负荷 $C_r=15.2$ kN，$f_t=1$，$\varepsilon=3$ $L_{10h}=\frac{10^6}{60n}\left(\frac{f_t C_r}{P}\right)^{\varepsilon}=\frac{10^6}{60\times 473.333}\times\left(\frac{15\,200}{671.47}\right)^3=408\,615$（h） 预期寿命为：10 年，两班制 轴承寿命合格 $L=10\times 300\times 16=48\,000$ h$<L_{10h}$ 从动轴轴承寿命：深沟球轴承 6209，基本额定动负荷	主动轴承 6206 2 个 从动轴承 6209 2 个

续表

设计计算内容	计 算 及 说 明	结 果
	$C_r=25.6$ kN，$f_t=1$，$\varepsilon=3$ $L_{10h}=\frac{10^6}{60n}\left(\frac{f_tC_r}{P}\right)^{\varepsilon}=\frac{10^6}{60\times130.287}\times\left(\frac{25\ 600}{671.47}\right)^3=7\ 074\ 937$ (h) $L=10\times300\times16=48\ 000h<L_{10h}$ 预期寿命为：10 年，两班制 轴承寿命合格	
五、键的选择及校核	(1) 主动轴外伸端 $d=22$ mm，考虑到键在轴中部安装，故选键 6×28（GB 1096—1990），$b=6$ mm，$L=28$ mm，$h=6$ mm。选择 45 钢，其许用挤压应力 $[\delta]_P=100$ MPa $\sigma_P=\frac{F_t}{h'l}=\frac{4\ 000T}{hld}=\frac{4\ 000\times49.740}{6\times22\times22}=68.512$ MPa< $[\sigma]_P$ 则强度足够，合格 (2) 从动轴外伸端 $d=32$ mm，考虑键在轴中部安装，故选键 10×40（GB1096—1990），$b=10$ mm，$L=40$ mm，$h=8$ mm。选择 45 钢，其许用挤压应力 $[\sigma]_P=100$ MPa $\sigma_P=\frac{F_t}{h'l}=\frac{4\ 000T}{hld}=\frac{4\ 000\times175.32}{8\times30\times32}=91.31$ MPa< $[\sigma]_P$ 则强度足够，合格 (3) 与齿轮连接处 $d=50$ mm，考虑键槽在轴中部安装，选键 10×45（GB1096—1990），$b=10$ mm，$L=45$ mm，$h=8$ mm。选择 45 钢，其许用挤压应力 $[\sigma]_P=100$ MPa $\sigma_P=\frac{F_t}{h'l}=\frac{4\ 000T}{hld}=\frac{4\ 000t\times175.32}{8\times35\times50}=50.09$ MPa< $[\sigma]_P$ 则强度足够，合格	主动轴外伸端键 6×28 GB 1096—1990 从动轴 外伸端键 10×40 GB 1096—1990 与齿轮连接处键 10×45 GB 1096—1990
六、联轴器的选择	由于减速器载荷平稳，速度不高，无特殊要求，考虑装拆方便及经济问题，选用弹性套柱销联轴器，则 $K=1.3$ $T_C=9\ 550\times\frac{KP_\pi}{n_\pi}=\frac{9\ 550\times1.3\times2.392}{130.287}=227.933$（N·m） 选用 TL6 型（GB 12458—1990）弹性套柱销联轴器，公称尺寸转矩 $T_n=250$（N·m），$T_c<T_n$。采用 Y 型轴孔，A 型键，轴孔直径 $d=32\sim40$ mm，选 $d=35$ mm，轴孔长度 $L=82$ mm TL6 型弹性套柱销联轴器有关参数：	选用 TL6 型 弹性套柱销联轴器

续表

<table>
<tr><th>设计计算内容</th><th>计 算 及 说 明</th><th>结 果</th></tr>
<tr><td></td><td>
<table>
<tr><th>型号</th><th>公称转矩 T/(N·m)</th><th>许用转数 n/（r·min^{-1}）</th><th>轴孔直径 d/mm</th><th>轴孔长度 L/mm</th><th>外径 D/mm</th><th>材料</th><th>轴孔类型</th><th>键槽类型</th></tr>
<tr><td>TL6</td><td>250</td><td>3 300</td><td>35</td><td>82</td><td>160</td><td>HT 200</td><td>Y 型</td><td>A 型</td></tr>
</table>
</td><td></td></tr>
<tr><td>七、减速器附件的选择及简要说明</td><td>
<table>
<tr><th>名称</th><th>功用</th><th>数量</th><th>材料</th><th>规格</th></tr>
<tr><td>螺栓</td><td>安装端盖</td><td>12</td><td>Q235</td><td>M6×16
GB 5782—1986</td></tr>
<tr><td>螺栓</td><td>安装端盖</td><td>24</td><td>Q235</td><td>M8×25
GB 5782—1986</td></tr>
<tr><td>销</td><td>定位</td><td>2</td><td>35</td><td>A6×40
GB 117—1986</td></tr>
<tr><td>垫圈</td><td>调整安装</td><td>3</td><td>65Mn</td><td>10
GB 93—1987</td></tr>
<tr><td>螺母</td><td>安装</td><td>3</td><td>A3</td><td>M10
GB 6170—1986</td></tr>
<tr><td>油标尺</td><td>测量油面高度</td><td>1</td><td>组合件</td><td></td></tr>
<tr><td>通气器</td><td>透气</td><td>1</td><td>A3</td><td></td></tr>
</table>
</td><td></td></tr>
<tr><td>八、减速器润滑方式、密封形式、润滑油牌号及用量的简要说明

1. 润滑方式

2. 润滑油牌号及用量

3. 密封形式</td><td>（1）齿轮 $v=1.2$（m/s）$\ll 12$（m/s），应用喷油润滑，但考虑成本及需要选用浸油润滑
（2）轴承采用润滑脂润滑

（1）齿轮润滑选用 150 号机械油（GB 443—1989），最低—最高油面距（大齿轮）10～20 mm，需油量为 1.5 L 左右
（2）轴承润滑选用 ZL—3 型润滑脂（GB 7324—1987），用油量为轴承间隙的 1/3～1/2 为宜

（1）箱座与箱盖凸缘接合面的密封
选用在接合面涂密封漆或水玻璃的方法
（2）观察孔和油孔等处接合面的密封
在观察孔或螺塞与机体之间加石棉橡胶纸、垫片进行密封
（3）轴承孔的密封
闷盖和透盖用作密封与之对应的轴承外部
轴的外伸端与透盖间的间隙，由于 $v<3$（m/s），故选用半粗羊毛毡加以密封</td><td>齿轮浸油润滑

轴承脂润滑

齿轮用 150 号机械油
轴承用 ZL—3 型润滑脂</td></tr>
</table>

续表

设计计算内容	计 算 及 说 明	结 果
	(4) 轴承靠近机体内壁处用挡油环加以密封，防止润滑油进入轴承内部	
九、箱体主要结构尺寸的计算	箱座壁厚 $\delta=10$ mm 箱座凸缘厚度 $b=1.5$，$\delta=15$ mm 箱盖厚度 $\delta_1=8$ mm 箱盖凸缘厚度 $b_1=12$ mm 箱底座凸缘厚度 $p=2.5$，$\delta=25$ mm 轴承旁凸台高度 $h=45$ mm，凸台半径 $R=20$ mm 齿轮轴端面与内机壁距离 $l_1=18$ mm 大齿轮齿顶与内机壁距离 $\Delta_1=12$ mm 小齿轮端面到内机壁距离 $\Delta_2=15$ mm 上下机体筋板厚度 $m_1=6.8$ mm，$m=8.5$ mm 主动轴承端盖外径 $D_1=105$ mm 从动轴承端盖外径 $D_2=130$ mm 地脚螺栓 M16，数量 6 根	
十、参考文献（略）		

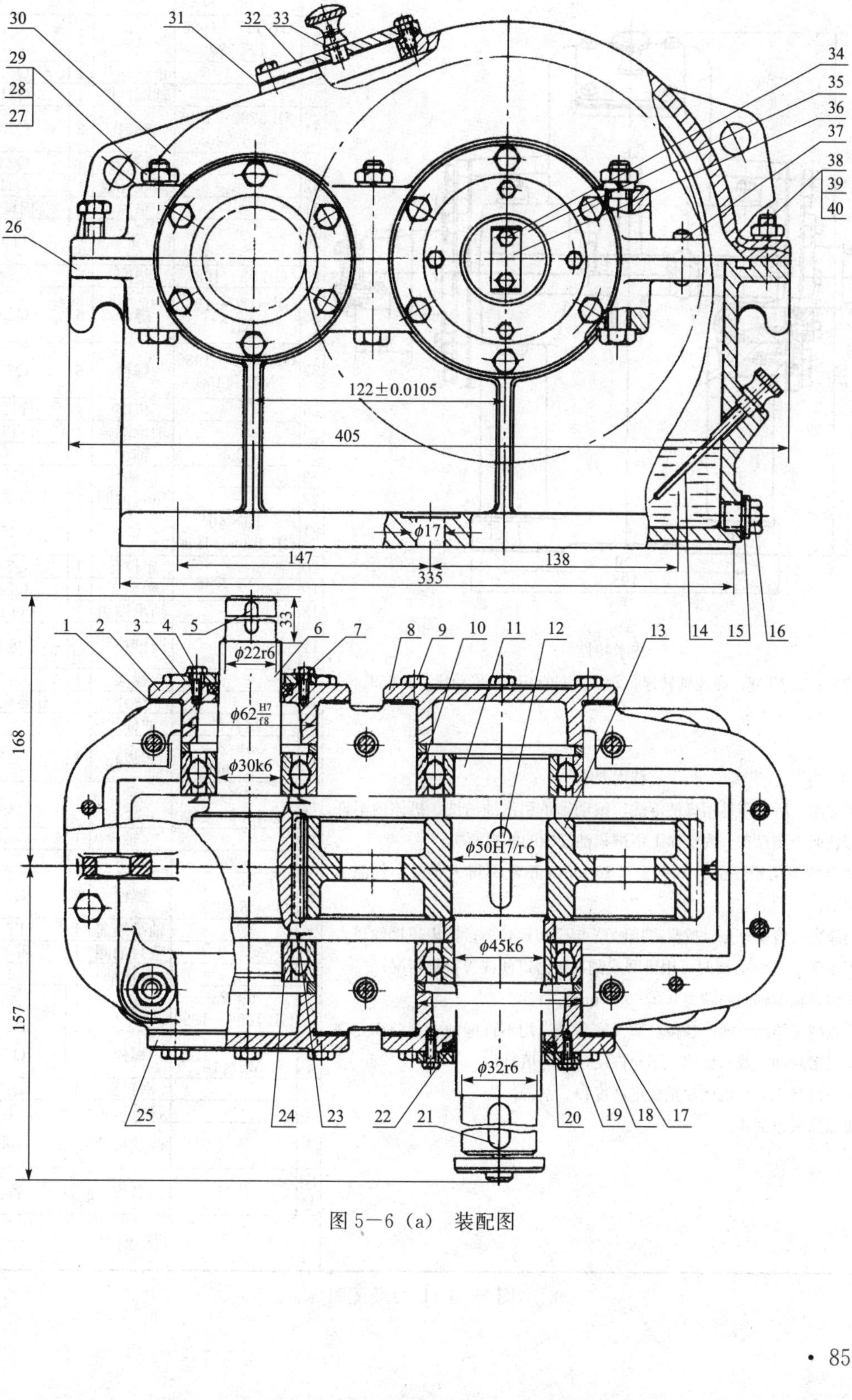

30
31
32
33
29
28
27
34
35
36
37
38
39
40
26
122±0.0105
405
ϕ17
147
138
335
14
15
16
33
1
2
3
4
5
6
7
8
9
10
11
12
13
ϕ22r6
ϕ62 H7/f8
ϕ30k6
168
ϕ50H7/r6
ϕ45k6
157
ϕ32r6
25
24
23
22
21
20
19
18
17

图 5—6（a）　装配图

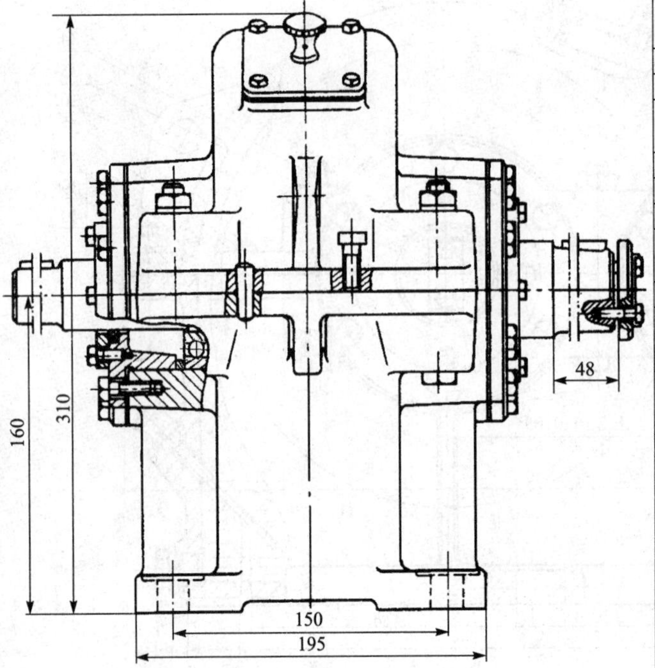

技术特性

功率：2.2 kW；高速轴转速：746.7（r/min）；传动比：3.659。

技术要求

1. 装配前，所有零件用煤油清洗，滚动轴承用汽油清洗，机体内不许有任何杂物存在。内壁涂上不被机油浸蚀的涂料两次；
2. 啮合侧隙用铅丝检验不小于 0.16 mm，铅丝不得大于最小侧隙的四倍；
3. 用涂色法检验斑点。按齿高接触斑点不小于 40%；按齿长接触斑点不小于 50%。必要时可用研磨或刮后研磨以便改善接触情况；
4. 深沟球轴承轴向间隙为 0.2～0.5 mm；
5. 检查减速器剖分面、各接触面及密封处，均不许漏油。剖分面允许涂以密封油漆或水玻璃，不允许使用任何填料；
6. 机座内装 150 号机械油至规定高度；
7. 表面涂灰色油漆。

40	GB 93—1987	垫圈	2	65Mn
39	GB 6170—1986 M10	螺母	2	Q235
38	GB 5782—1986 M10×35	螺栓	3	Q235
37	GB 117—1986 B8×30	销	2	35
36		止动垫片	1	Q215
35		轴端挡圈	1	Q215
34	GB 5782—1986 M6×20	螺钉	2	Q235
33		通气器	1	Q235
32		窥视孔盖	1	Q215
31		垫片	1	石棉橡胶纸
30		1	机盖	HT200
29	GB 93—1987	垫圈	6	65Mn
28	GB 6170—1986 M12	螺母	6	Q235
27	GB 5782—1986 M12×100	螺栓	6	Q235
26		机座	1	HT200
25		轴承端盖	1	HT150
24	6206	轴承	2	
23		挡油环	2	Q235A
22		毡封油圈	1	半粗羊毛毡
21	10×40 GB 1096—1990	键	1	45
20		定位环	1	Q235
19		密封盖	1	Q235
18		轴承端盖	1	HT150
17		调整垫片	2组	08F
16		螺塞	1	Q235
15		垫片	1	石棉橡胶纸
14	组合件	油标尺	1	
13	$m=2$；$z=96$	大齿轮	1	45
12	14×45 GB 1096—1990	键	1	45
11		轴	1	45
10	6209	轴承	2	
9	GB 5782—1986 M8×25	螺栓	24	Q235
8		轴承端盖	1	HT200
7		毡封油圈	1	半粗羊毛毡
6	$m=2$；$z=26$	齿轮轴	1	45
5	6×28 GB 1096—1990	键	1	45
4	GB 5782—1986 M6×16	螺栓	12	Q235
3		密封盖	1	Q235
2		轴承端盖	1	HT200
1		调整垫片	2组	08F
序号	代号	名称	数量	备注
（标题栏）				

图 5—6（b） 装配图

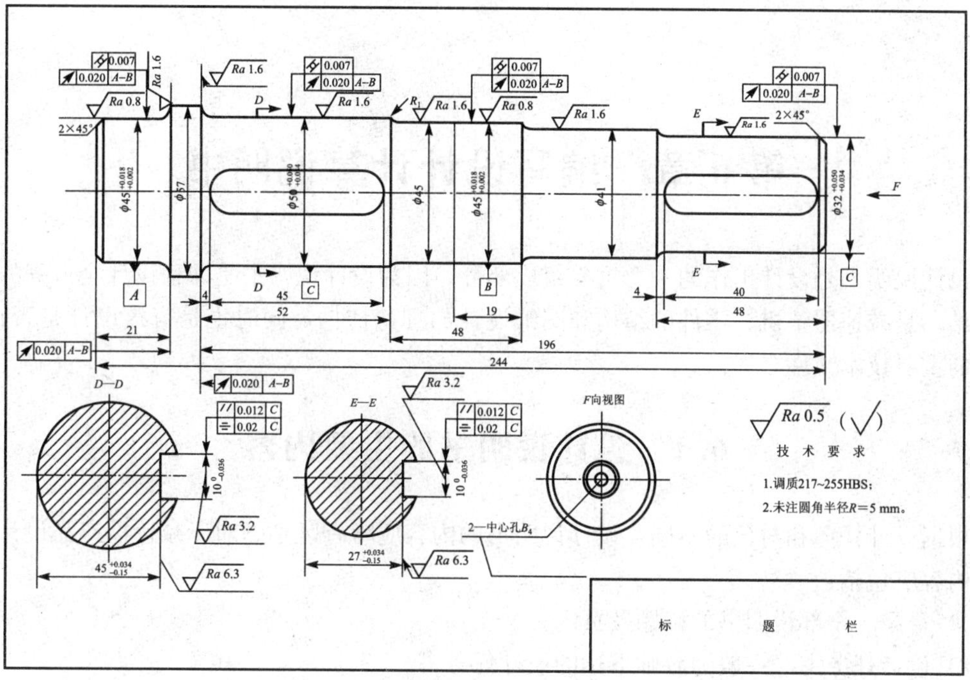

图 5—7　从动轴的零件图

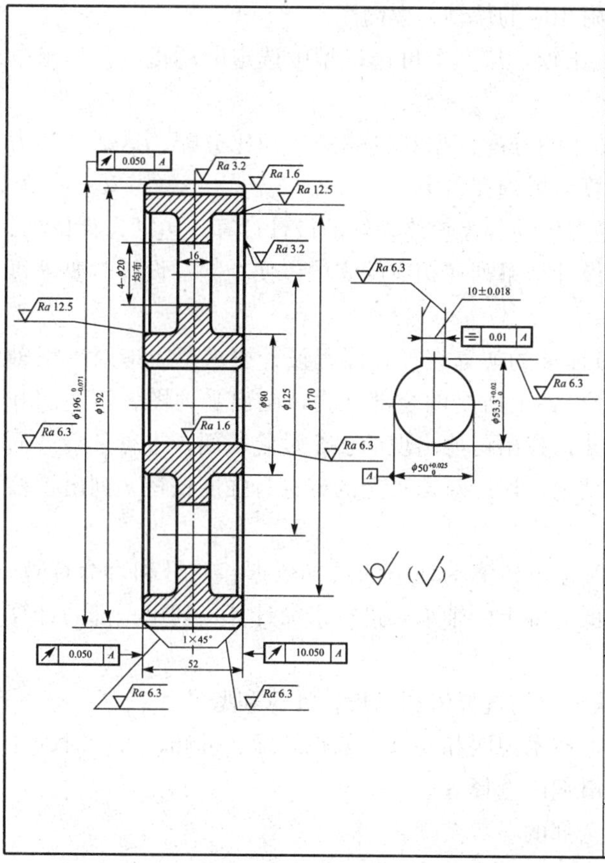

齿数		z_2	96
模数		m	2
压力角		α	20°
全齿高		h	4.5
螺旋角		β	0°
径向变位系数		x	0
齿轮副中心距		$a\pm f_a$	122±0.032
精度等级		7KM GB 10095—1988	
配对齿轮		图号	
		齿数	26
公差组	检验项目	代号	公差（或极限偏差）
Ⅰ	齿圈径向跳动	F_r	0.050
	公法线长度变动公差	F_w	0.036
Ⅱ	基节极限偏差	f_{pb}	±0.014
	齿形公差	f_f	0.013
Ⅲ	齿向公差	F_β	0.016
公法线平均长度及偏差		$64.684^{-0.163}_{-0.228}$	
跨齿数		k	11

技术要求

1. 正火处理硬度 180～210HB；
2. 其余圆角半径 R 5 mm；
3. 其余倒角 2×45°。

（标题栏）

图 5—8　齿轮的零件图

第 6 章　编写设计计算说明书

设计说明书是设计工作的一个重要组成部分。因为设计说明书是课程设计全过程的整理和总结，是减速器整机、零件的结构和图纸设计的理论依据，同时也是审核设计是否正确、合理的重要技术文件之一。

6.1　设计说明书的主要内容

根据设计任务和对象的不同，设计说明书的内容应略有区别。对于减速器产品设计，其主要内容应包括：

1）目录　全部说明书的标题及页码。

2）设计任务书　一般为教师下达的设计任务书。

3）传动方案的拟定　其内容为简要说明存在可满足设计任务的多个方案，并对这些方案进行比较，最后确定的传动方案一般应附相应的传动方案简图。

4）电动机的选择　根据分析、计算、比较，从多个可选机型中选定电动机，并列出电动机的技术参数和安装尺寸等。

5）传动参数的计算　主要内容为传动比的分配依据和具体的传动比分配、运动及动力参数的计算公式与计算过程，并将最终计算结果列在表中。

6）传动零件的设计计算　主要内容是带传动和齿轮传动等的设计计算，包括设计依据、设计计算过程、校核计算和结论，最后将设计结果列在相应的表中以便查阅。设计时要求每对齿轮都应进行接触强度和弯曲强度计算。

7）轴与键的强度计算　其内容包括每根轴的初算直径，课程设计要求至少应对一根轴（一般为低速轴）进行全面的校核计算。分析轴上所受的全部外力，画出受力图、弯矩图和扭矩图等；根据应力分布和轴段结构与尺寸，找出可能出现的多个危险截面，进行危险截面的校核计算，列出全部的校核计算过程和结论。还应对该轴上的键进行强度校核，列出校核计算过程和结论。

8）滚动轴承的选择与寿命计算　其内容包括滚动轴承的选择依据、型号和寿命计算。课程设计要求至少应对一对轴承（一般为低速轴上的轴承）进行寿命计算，列出全部的计算过程和结论。

9）联轴器的选择计算　其内容包括联轴器的选择依据、校核计算和型号。

10）其他　说明书还可以包括一些其他技术说明和要求，如在装配、拆卸、维护时的注意事项，安装、调试方法，润滑方法和润滑剂的选择等。

11）参考文献　在说明书的最后列出全部的参考文献。

6.2　设计说明书的书写格式和注意事项

1. 设计说明书的书写格式

（1）设计说明书的书写格式应统一，封面上应包括如图 6－1 所示的全部内容，也可采用统一的课程设计说明书封面。说明书内容部分的书写一般分为两栏，即设计计算与说明栏，依据和结果栏见表 6－1。

机械零件课程设计
计算说明书

设计题目＿＿＿＿＿＿＿＿＿＿

装　班　级＿＿＿＿＿＿＿＿＿＿

订

线　设 计 者＿＿＿＿＿＿＿＿＿＿

指导教师＿＿＿＿＿＿＿＿＿＿

＿＿＿年＿＿＿月＿＿＿日

图 6－1　说明书封面

（2）计算和说明栏

按如下顺序书写计算部分：

1）已知条件和参数。

2）计算公式。

3）将已知条件或参数代入公式（应按公式的对应位置代入参数，不作任何运算和简化）。

4）计算结果（注明单位）。计算部分涉及的单位应采用工程单位，且写法应一致，即全用汉字或全用符号，不要混用。

（3）依据和结果栏　要在该栏注明采用的公式和数据，即参考资料编号和页码或标准号等。

2. 书写设计说明书注意事项

1）结论明确　对计算结果应给出明确的结论，不能采用模糊的说法。当结论不易理解时，应对结论进行简要的解释并说明原因。

2）图文并茂　为了便于理解，应多采用附图加以说明，如传动方案简图、轴的结构简图、受力图、弯矩图等。图中的符号应与计算中的符号一致。

3）条理清楚　应对说明书的内容进行合理规划，一般按设计过程顺序排列。每一个设计计算内容应自成一体，形成单元；还应给出大小标题，使其突出、便于查阅。

4）正、顺、整　计算正确完整、文字简洁通顺、书写整齐规范。对计算内容，只需写出计算公式并代入有关数据，直接得出最后结果（计算过程不必写出）。说明书中还应包括与文字叙述和计算有关的必要简图，如传动方案简图，轴的受力分析，弯、扭矩图及结构图，箱外传动件的结构草图等。

5）注明来源　说明书中所引用的重要计算公式和数据应注明出处（注出参考资料的统一编号、页次、公式号和图表号等）；对所得的计算结果，应有“适用”、“安全”等结论。

6）规格统一　说明书的封面和内容用纸应统一大小，如用 16K 纸或 A4 纸，并采用蓝墨水或黑墨水钢笔、水笔书写或由计算机打印。注意：由计算机打印的说明书，在设计者处应由设计者本人签字。

表 6－1　设计说明书部分内容示例

设计计算和说明	依据和结果
……… 2. 电动机的选择 2.1　电动机的类型选择 根据电动机工作环境和电源条件，选用卧式封闭型 Y（IP44）系列三相交流异步电动机。 2.2　电动机功率的选择 （1）工作机所需功率 P_w 已知卷筒上作用力 $F=1\ 650$ N，卷筒圆周速度 $v=1.2$ m/s，工作机效率 $\eta_w=0.95$。工作机所需功率为： $P_w=Fv/（1\ 000\eta_w）=1\ 650\times1.2/（1\ 000\times0.95）=1.88$（kW） （2）电动机所需功率 P'_d	$P_w=1.98$ kW

续表

设计计算和说明	依据和结果
$P'_d = P_w/\eta$ 由手册查得 V 带传动、滚动轴承、齿轮传动、联轴器的效率分别为： $\eta_v=0.96$，$\eta_z=0.99$，$\eta_c=0.98$，$\eta_L=0.99$ 则传动装置总效率： $\eta=\eta_v\times\eta_z^2\times\eta_c\times\eta_L=0.96\times0.99^2\times0.98\times0.99=0.90$ $P'_d=P_w/\eta=1.98/0.90=2.2$ (kW) 按表 12－2 确定电动机额定功率为 $P_d=3$ kW。 (3) 电动机转速的选择 ……… (4) 电动机型号的确定 ……… 4. 传动零件设计 ……… 4.2　高速级齿轮传动设计 (1) 已知参数 功率 $P_1=2.1$ kW，转速 $n_1=800$ r/min，传动比 $i=3.1$，… (2) 选择材料及热处理，测定许用应力 小齿轮：45 钢，调质，$HBS_1=240$ 大齿轮：45 钢，正火，$HBS_2=190$ (3) 初选参数 小齿轮：$z_1=23$ 大齿轮：$z_2=iz_1=3.1\times23=71.3$，取 $z_2=71$ 齿轮精度：8 级 初选螺旋角：$\beta=14°$ (4) 齿轮许用应力 $[\sigma_H]$、$[\sigma_F]$ (5) 按齿面接触强度计算和确定齿轮参数 (6) 进行齿轮强度校核 ……… 5. 轴设计 5.1　初算轴直径 ………	$\eta=0.90$ $P'_d=2.2$ kW $P_d=3$ kW Y (IP44) 系列三相交流异步电动机 $z_1=23$ $z_2=71$ $\beta=14°$

6.3　答辩准备

6.3.1　答辩内容

课程设计最后的一个重要环节是答辩，是对课程设计进行系统的、全面的总结。其目的是对设计工作进行分析、自我检查和评价，进一步掌握机械设计的一般方法和步骤，巩固分析和解决工程实际问题的能力。

答辩一般分为两部分内容：一部分是自述设计情况，另一部分是老师根据设计情况提问。

自述应以设计说明书为主要依据，正确评估自己所做设计是否满足设计任务书中的要求，客观地分析自己所做设计的优点、缺点和存在的问题。具体内容有：

(1) 陈述总体设计方案选择的合理性。

(2) 零部件设计计算的校核、试验情况等。

(3) 对标准件选择情况分析。

(4) 装配图、零件图结构等方面的特点，分析是否存在问题，对存在的问题应如何处理。

(5) 对计算部分进行分析，着重分析计算依据、计算公式和数据的可靠性，计算结果情况等。

提问部分主要是老师提问，设计者回答。老师可能提出的问题见下一个内容，设计者可根据问题先结合设计工作进行认真的思考、回顾和总结。

答辩完成后将图纸按规定叠好（见图 6—2），将说明书装订好，把它们放入同一图纸袋内，交给指导教师。

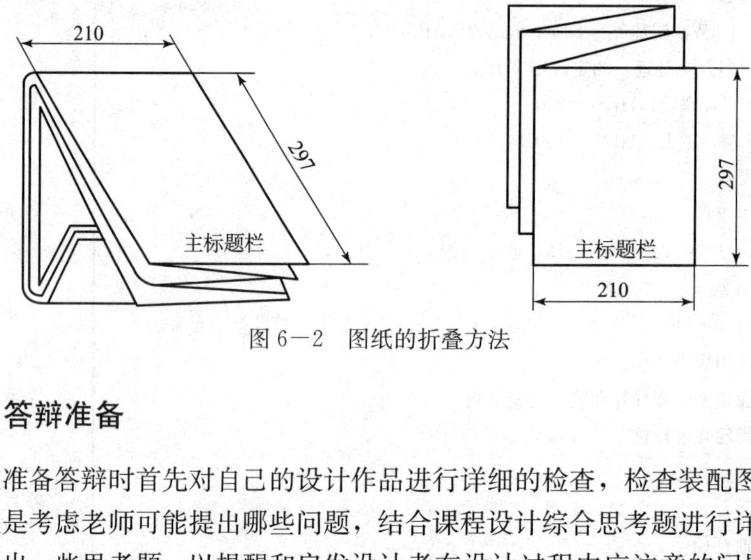

图 6—2　图纸的折叠方法

6.3.2　答辩准备

设计者在准备答辩时首先对自己的设计作品进行详细的检查，检查装配图中常见的错误并更正。其次是考虑老师可能提出哪些问题，结合课程设计综合思考题进行详细分析。在此按设计顺序列出一些思考题，以提醒和启发设计者在设计过程中应注意的问题和设计思路，也可供准备答辩之用。

1. 在传动方案分析及传动参数计算时，思考下列问题：

(1) 你采用的传动装置方案有何优缺点？

(2) 为什么通常在传动装置中采用多级传动而不用单级传动？

(3) 为什么常把 V 带传动置于高速级？

(4) 各种传动机构的传动比范围大概是多少？为什么有这种限制？

(5) 直齿圆柱齿轮和斜齿圆柱齿轮传动各有何优缺点？你在设计时是如何考虑的？

(6) 如何计算总传动比？它和各级分传动比有何关系？

（7）电动机如何选择？请说明你所选电动机的标准系列代号及其结构类型。

（8）在传动参数计算中，各轴的计算转矩为什么要按输入值计算？

（9）电动机同步转速选取过高和过低各有何利弊？电动机的额定功率如何确定？过大、过小各有何问题？

（10）电动机选定后，为什么要计算它的输出轴直径、伸出端长度及中心高？

（11）传动比计算产生偏差为什么不易避免？从总体上应如何控制？

2. 在进行传动零件的设计计算时，思考下列问题：

（1）V 带传动与其他带传动相比有何优点？V 带传动可能出现的失效形式是什么？设计时你采用了哪些措施来避免？小带轮直径的大小受什么条件限制？对传动有何影响？

（2）带传动设计中，哪些参数要取标准值？带传动设计中，为什么常把松边放在上边？如果需要张紧，则有哪些张紧方法？

（3）你所设计的带轮在轴端是如何定位和固定的？

（4）齿轮的可能失效形式是什么？你设计的齿轮在轴上是如何固定的？

（5）大小齿轮的齿数和宽度是如何定的？

（6）齿轮的软、硬齿面是如何划分的？其性质有何不同？你所设计的齿轮硬度差是多少？为什么要有硬度差？

（7）在弯曲疲劳强度计算时，为什么需对两个齿轮的强度都作计算？

（8）你在设计齿轮传动选择载荷系数 K 时考虑了哪些因素？你是如何取值的？

（9）轮齿在满足弯曲强度的条件下，其模数、齿数是如何确定的？是否要标准化、系列化？

（10）计算齿轮传动的几何尺寸时，为什么分度圆直径、螺旋角、中心距等必须计算地很准确？

（11）你设计的齿轮及其毛坯采用什么方法制造？为什么？

（12）在哪些情况下，齿轮结构选用实心式、辐板式、轮辐式？

（13）选择小齿轮的齿数应考虑哪些因素？齿数的多少各有何利弊？

（14）你设计的齿轮精度是如何选取的？

（15）齿轮传动为什么要有侧隙？

（16）计算一对齿轮接触应力和弯曲应力时，应按哪个齿轮所受的转矩进行计算，为什么？

（17）什么场合选用斜齿圆柱齿轮传动比较合理？斜齿圆柱齿轮以哪个截面内的模数为标准模数？

（18）一对外啮合斜齿圆柱齿轮传动，螺旋线方向是相同还是相反？螺旋角度的大小对传动有何影响？在设计斜齿圆柱齿轮时是如何考虑轴向力的？

3. 在进行轴的设计计算时，思考下列问题：

（1）轴上与其他零件配合部分有几处？轴上各段直径如何确定？为什么要尽可能取标准直径？轴的各段长度是怎样确定的？外伸轴段长度如何确定？

（2）你设计的减速器输入轴、输出轴是如何布置的？它们分别外接什么部件？

（3）轴上零件的轴向与周向定位方法是什么？

（4）为什么要设计成阶梯轴？在轴的端部和轴肩处为什么要有倒角？

(5) 你设计的轴上零件的装拆及调整方法是什么？轴的截面尺寸变化及圆角大小对轴有何影响？

(6) 改用原来选用的轴的材料是否可行？为什么？你是如何选择轴的材料及热处理方法的？

(7) 轴上的退刀槽、砂轮越程槽和圆角的作用是什么？指出你设计的轴上哪些部位采用了上述结构？

(8) 低速轴或高速轴上零件的装拆顺序是什么？

(9) 轴的技术要求有哪些？你设计的轴的技术要求是否完整？

4. 在进行滚动轴承、键和联轴器选择、校核时，思考下列问题：

(1) 滚动轴承可能出现什么失效形式？如何选择滚动轴承？你选用滚动轴承代号的含义是什么？

(2) 滚动轴承内圈与轴颈的配合采用何种基准制？其外圈与座孔的配合采用何种基准制？为什么？

(3) 深沟球轴承有无内部间隙，能否调整？哪些轴承有内部间隙？

(4) 角接触球轴承或圆锥滚子轴承为什么要成对使用？

(5) 对斜齿轮、锥齿轮及蜗杆传动时，轴承的选择要考虑哪些因素？

(6) 采用嵌入式轴承盖结构时，如何调整轴承间隙及轴向位置？

(7) 如何选择、确定键的类型和尺寸？

(8) 键连结应进行哪些强度核算？若强度不够如何解决？

(9) 轴上键的轴向位置与长度应如何确定？

(10) 轴与轮毂上的键槽可采用什么加工方法？

(11) 如何选择联轴器？你选择的是什么型号？

5. 在绘制装配图、零件工作图时，思考下列问题：

(1) 零件工作图的内容有哪些？有什么作用？

(2) 装配图的作用是什么？在你绘制的装配图上选择了几个视图，几个剖视图？装配图上应标注哪几类尺寸？

(3) 怎样选择轴上零件、轴承盖、联轴器及键等配合？

(4) 轴承旁连结螺栓位置应如何确定？轴承旁箱体凸台尺寸、高度及外形如何确定？

(5) 装配图上减速器性能参数、技术条件的主要内容和含义是什么？

(6) 根据你的设计，谈谈采用边计算、边绘图和边修改的“三边”设计方法的体会。

(7) 零件工作图上有哪些技术要求？

(8) 同一轴上的圆角尺寸为何要尽量统一？阶梯轴采用圆角过渡有什么意义？

(9) 说明齿轮类零件工作图中啮合特性表中的内容。

(10) 输出轴各表面粗糙度选择多少？为什么？

(11) 根据你绘制的零件工作图，说明其形位公差有哪些？为什么要这些形位公差？

6. 在设计减速器箱体的结构及附件时，思考下列问题：

(1) 减速器箱体选用什么材料？为什么？

(2) 对铸造箱体，为什么要有铸造圆角及最小壁厚的限制？

(3) 你设计的减速器箱体采用剖分式吗？为什么？

（4）减速器轴承座上下处的加强肋有何作用？

（5）指出箱体有哪些部位需要加工。

（6）减速器上与螺栓和螺母接触的支承面为什么要设计出凸台或沉头座？

（7）决定减速器的中心高要考虑哪些因素？

（8）吊钩有哪几种形式，布置时应注意什么问题？

（9）是否允许用箱盖上的吊环螺钉或吊耳来起吊整台减速器？为什么？

（10）指出减速器上的检视孔在何处？有何用处？

（11）减速器上通气器有何用处？应安置在何处为宜？

（12）如何确定放油塞的位置？它一般采用什么类型的螺纹？

（13）为了避免或减少油面波动的干扰，油标应布置在哪个部位？

（14）启盖螺钉的作用是什么？其结构有何特点？

7. 减速器润滑、密封选择及其他方面时，思考下列问题：

（1）你设计的减速器有哪些地方要考虑密封？采用的密封形式是什么？当轴承采用油润滑时，如何从结构上考虑供油充分？

（2）你设计的齿轮和轴承采用了哪种润滑方式？根据是什么？

（3）在减速器中，为什么有的滚动轴承座孔内侧用挡油环，有的不用？

（4）单级齿轮传动若用浸油润滑，大齿轮齿顶圆到油池底的距离至少应为多少？为什么？

（5）轴承盖的主要作用是什么？常用形式有哪几种？各有何优缺点？你设计的属于哪一种？

（6）封油盘的宽度为何要伸出箱体内壁 2～3 mm？

（7）如何测定减速器箱体内的油量？

（8）设计说明书应包括哪些内容？

（9）设计中为什么要严格执行国家标准、部颁标准和企业规范？

（10）为什么要限制箱内油池的温升及轴承的温升？通常的规范是什么？

（11）当散热不良时，在结构上应采取哪些措施？

（12）你设计的减速器总质量约为多少？

第二部分

设计常用资料

第 7 章　常用材料

7.1　黑色金属材料

7.1.1　碳素结构钢力学性能（GB/T 700—1988 碳素结构钢）

碳素结构钢力学性能的参数值见表 7—1。

表 7—1　碳素结构钢力学性能

<table>
<tr><td rowspan="5">牌号</td><td rowspan="5">等级</td><td colspan="13">拉　伸　试　验</td><td colspan="2">冲击试验</td></tr>
<tr><td colspan="6">屈服点 σ_s/（N・m^{-2}）</td><td rowspan="4">抗拉强度 σ_b/（N・m^{-2}）</td><td colspan="6">伸长率 δ_5/%</td><td rowspan="4">温度/℃</td><td rowspan="3">V 型冲击功（纵向）/J</td></tr>
<tr><td colspan="6">钢材厚度（直径）/mm</td><td colspan="6">钢材厚度（直径）/mm</td></tr>
<tr><td>≤16</td><td>>16～40</td><td>>40～60</td><td>>60～100</td><td>>100～150</td><td>>150</td><td>≤16</td><td>>16～40</td><td>>40～60</td><td>>60～100</td><td>>100～150</td><td>>150</td></tr>
<tr><td colspan="6">不小于</td><td colspan="6">不小于</td><td>不小于</td></tr>
<tr><td>Q195</td><td>—</td><td>(195)</td><td>(185)</td><td>—</td><td>—</td><td>—</td><td>—</td><td>315～430</td><td>33</td><td>32</td><td>—</td><td>—</td><td>—</td><td>—</td><td>—</td><td>—</td></tr>
<tr><td rowspan="2">Q215</td><td>A</td><td rowspan="2">215</td><td rowspan="2">205</td><td rowspan="2">195</td><td rowspan="2">185</td><td rowspan="2">175</td><td rowspan="2">165</td><td rowspan="2">335～450</td><td rowspan="2">31</td><td rowspan="2">30</td><td rowspan="2">29</td><td rowspan="2">28</td><td rowspan="2">27</td><td rowspan="2">26</td><td>—</td><td>—</td></tr>
<tr><td>B</td><td>20</td><td>27</td></tr>
<tr><td rowspan="4">Q235</td><td>A</td><td rowspan="4">235</td><td rowspan="4">225</td><td rowspan="4">215</td><td rowspan="4">205</td><td rowspan="4">195</td><td rowspan="4">185</td><td rowspan="4">375～500</td><td rowspan="4">26</td><td rowspan="4">25</td><td rowspan="4">24</td><td rowspan="4">23</td><td rowspan="4">22</td><td rowspan="4">21</td><td>—</td><td>—</td></tr>
<tr><td>B</td><td>20</td><td rowspan="3">27</td></tr>
<tr><td>C</td><td>0</td></tr>
<tr><td>D</td><td>−20</td></tr>
<tr><td rowspan="2">Q225</td><td>A</td><td rowspan="2">255</td><td rowspan="2">245</td><td rowspan="2">235</td><td rowspan="2">225</td><td rowspan="2">215</td><td rowspan="2">205</td><td rowspan="2">410～550</td><td rowspan="2">24</td><td rowspan="2">23</td><td rowspan="2">22</td><td rowspan="2">21</td><td rowspan="2">20</td><td rowspan="2">19</td><td>—</td><td>—</td></tr>
<tr><td>B</td><td>20</td><td>27</td></tr>
<tr><td>Q275</td><td>—</td><td>275</td><td>265</td><td>255</td><td>245</td><td>235</td><td>225</td><td>490～630</td><td>20</td><td>19</td><td>18</td><td>17</td><td>16</td><td>15</td><td>—</td><td>—</td></tr>
</table>

7.1.2　优质碳素结构钢（GB/T 699—1999 优质碳素结构钢）

优质碳素结构钢的性能参数值见表 7—2。

表 7－2 优质碳素结构钢

序号	牌号	试样毛坯尺寸/mm	推荐热处理/℃			力学性能					钢材交货状态硬度 10/3 000HBS 不大于	
			正火	淬火	回火	σ_b/MPa	σ_s/MPa	δ_s/%	ψ/%	A_{KU2}/J		
						不小于					未热处理钢	退火钢
1	08F	25	930			295	175	35	60		131	
2	10F	25	930			315	185	33	55		137	
3	15F	25	920			355	205	29	55		143	
4	08	25	930			325	195	33	60		131	
5	10	25	930			335	205	31	55		137	
6	15	25	920			375	225	27	55		143	
7	20	25	910			410	245	25	55		156	
8	25	25	900	870	600	450	275	23	50	71	170	
9	30	25	880	860	600	490	295	21	50	63	179	
10	35	25	870	850	600	530	315	20	45	55	197	
11	40	25	860	840	600	570	335	19	45	47	217	187
12	45	25	850	840	600	600	355	16	40	39	229	197
13	50	25	830	830	600	630	375	14	40	31	241	207
14	55	25	820	820	600	645	380	13	35		255	217
15	60	25	810			675	400	12	35		255	229
16	65	25	810			695	410	10	30		255	229
17	70	25	790			715	420	9	30		269	229
18	75	试样		820	480	1 080	880	7	30		285	241
19	80	试样		820	480	1 080	930	6	30		285	241
20	85	试样		820	480	1 130	980	6	30		302	255
21	15Mn	25	920			410	245	26	55		163	
22	20Mn	25	910			450	275	24	50		197	
23	25Mn	25	900	870	600	490	295	22	50	71	207	
24	30Mn	25	880	860	600	540	315	20	45	63	217	187
25	35Mn	25	870	850	600	560	335	18	45	55	229	197
26	40Mn	25	860	840	600	590	355	17	45	47	229	207
27	45Mn	25	850	840	600	620	375	15	40	39	241	217
28	50Mn	25	830	830	600	645	390	13	40	31	255	217
29	60Mn	25	810			695	410	11	35		269	229
30	65Mn	25	830			735	430	9	30		285	229
31	70Mn	25	790			785	450	8	30		285	229

注：① 对于直径或厚度小于 25 mm 的钢材，热处理是在与成品截面尺寸相同的试样毛坯上进行；

② 表中所列正火推荐保温时间不少于 30 min，空冷；淬火推荐保温时间不少于 30 min，70、80 和 85 钢油冷，其余钢水冷；回火推荐保温时间不少于 1 h。

7.1.3 合金结构钢（GB/T 3077—1999 合金结构钢）

合金结构钢的性能参数值见表 7－3。

表 7—3　合金结构钢

牌号	试样毛坯尺寸/mm	热处理					力学性能					钢材退火或高温回火供应状态布氏硬度 100/3 000 HB 不大于
		淬火			回火		抗拉强度 σ_b /MPa	屈服点 σ_s /MPa	断后伸长率 δ_s /%	断面收缩率 ψ /%	冲击吸收功 A_{ku2} /J	
		加热温度/℃ 第一次淬火	加热温度/℃ 第二次淬火	冷却剂	加热温度/℃	冷却剂	不小于					
20Mn2	15	850	—	水、油	200	水、空	785	590	10	40	47	187
		880	—	水、油	440	水、空						
35SiMn	25	900	—	水	570	水、油	885	735	15	45	47	229
42SiMn	25	880	—	水	590	水	885	735	15	40	47	229
20SiMn2MoV	试样	900	—	油	200	水、空	1 380	—	10	45	55	269
25SiMn2MoV	试样	900	—	油	200	水、空	1 470	—	10	40	47	269
37SiMn2MoV	25	870	—	水、油	650	水、空	980	835	12	50	63	269
40B	25	840	—	水	550	水	785	635	12	45	55	207
45B	25	840	—	水	550	水	835	685	12	45	47	217
50B	20	840	—	油	600	空	785	540	10	45	39	207
40Cr	25	850	—	油	520	水、油	980	785	9	45	47	207
38CrMoA1	30	940	—	水、油	640	水、油	980	835	14	50	71	229
20CrMnTi	15	880	870	油	200	水、空	1 080	850	10	45	55	217

注：① 表中所列热处理温度允许调整范围：淬火±15℃，低温回火±20℃，高温回火±50℃；

② 硼钢在淬火前可先经正火，正火温度应不高于其淬火温度，铬锰钛钢第一次淬火可用正火代替；

③ 拉伸试验时试样钢上不能发现屈服，无法测定屈服点 σ_s 情况下，可以测规定残余伸长应力 $\sigma_{r0.2}$。

7.1.4 灰铸铁件抗拉强度（GB/T 9439—1988 灰铸铁件）

灰铸铁件的抗拉强度值见表7—4。

表7—4 灰铸铁件抗拉强度

牌 号	铸件壁厚/mm		最小抗拉强度 σ_b /（N·mm⁻²）（kgf·mm⁻²）
	大 于	至	
HT 100	2.5	10	130（13.3）
	10	20	100（10.2）
	20	30	90（9.2）
	30	50	80（8.2）
HT 150	2.5	10	175（17.8）
	10	20	145（14.8）
	20	30	130（13.3）
	30	50	120（12.2）
HT 200	2.5	10	220（22.4）
	10	20	195（19.9）
	20	30	170（17.3）
	30	50	160（16.3）
HT 250	4.0	10	270（27.5）
	10	20	240（24.5）
	20	30	220（22.4）
	30	50	200（20.4）
HT 300	10	20	290（29.6）
	20	30	250（25.5）
	30	50	230（23.5）
HT 350	10	20	340（34.7）
	20	30	290（29.6）
	30	50	260（26.5）

7.1.5　球墨铸铁件机械性能（GB/T 1348—1988 球墨铸铁件）

球墨铸铁件机械性能参数见表 7—5。

表 7—5　球墨铸铁件机械性能

牌　号	铸件壁厚 /mm	抗拉强度 σ_b /(N·mm^{-2}) (kgf·mm^{-2})	屈服强度 $\sigma_{0.2}$ /(N·mm^{-2}) (kgf·mm^{-2})	延伸率 δ/%	供参考	
		最小值			布氏硬度 /HB	主要金相组织
QT 400—18	>30～60	390 (39.80)	250 (25.50)	18	130～180	铁素体
	>60～200	370 (37.75)	240 (24.48)	12		
QT 400—15	>30～60	390 (39.80)	250 (25.50)	15	130～180	铁素体
	>60～200	370 (37.75)	240 (24.48)	12		
QT 500—7	>30～60	450 (45.90)	300 (30.60)	7	170～240	铁素体＋珠光体
	>60～200	420 (42.85)	290 (29.60)	5		
QT 600—3	>30～60	600 (61.20)	360 (36.70)	3	180～270	珠光体＋铁素体
	>60～200	550 (56.10)	340 (34.70)	1		
QT 700—2	>30～60	700 (71.40)	400 (40.80)	2	220～320	珠光体
	>60～200	650 (66.30)	380 (38.77)	1		

7.2　有色金属材料

7.2.1　铸造铜合金力学性能（GB/T 1176—1987 铸造铜合金技术条件）

铸造铜合金力学性能参数见表 7—6。

表 7—6　铸造铜合金力学性能

序号	合金牌号	铸造方法	力学性能，不低于			
			抗拉强度 σ_b /MPa (kgf·mm^{-2})	屈服强度 $\sigma_{0.2}$ /MPa (kgf·mm^{-2})	伸长率 σ_5 /%	布氏硬度 /HB
1	ZCuSn3Zn8Pb6Ni1	S	175 (17.8)		8	590
		J	215 (21.9)		10	685
2	ZCuSn3Zn11Pb4	S	175 (17.8)		8	590
		J	215 (21.9)		10	590

续表

序号	合金牌号	铸造方法	力学性能，不低于			
			抗拉强度 σ_b /MPa（kgf·mm^{-2}）	屈服强度 $\sigma_{0.2}$ /MPa（kgf·mm^{-2}）	伸长率 σ_5 /%	布氏硬度 /HB
3	ZCuSn5Pb5Zn5	S、J	200（20.4）	90（9.2）	13	590*
		Li、La	250（25.5）	100（10.2）*	13	635*
4	ZCuSn10Pb1	S	220（22.4）	130（13.3）	3	785*
		J	310（31.6）	170（17.3）	2	885*
		Li	330（33.6）	170（17.3）*	4	885*
		La	360（36.7）	170（17.3）*	6	885*
5	ZCuSn10Pb5	S	195（19.9）		10	685
		J	245（25.0）		10	685
6	ZCuSn10Zn2	S	240（24.5）	120（12.2）	12	685*
		J	245（25.0）	140（14.3）*	6	785*
		Li、La	270（27.5）	140（14.3）*	7	785*
7	ZCuPb10Sn10	S	180（18.4）	80（8.2）	7	635*
		J	220（22.4）	140（14.3）	5	685*
		Li、La	220（22.4）	110（11.2）*	6	685*
8	ZCuPb15Sn8	S	170（17.3）	80（8.2）	5	590*
		J	200（20.4）	100（10.2）	6	635*
		Li、La	220（22.4）	100（10.2）*	8	635*
9	ZCuPb17Sn4Zn4	S	150（15.3）		5	540
		J	175（17.8）		7	590
10	ZCuPb20Sn5	S	150（15.3）	60（6.1）	5	440*
		J	150（15.3）	70（7.1）*	6	540*
		La	180（18.4）	80（8.1）*	7	540*
11	ZCuPb30	J	—	—	—	245
12	ZCuA18Mn13Fe3	S	600（61.2）	270（27.5）*	15	1 570
		J	650（66.3）	280（28.6）*	10	1 665
13	ZCuA18Mn13Fe3Ni2	S	645（65.8）	280（28.6）	20	1 570
		J	670（68.3）	310（31.6）*	18	1 665
14	ZCuA19Mn2	S	390（39.8）		20	835
		J	440（44.9）		20	930
15	ZCuA19Fe4Ni4Mn2	S	630（64.3）	250（25.5）	16	1 570

续表

序号	合　金　牌　号	铸造方法	力学性能，不低于			
			抗拉强度 σ_b /MPa（kgf・mm^{-2}）	屈服强度 $\sigma_{0.2}$ /MPa（kgf・mm^{-2}）	伸长率 σ_5 /%	布氏硬度 /HB
16	ZCuA110Fe3	S	490（50.0）	180（18.4）	13	980*
		J	540（55.1）	200（20.4）	15	1 080*
		Li、La	540（55.1）	200（20.4）	15	1 080*
17	ZCuA110Fe3Mn2	S	490（50.0）		15	1 080
		J	540（55.1）		20	1 175
18	ZCuZn38	S	295（30.0）		30	590
		J	295（30.0）		30	685
19	ZCuZn25A16Fe3Mn3	S	725（73.9）	380（38.7）	10	1 570*
		J	740（75.5）	400（40.8）*	7	1 665*
		Li、La	740（75.5）	400（40.8）	7	1 665*
20	ZCuZn26A14Fe3Mn3	S	600（61.2）	300（30.6）	18	1 175*
		J	600（61.2）	300（30.6）	18	1 275*
		Li、La	600（61.2）	300（30.6）	18	1 275*
21	ZCuZn31A12	S	295（30.0）		12	785
		J	390（39.8）		15	885
22	ZCuZn35A12Mn2Fe2	S	450（45.9）	170（17.3）	20	980*
		J	475（48.4）	200（20.4）	18	1 080*
		Li、La	475（48.4）	200（20.4）	18	1 080*
23	ZCuZn38Mn2Pb2	S	245（25.0）		10	685
		J	345（35.2）		18	785
24	ZCuZn40Mn2	S	345（35.2）		20	785
		J	390（39.8）		25	885
25	ZCuZn40Mn3Fe1	S	440（44.9）		18	980
		J	490（50.0）		15	1 080
26	ZCuZn33Pb2	S	180（18.4）	70（7.1）*	12	490*
27	ZCuZn40Pb2	S	220（22.4）		15	785*
		J	280（28.6）	120（12.2）*	20	885*
28	ZCuZn16Si4	S	345（35.2）		15	885
		J	390（39.8）		20	980

注：① 有 * 符号的数据为参考值；

② 布氏硬度试验力的单位为牛顿。

7.2.2 铸造轴承合金力学性能（GB/T 1174—1992 铸造轴承合金）

铸造轴承合金力学性能参数见表 7—7。

表 7—7 铸造轴承合金力学性能

种类	合金牌号	铸造方法	力学性能 ≥		
			抗拉强度 σ_b /MPa	伸长率 δ_s /%	布氏硬度 /HR
锡基	ZSnSb12Pb10Cu4	J	—	—	29
	ZSnSb12Cu6Cd1	J	—	—	34
	ZSnSb11Cu6	J	—	—	27
	ZSnSb8Cu 4	J	—	—	24
	ZSnSb4Cu4	J	—	—	20
铅基	ZPbSb16Sn16Cu2	J	—	—	30
	ZPbSb15Sn5Cu3Cd2	J	—	—	32
	ZPbSb15Sn10	J	—	—	24
	ZPbSb15Sn5	J	—	—	20
	ZPbSb10Sn6	J	—	—	18
铜基	ZCuSn5Pb5Zn5	S、J	200	13	60*
		Li	250	13	65*
	ZCuSn10P1	S	200	3	80*
		J	310	2	90*
		Li	330	4	90*
	ZCuPb10Sn10	S	180	7	65
		J	220	5	70
		Li	220	6	70
	ZCuPb15Sn8	S	170	5	60*
		J	200	6	65*
		Li	220	8	65*
	ZCuPb20Sn5	S	150	5	45*
		J	150	6	55*
	ZCuPb30	J	—	—	25*
	ZCuA110Fe3	S	490	13	100*
		J、Li	540	15	110*
铝基	ZA1Sn6Cu1Ni1	S	110	10	35*
		J	130	15	40*

注：硬度值中有 * 号者为参考数值。

第 8 章　连接件和紧固件

8.1　螺　　纹

表 8－1　普通螺纹的基本尺寸（摘自 GB/T 196—2003）　　　mm

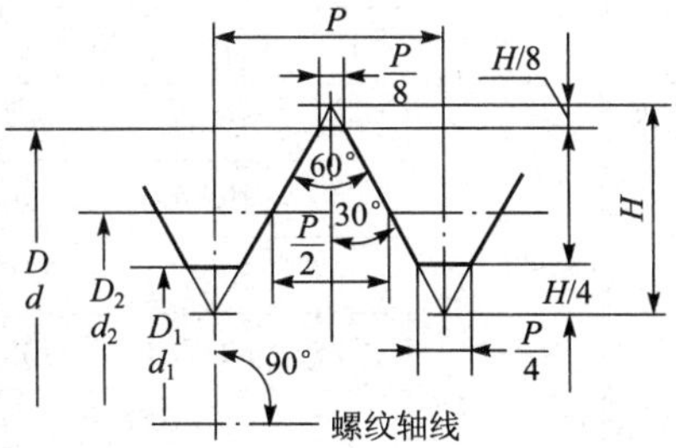

$H=0.866P$

$d_2=d-0.6495P$

$d_1=d-1.0825P$

D、d 为内、外螺纹大径；

D_2、d_2 为内、外螺纹中径

D_1、d_1 为内、外螺纹小径

P 为螺距

标记示例：

公称直径 20 的粗牙右旋内螺纹，大径和中径的公差带均为 6H 的标记：

M20－6H

同规格的外螺纹、公差带为 6 g 的标记：

M20－6 g

上述规格的螺纹副的标记：

M20－6H/6 g

公称直径 20、螺距 2 的细牙左旋外螺纹，中径大径的公差带分别为 5 g、6 g，短旋合长度的标记：

M20×2 左－5 g 6 g－S

公称直径		螺距	中径	小径	公称直径		螺距	中径	小径	公称直径		螺距	中径	小径
第一系列	第二系列	P	D_2、d_2	D_1、d_1	第一系列	第二系列	P	D_2、d_2	D_1、d_1	第一系列	第二系列	P	D_2、d_2	D_1、d_1
3		0.5	2.675	2.459		18	1.5	17.030	16.376		39	2	37.701	36.835
		0.35	2.773	2.621			1	17.350	16.917			1.5	38.026	37.376
	3.5	(0.6)	3.110	2.850	20		2.5	18.376	17.294	42		4.5	39.077	37.129
		0.35	3.273	3.121			2	18.701	17.835			3	40.051	38.752
4		0.7	3.545	3.242			1.5	19.026	18.376			2	40.701	39.835
		0.5	3.675	3.459			1	19.350	18.917			1.5	41.026	40.376

续表

公称直径 第一系列	公称直径 第二系列	螺距 P	中径 D_2、d_2	小径 D_1、d_1
	4.5	0.75	4.013	3.688
		0.5	4.175	3.959
5		0.8	4.48	4.134
		0.5	4.675	4.459
6		1	5.350	4.917
		(0.75)	5.513	5.188
	7	1	6.350	5.917
		0.75	6.513	6.188
8		1.25	7.188	6.647
		1	7.350	6.917
		0.75	7.513	7.188
10		1.5	9.026	8.376
		1.25	9.188	8.647
		1	9.350	8.917
		0.75	9.513	9.188
12		1.75	10.863	10.106
		1.5	11.026	10.376
		1.25	11.188	10.674
		1	11.350	10.917
	14	2	12.701	11.835
		1.5	13.026	12.376
		1	13.350	12.917
16		2	14.701	13.835
		1.5	15.026	14.376
		1	15.350	14.917
	18	2.5	16.376	15.294
		2	16.701	15.835

公称直径 第一系列	公称直径 第二系列	螺距 P	中径 D_2、d_2	小径 D_1、d_1
	22	2.5	20.376	19.294
		2	20.701	19.835
		1.5	21.026	20.376
		1	21.350	20.917
24		3	22.051	20.752
		2	22.701	21.835
		1.5	23.026	22.376
		1	23.350	22.917
	27	3	25.051	23.752
		2	25.701	24.835
		1.5	26.026	25.376
		1	26.350	25.917
30		3.5	27.727	26.211
		(3)	28.051	26.752
		2	28.701	27.835
		1.5	29.026	28.376
		1	29.350	28.917
	33	3.5	30.727	29.211
		(3)	31.051	29.752
		2	31.701	30.835
		1.5	32.026	31.376
36		4	33.402	31.670
		3	34.051	32.752
		2	34.701	33.835
		1.5	35.026	34.376
	39	4	36.402	34.670
		3	37.051	35.752

公称直径 第一系列	公称直径 第二系列	螺距 P	中径 D_2、d_2	小径 D_1、d_1
	45	4.5	42.077	40.129
		(4)	42.402	40.670
		3	43.051	41.752
		2	43.701	42.835
		1.5	44.026	43.376
48		5	44.752	42.587
		(4)	45.402	43.670
		3	46.051	44.752
		2	46.701	45.835
		1.5	47.026	46.376
	52	5	48.752	46.587
		(4)	49.402	47.670
		3	50.051	48.752
		2	50.701	49.835
		1.5	51.026	50.376
56		5.5	52.428	50.046
		4	53.402	51.670
		3	54.051	54.752
		2	54.701	53.835
		1.5	55.026	54.376
	60	5.5	56.428	54.046
		4	57.402	55.67
		3	58.051	56.752
		2	58.701	57.835
		1.5	59.026	58.376
64		6	60.103	57.505
		4	61.402	59.670

注：1. “螺距 P” 栏中第一个数值为粗牙螺纹，其余为细牙螺纹。

2. 优先选用第一系列，其次选用第二系列。

3. 括号内尺寸尽可能不用。

表 8－2　普通螺纹旋合长度（摘自 GB/T 197—2003）　　mm

公称直径 D、d		螺距 P	旋合长度			
			S	N		L
＞	≤		≤	＞	≤	＞
2.8	5.6	0.35	1	1	3	3
		0.5	1.5	1.5	4.5	4.5
		0.6	1.7	1.7	5	5
		0.7	2	2	6	6
		0.75	2.2	2.2	6.7	6.7
		0.8	2.5	2.5	7.5	7.5
5.6	11.2	0.5	1.6	1.6	4.7	4.7
		0.75	2.4	2.4	7.1	7.1
		1	3	3	9	9
		1.25	4	4	12	12
		1.5	5	5	15	15
11.2	22.4	0.5	1.8	1.8	5.4	5.4
		0.75	2.7	2.7	8.1	8.1
		1	3.8	3.8	11	11
		1.25	4.5	4.5	13	13
		1.5	5.6	5.6	16	16
		1.75	6	6	18	18
		2	8	8	24	24
		2.5	10	10	30	30

公称直径 D、d		螺距 P	旋合长度			
			S	N		L
＞	≤		≤	＞	≤	＞
22.4	45	0.75	3.1	3.1	9.4	9.4
		1	4	4	12	12
		1.5	6.3	6.3	19	19
		2	8.5	8.5	25	25
		3	12	12	36	36
		3.5	15	15	45	45
		4	18	18	53	53
		4.5	21	21	63	63
45	90	1	4.8	4.8	14	14
		1.5	7.5	7.5	22	22
		2	9.5	9.5	28	28
		3	15	15	45	45
		4	19	19	56	56
		5	24	24	71	71
		5.5	28	28	85	85
		6	32	32	95	95
90	180	1.5	8.3	8.3	25	25
		2	12	12	36	36
		3	18	18	53	53
		4	24	24	71	71

注：S—短旋合长度；N—中等旋合长度；L—长旋合长度。

表 8－3　梯形螺纹最大实体牙型尺寸（摘自 GB/T 5796.1—2005）　　mm

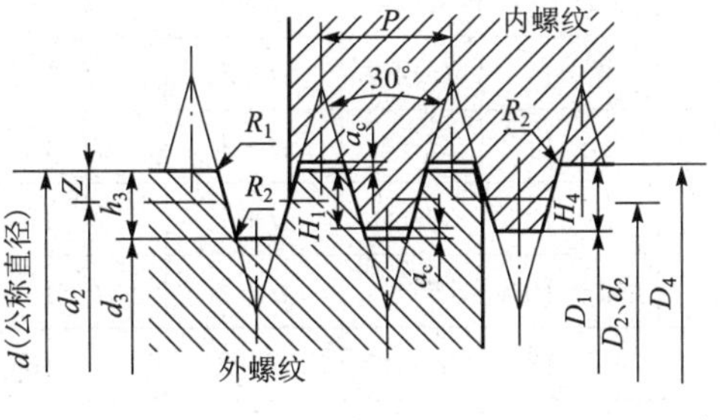

标记示例：

Tr40×7－7H（梯形内螺纹，公称直径 $d=40$、螺距 $P=7$、精度等级 7H）

Tr40×14（P7）LH－7e（多线左旋梯形外螺纹，公称直径 $d=40$、导程＝14、螺距 $P=7$、精度等级 7e）

Tr40×7－7H/7e（梯形螺旋副、公称直径 $d=40$、螺距 $P=7$、内螺纹精度等级 7H、外螺纹精度等级 7e）

续表

螺距 P	a_c	$H_4=h_3$	R_{1max}	R_{2max}	螺距 P	a_c	$H_4=h_3$	R_{1max}	R_{2max}	螺距 P	a_c	$H_4=h_3$	R_{1max}	R_{2max}
1.5	0.15	0.9	0.075	0.15	9	0.5	5	0.25	0.5	24	1	13	0.5	1
2	0.25	1.25	0.125	0.25	10		5.5			28		15		
3		1.75			12		6.5			32		17		
4		2.25			14	1	8	0.5	1	36		19		
5		2.75			16		9			40		21		
6	0.5	3.5	0.25	0.5	18		10			44		23		
7		4			20		11							
8		4.5			22		12							

表 8—4　梯形螺纹直径与螺距系列（摘自 GB/T 5796.3—2005）　mm

公称直径 d		螺距 P	公称直径 d		螺距 P	公称直径 d		螺距 P	公称直径 d		螺距 P
第一系列	第二系列		第一系列	第二系列		第一系列	第二系列		第一系列	第二系列	
8		1.5*	28	26	8,5*,3	52	50	12,8*,3		110	20,12*,4
10	9	2*,1.5		30	10,6*,3		55	14,9*,3	120	130	22,14*,6
	11	3,2*	32		10,6*,3	60		14,9*,3	140		24,14*,6
12		3*,2	36	34		70	65	16,10*,4		150	24,16*,6
	14	3*,2		38	10,7*,3	80	75	16,10*,4	160		28,16*,6
16	18	4*,2	40	42			85	18,12*,4		170	28,16*,6
20		4*,2	44		12,7*,3	90	95	18,12*,4	180		28,18*,8
24	22	8,5*,3	48	46	12,8*,3	100		20,12*,4		190	32,18*,8

注：优先选用第一系列的直径，带 * 者为对应直径优先选用的螺距。

表 8—5　梯形螺纹基本尺寸（摘自 GB/T 5796.3—2005）　mm

螺距 P	外螺纹小径 d_3	内、外螺纹中径 D_2、d_2	内螺纹大径 D_4	内螺纹小径 D_1	螺距 P	外螺纹小径 d_3	内、外螺纹中径 D_2、d_2	内螺纹大径 D_4	内螺纹小径 D_1
1.5	$d-1.8$	$d-0.75$	$d+0.3$	$d-1.5$	8	$d-9$	$d-4$	$d+1$	$d-8$
2	$d-2.5$	$d-1$	$d+0.5$	$d-2$	9	$d-10$	$d-4.5$	$d+1$	$d-9$
3	$d-3.5$	$d-1.5$	$d+0.5$	$d-3$	10	$d-11$	$d-5$	$d+1$	$d-10$
4	$d-4.5$	$d-2$	$d+0.5$	$d-4$	12	$d-13$	$d-6$	$d+1$	$d-12$
5	$d-5.5$	$d-2.5$	$d+0.5$	$d-5$	14	$d-16$	$d-7$	$d+2$	$d-14$
6	$d-7$	$d-3$	$d+1$	$d-6$	16	$d-18$	$d-8$	$d+2$	$d-16$
7	$d-8$	$d-3.5$	$d+1$	$d-7$	18	$d-20$	$d-9$	$d+2$	$d-18$

注：1. d—公称直径（即外螺纹大径）。

2. 表中所列的数值是按下式计算的：$d_3=d-2h_3$；D_2、$d_2=d-0.5P$；$D_4=d+2a_c$；$D_1=d-P$

8.2 螺　　栓

表 8-6　六角头螺栓　A 和 B 级（摘自 GB/T 5782—2000）

六角头螺栓—全螺纹　A 和 B 级（摘自 GB/T 5783—2000）　　mm

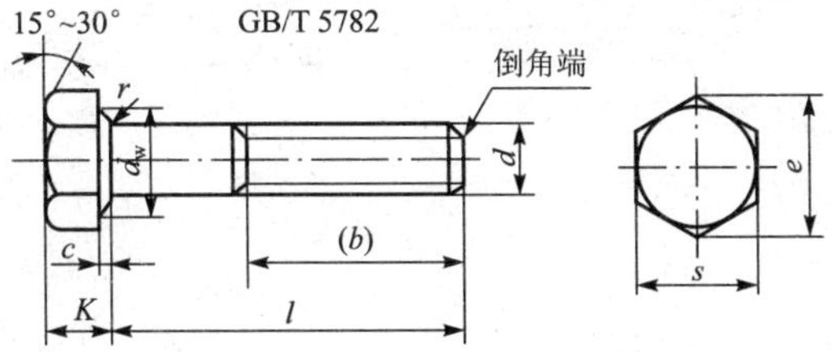

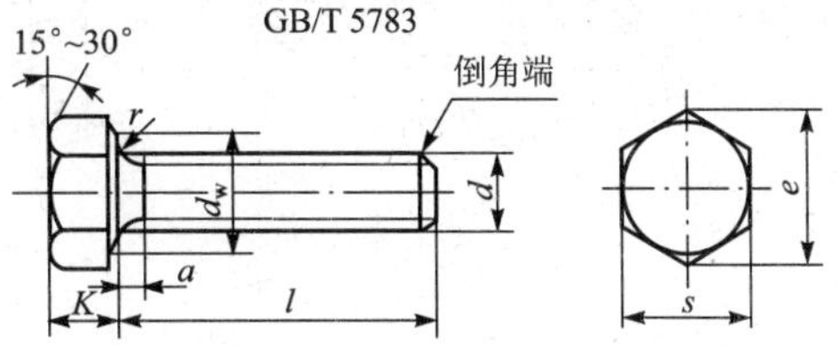

标记示例：

螺纹规格 d=M12、公称长度 l=80、性能等级为 8.8 级、表面氧化、A 级的六角头螺栓的标记为：

螺栓　GB/T 5782—2000　M12×80

标记示例：

螺纹规格 d=M12、公称长度 l=80、性能等级为 8.8 级、表面氧化、全螺纹、A 级的六角头螺栓的标记为：

螺栓 GB/T 5783—2000　M12×80

螺纹规格 d			M3	M4	M5	M6	M8	M10	M12	(M14)	M16	(M18)	M20	(M22)	M24	(M27)	M30	M36
b 参考	l≤125		12	14	16	18	22	26	30	34	38	42	46	50	54	60	66	78
	125<l≤200		—	—	—	—	28	32	36	40	44	48	52	56	60	66	72	84
	l>200		—	—	—	—	—	—	—	53	57	61	65	69	73	79	85	97
a	max		1.5	2.1	2.4	3	3.75	4.5	5.25	6	6	7.5	7.5	7.5	9	9	10.5	12
c	max		0.4	0.4	0.5	0.5	0.6	0.6	0.6	0.6	0.8	0.8	0.8	0.8	0.8	0.8	0.8	0.8
	min		0.15	0.15	0.15	0.15	0.15	0.15	0.15	0.15	0.2	0.2	0.2	0.2	0.2	0.2	0.2	0.2
d_w	min	A	4.6	5.9	6.9	8.9	11.6	14.6	16.6	19.6	22.5	25.3	28.2	31.7	33.6	—	—	—
		B	—	—	6.7	8.7	11.4	14.4	16.4	19.2	22	24.8	27.7	31.4	33.2	38	42.7	51.1
e	min	A	6.07	7.66	8.79	11.05	14.38	17.77	20.03	23.35	26.75	30.14	33.53	37.72	39.98	—	—	—
		B	—	—	8.63	10.89	14.20	17.59	19.85	22.78	26.17	29.56	32.95	37.29	39.55	45.2	50.85	60.79
K	公称		2	2.8	3.5	4	5.3	6.4	7.5	8.8	10	11.5	12.5	14	15	17	18.7	22.5
r	min		0.1	0.2	0.2	0.25	0.4	0.4	0.6	0.6	0.6	0.6	0.8	1	0.8	1	1	1
s	公称		5.5	7	8	10	13	16	18	21	24	27	30	34	36	41	46	55
l 范围			20~30	25~40	25~50	30~60	35~80	40~100	45~120	60~140	55~160	60~180	65~200	70~220	80~240	90~260	90~300	110~360
l 范围（全螺线）			6~30	8~40	10~50	12~60	16~80	20~100	25~100	30~140	35~100	35~180	40~100	45~200	40~100	55~200	40~100	
l 系列			6，8，10，12，16，20~70（5 进位），80~160（10 进位），180~360（20 进位）															

技术条件	材料	力学性能等级	螺纹公差	公差产品等级	表面处理
	钢	8.8	6 g	A 级用于 d≤24 和 l≤10d 或 l≤150 B 级用于 d>24 和 l>10d 或 l>150	氧化或镀锌钝化

注：1. A、B 为产品等级，A 级最精确、C 级最不精确。C 级产品详见 GB/T 5780—2000、GB/T 5781—2000。

2. l 系列中，M14 中的 55、65，M18 和 M20 中的 65，全螺纹中的 55、65 等规格尽量不采用。

3. 括号内为第二系列螺纹直径规格，尽量不采用。

表 8—7　六角头铰制孔用螺栓　A 和 B 级（摘自 GB/T 27—1988）　　mm

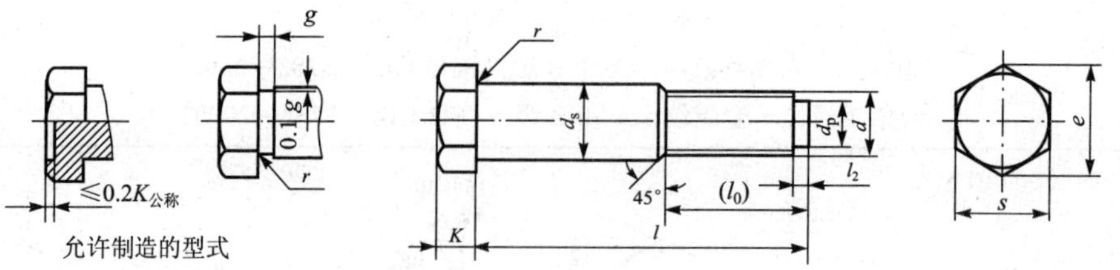

标记示例：

螺纹规格 d=M12、公称长度 l=80、机械性能 8.8 级、表面氧化处理、A 级的六角头铰制孔用螺栓的标记为：

螺栓　GB/T 27—1988　M12×80

当 d_s 按 m6 制造时应标记为：螺栓 GB/T 27—1988　M12×m6×80

螺纹规格 d		M6	M8	M10	M12	(M14)	M16	(M18)	M20	(M22)	M24	(M27)	M30	M36
d_s(h9)	max	7	9	11	13	15	17	19	21	23	25	28	32	38
s	max	10	13	16	18	21	24	27	30	34	36	41	46	55
K	公称	4	5	6	7	8	9	10	11	12	13	15	17	20
r	min	0.25	0.4	0.4	0.6	0.6	0.6	0.6	0.8	0.8	0.8	1	1	1
d_p		4	5.5	7	8.5	10	12	13	15	17	18	21	23	28
l_2		1.5		2		3			4			5		6
e_{min}	A	11.05	14.38	17.77	20.03	23.35	26.75	30.14	33.53	37.72	39.98	—	—	—
	B	10.89	14.20	17.59	19.85	22.78	26.17	29.56	32.95	37.29	39.55	45.2	50.85	60.79
g		2.5				3.5					5			
l_0		12	15	18	22	25	28	30	32	35	38	42	50	55
l 范围		25～65	25～80	30～120	35～180	40～180	45～200	50～200	55～200	60～200	65～200	75～200	80～230	90～300
l 系列		25，(28)，30，(32)，35，(38)，40，45，50，(55)，60，(65)，70，(75)，80，85，90，(95)，100～260（10 进位），280，300												

注：1. 技术条件见表 8—6。

2. 尽可能不采用括号内的规格。

3. 根据使用要求，螺杆上无螺纹部分杆径（d_s）允许按 m6、u8 制造。

表 8－8　六角头螺杆带孔螺栓　A 和 B 级（摘自 GB/T 31.1—1988）　mm

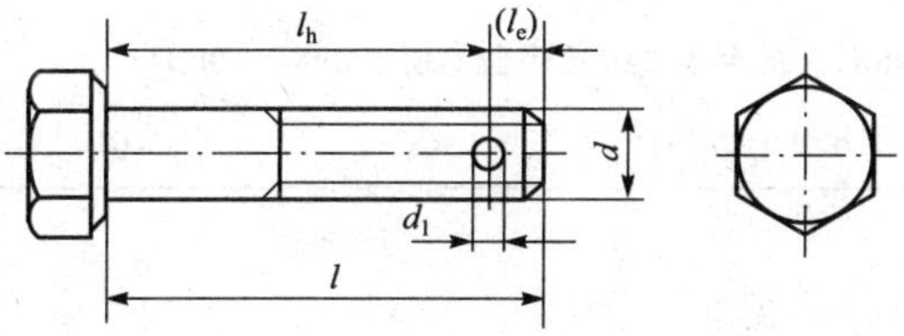

标记示例：

螺纹规格 d＝M12，公称长度 l＝80、性能等级为 8.8 级、不经表面处理、A 级的六角头螺杆带孔螺栓的标记为：

螺栓　GB/T 31.1—1988　M12×80

该螺杆是在 GB/T 5782 的杆部制出开口销孔，其余的形式与尺寸按 GB/T 5782 规定，参见表 8－6。

螺纹规格 d		M6	M8	M10	M12	(M14)	M16	(M18)	M20	(M22)	M24	(M27)	M30	M36
d_1	max	1.86	2.25	2.75	3.5	3.5	4.3	4.3	4.3	5.3	5.3	5.3	6.6	6.6
	min	1.6	2	2.5	3.2	3.2	4	4	4	5	5	5	6.3	6.3
l_e		3	4	4	5	5	6	6	6	7	7	8	9	10

注：1. l_e 数值是根据标准中 $l-l_h$ 得到的。

2. l_h 的公差按＋IT14。

表 8－9　地脚螺栓（摘自 GB/T 799—1988）　mm

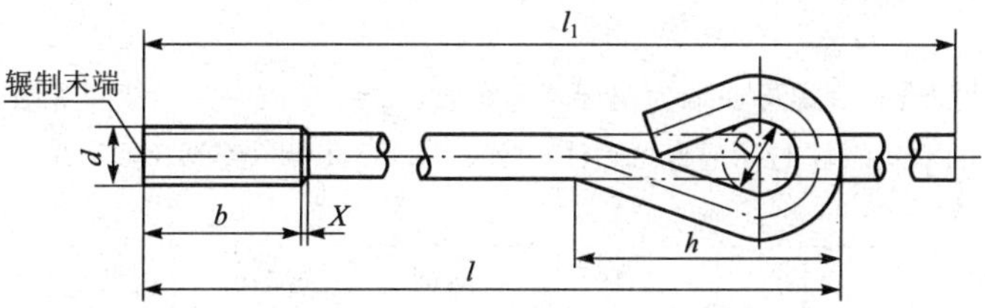

标记示例：

d＝20、l＝400、性能等级为 3.6 级、不经表面处理的地脚螺栓的标记为：

螺栓　GB/T 799—1988 M20×400

螺纹规格 d		M6	M8	M10	M12	M16	M20	M24	M30	M36	M42
b	max	27	31	36	40	50	58	68	80	94	106
	min	24	38	32	36	44	52	60	72	84	96
X	max	2.5	3.2	3.8	4.2	5	6.3	7.5	8.8	10	11.3
D		10	10	15	20	20	30	30	45	60	60
h		41	46	65	82	93	127	139	192	244	261
l_1		l+37	l+37	l+53	l+72	l+72	l+110	l+110	l+165	l+217	l+217
l 范围		80～160	120～220	160～300	160～400	220～500	300～600	300～800	400～1 000	500～1 000	600～1 250
l 系列		80，120，160，220，300，400，500，600，800，1 000，1 250									
技术条件		材　料		力学性能等级			螺纹公差	产品等级	表面处理		
		钢		d<39，3.6 级；d>39，按协议			8 g	C	1. 不处理；2. 氧化；3. 镀锌		

8.3 螺　　柱

表 8－10　双头螺柱 $b_m=d$（摘自 GB/T 897—1988）、$b_m=1.25d$（摘自 GB/T 898—1988）

$b_m=1.5d$（摘自 GB/T 899—1988）　　mm

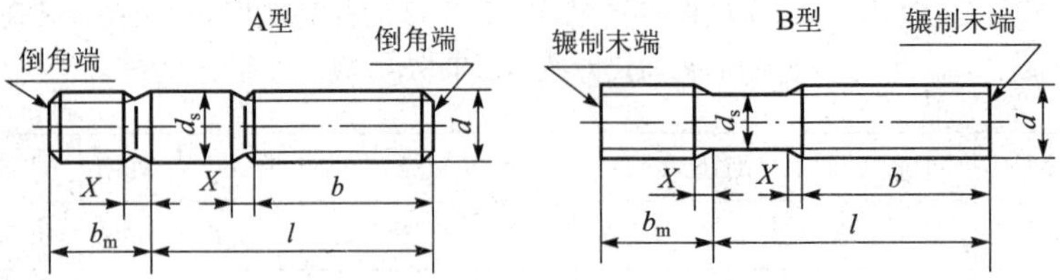

末端按 GB/T 2—1985 规定

$d_{smax}=d$（A 型）

$d_s\approx$螺纹中径（B 型）

$X_{max}=1.5P$

标记示例：

两端均为粗牙普通螺纹，$d=10$、$l=50$、性能等级为 4.8 级、不经表面处理、B 型、$b_m=1.25d$ 的双头螺柱的标记为：

螺柱　GB/T 898—1988　M10×50

旋入机体一端为粗牙普通螺纹，旋螺母一端为螺距 $P=1$ 的细牙普通螺纹，$d=10$、$l=50$、性能等级为4.8 级、不经表面处理、A 型、$b_m=1.25d$ 的双头螺柱的标记为：螺柱　GB/T 898—1988　AM10－M10×1×50

旋入机体一端为过渡配合螺纹的第一种配合，旋螺母一端为粗牙普通螺纹，$d=10$、$l=50$、性能等级为 8.8 级、镀锌钝化，B 型、$b_m=1.25d$ 的双头螺柱的标记为：螺柱　GB/T 898—1988　GM10－M10×50－8.8－Zn・D

螺纹规格 d		M5	M6	M8	M10	M12	(M14)	M16
b_m（公称）	$b_m=d$	5	6	8	10	12	14	16
	$b_m=1.25d$	6	8	10	12	15	18	20
	$b_m=1.5d$	8	10	12	15	18	21	24
$\frac{l（公称）}{b}$		$\frac{16\sim22}{10}$	$\frac{20\sim22}{10}$	$\frac{20\sim22}{12}$	$\frac{25\sim28}{14}$	$\frac{25\sim30}{16}$	$\frac{30\sim35}{18}$	$\frac{30\sim38}{20}$
		$\frac{25\sim50}{16}$	$\frac{25\sim30}{14}$	$\frac{25\sim30}{16}$	$\frac{30\sim38}{16}$	$\frac{32\sim40}{20}$	$\frac{38\sim45}{25}$	$\frac{40\sim55}{30}$
			$\frac{32\sim75}{18}$	$\frac{32\sim90}{22}$	$\frac{40\sim120}{26}$	$\frac{45\sim120}{30}$	$\frac{50\sim120}{34}$	$\frac{60\sim120}{38}$
					$\frac{130}{32}$	$\frac{130\sim180}{36}$	$\frac{130\sim180}{40}$	$\frac{130\sim200}{44}$

螺纹规格 d		(M18)	M20	(M22)	M24	(M27)	M30	M36
b_m（公称）	$b_m=d$	18	20	22	24	27	30	36
	$b_m=1.25d$	22	25	28	30	35	38	45
	$b_m=1.5d$	27	30	33	36	40	45	54

续表

螺纹规格 d	(M18)	M20	(M22)	M24	(M27)	M30	M36
$\frac{l\text{（公称）}}{b}$	$\frac{35\sim40}{22}$	$\frac{35\sim40}{25}$	$\frac{40\sim45}{30}$	$\frac{45\sim50}{30}$	$\frac{50\sim60}{35}$	$\frac{60\sim65}{40}$	$\frac{65\sim75}{45}$
	$\frac{45\sim60}{35}$	$\frac{45\sim65}{35}$	$\frac{50\sim70}{40}$	$\frac{55\sim75}{45}$	$\frac{65\sim85}{50}$	$\frac{70\sim90}{50}$	$\frac{80\sim110}{60}$
	$\frac{65\sim120}{42}$	$\frac{70\sim120}{46}$	$\frac{75\sim120}{50}$	$\frac{80\sim120}{54}$	$\frac{90\sim120}{60}$	$\frac{95\sim120}{66}$	$\frac{120}{78}$
	$\frac{130\sim200}{48}$	$\frac{130\sim200}{52}$	$\frac{130\sim200}{56}$	$\frac{130\sim200}{60}$	$\frac{130\sim200}{66}$	$\frac{130\sim200}{72}$	$\frac{130\sim200}{84}$
						$\frac{210\sim250}{85}$	$\frac{210\sim300}{97}$
公称长度 l 的系列	16、(18)、20、(22)、25、(28)、30、(32)、35、(38)、40、45、50、(55)、60、(65)、70、(75)、80、(85)、90、(95)、100～260（10 进位）、280、300						

注：1. 尽可能不采用括号内的规格。GB/T 897 中的 M24、M30 为括号内的规格。
2. GB/T 898 为商品紧固件品种，应优先选用。
3. 当 $b-b_m\leqslant5$ mm 时，旋螺母一端应制成倒圆端。

8.4　螺　　钉

表 8—11　内六角圆柱头螺钉（摘自 GB/T 70.1—2008）　　mm

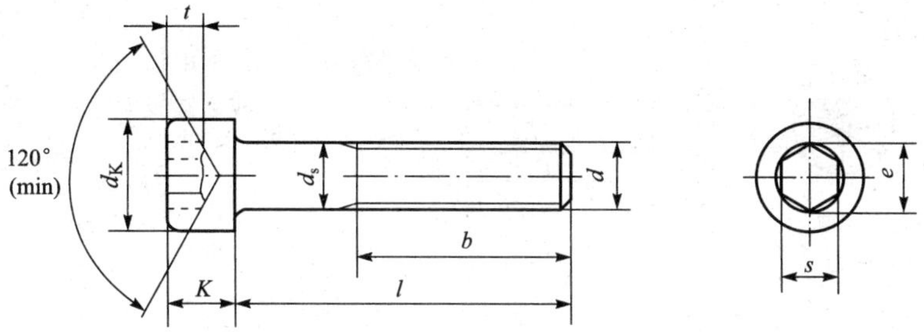

标记示例：

螺纹规格 d=M8、公称长度 l=20、性能等级为 8.8 级、表面氧化的内六角圆柱螺钉的标记为：

螺钉　GB/T 70.1—2008　M8×20

螺纹规格 d	M5	M6	M8	M10	M12	M16	M20	M24	M30	M36
b（参考）	22	24	28	32	36	44	52	60	72	84
d_K（max）	8.5	10	13	16	18	24	30	36	45	54
e（min）	4.583	5.723	6.863	9.149	11.429	15.996	19.437	21.734	25.154	30.854
K（max）	5	6	8	10	12	16	20	24	30	36
s（公称）	4	5	6	8	10	14	17	19	22	27
t（min）	2.5	3	4	5	6	8	10	12	15.5	19

续表

螺纹规格 d	M5	M6	M8	M10	M12	M16	M20	M24	M30	M36
l 范围（公称）	8～50	10～60	12～80	16～100	20～120	25～160	30～200	40～200	45～200	55～200
制成全螺纹时 $l\leqslant$	25	30	35	40	45	55	65	80	90	110
l 系列（公称）	8，10，12，（14），16，20～50（5 进位），（55），60，（65），70～160（10 进位），180，200									
技术条件	材　料	力学性能等级			螺纹公差		产品等级		表面处理	
	钢	8.8，12.9			12.9 级为 5 g 或 6 g，其他等级为 6 g		A		氧化或镀锌钝化	
注：括号内规格尽可能不采用。										

表 8－12　十字槽盘头螺钉（摘自 GB/T 818—2000）、
十字槽沉头螺钉（摘自 GB/T 819.1—2000）　　mm

十字槽盘头螺钉

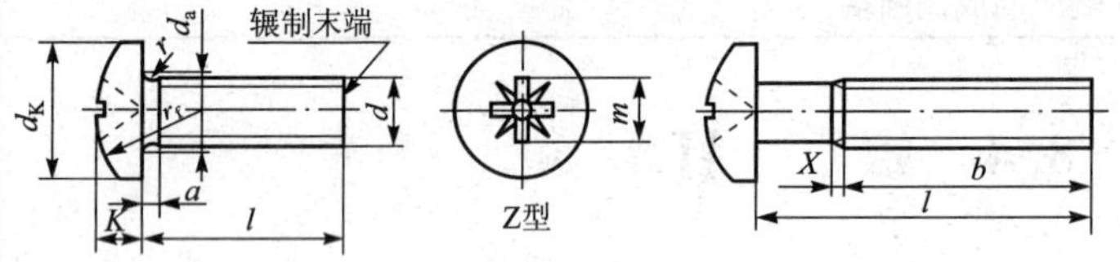

无螺纹部分杆径≈中径
或＝螺纹大径

十字槽沉头螺钉

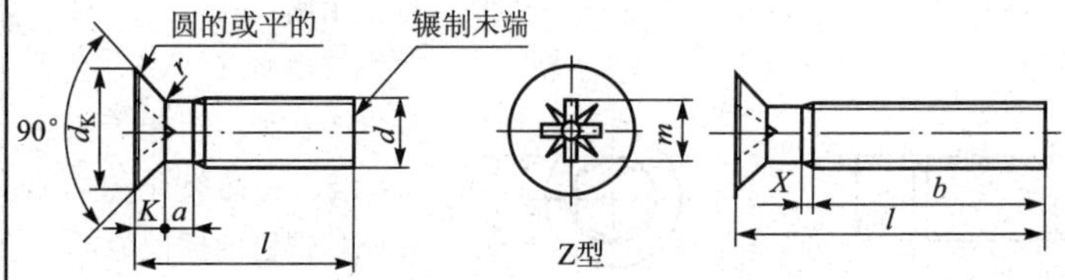

无螺纹部分杆径≈中径
或＝螺纹大径

标记示例：

螺纹规格 d＝M5、公称长度 l＝20、性能等级为 4.8 级、不经表面处理的十字槽盘头螺钉（或十字槽沉头螺钉）的标记为：

螺钉　GB/T 818—2000　M5×20（或 GB/T 819.1—2000　M5×20）

螺纹规格 d		M1.6	M2	M2.5	M3	M4	M5	M6	M8	M10
螺　距　P		0.35	0.4	0.45	0.5	0.7	0.8	1	1.25	1.5
a	max	0.7	0.8	0.9	1	1.4	1.6	2	2.5	3
b	min	25	25	25	25	38	38	38	38	38
X	max	0.9	1	1.1	1.25	1.75	2	2.5	3.2	3.8

续表

螺纹规格 d			M1.6	M2	M2.5	M3	M4	M5	M6	M8	M10
十字槽盘头螺钉	d_a	max	2.1	2.6	3.1	3.6	4.7	5.7	6.8	9.2	11.2
	d_K	max	3.2	4	5	5.6	8	9.5	12	16	20
	K	max	1.3	1.6	2.1	2.4	3.1	3.7	4.6	6	7.5
	r	min	0.1	0.1	0.1	0.1	0.2	0.2	0.25	0.4	0.4
	r_f	≈	2.5	3.2	4	5	6.5	8	10	13	16
	m	参考	1.7	1.9	2.6	2.9	4.4	4.6	6.8	8.8	10
	l 商品规格范围		3～16	3～20	3～25	4～30	5～40	6～45	8～60	10～60	12～60
十字槽沉头螺钉	d_K	max	3	3.8	4.7	5.5	8.4	9.3	11.3	15.8	18.3
	K	max	1	1.2	1.5	1.65	2.7	2.7	3.3	4.65	5
	r	max	0.4	0.5	0.6	0.8	1	1.3	1.5	2	2.5
	m	参考	1.8	2	3	3.2	4.6	5.1	6.8	9	10
	l 商品规格范围		3～16	3～20	3～25	4～30	5～40	6～50	8～60	10～60	12～60
公称长度 l 的系列			3，4，5，6，8，10，12，(14)，16，20～60（5 进位）								

技术条件	材　料	力学性能等级	螺纹公差	公差产品等级	表面处理
	钢	4.8	6 g	A	1. 不经处理 2. 镀锌钝化

注：1. 公称长度 l 中的（14）、（55）等规格尽可能不采用。

2. 对十字槽盘头螺钉，$d \leqslant$ M3、$l \leqslant 25$ mm 或 $d \geqslant$ M4、$l \geqslant 40$ mm 时，制出全螺纹（$b=l-a$）；对十字槽沉头螺钉，$d \leqslant$ M3、$l \leqslant 30$ mm 或 $d \geqslant$ M4、$l \leqslant 45$ mm 时，制出全螺纹[$b=l-(K+a)$]。

表 8－13　开槽盘头螺钉（摘自 GB/T 67—2008）、开槽沉头螺钉（摘自 GB/T 68—2000）　mm

开槽盘头螺钉

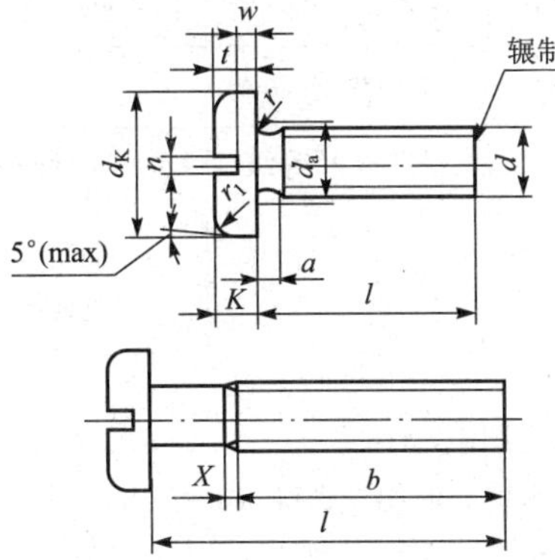

开槽沉头螺钉

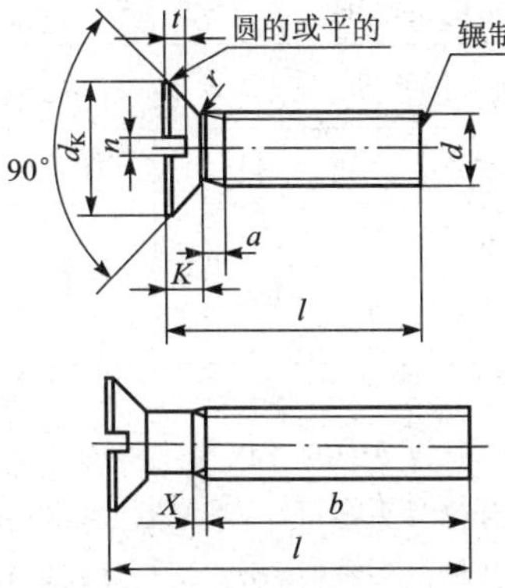

无螺纹部分杆径≈中径或＝螺纹大径

续表

标记示例：

螺纹规格 d=M5、公称长度 l=20、性能等级为 4.8 级、不经表面处理的开槽盘头螺钉（或开槽沉头螺钉）的标记为：

螺钉　GB/T 67—2008　M5×20（或 GB/T 68—2000　M5×20）

螺纹规格 d			M1.6	M2	M2.5	M3	M4	M5	M6	M8	M10
螺　距　P			0.35	0.4	0.45	0.5	0.7	0.8	1	1.25	1.5
a		max	0.7	0.8	0.9	1	1.4	1.6	2	2.5	3
b		min	25	25	25	25	38	38	38	38	38
n		公称	0.4	0.5	0.6	0.8	1.2	1.2	1.6	2	2.5
X		max	0.9	1	1.1	1.25	1.75	2	2.5	3.2	3.8
开槽盘头螺钉	d_K	max	3.2	4	5	5.6	8	9.5	12	16	20
	d_a	max	2.1	2.6	3.1	3.6	4.7	5.7	6.8	9.2	11.2
	K	max	1	1.3	1.5	1.8	2.4	3	3.6	4.8	6
	r	min	0.1	0.1	0.1	0.1	0.2	0.2	0.25	0.4	0.4
	r_1	参考	0.5	0.6	0.8	0.9	1.2	1.5	1.8	2.4	3
	t	min	0.35	0.5	0.6	0.7	1	1.2	1.4	1.9	2.4
	w	min	0.3	0.4	0.5	0.7	1	1.2	1.4	1.9	2.4
	l 商品规格范围		2～16	2.5～20	3～25	4～30	5～40	6～50	8～60	10～80	12～80
开槽沉头螺钉	d_K	max	3	3.8	4.7	5.5	8.4	9.3	11.3	15.8	18.3
	K	max	1	1.2	1.5	1.65	2.7	2.7	3.3	4.65	5
	r	max	0.4	0.5	0.6	0.8	1	1.3	1.5	2	2.5
	t	min	0.32	0.4	0.5	0.6	1	1.1	1.2	1.8	2
	l 商品规格范围		2.5～16	3～20	4～25	5～30	6～40	8～50	8～60	10～80	12～80
公称长度 l 的系列			2，2.5，3，4，5，6，8，10，12，(14)，16，20～80（5 进位）								

技术条件	材　料	力学性能等级	螺纹公差	公差产品等级	表面处理
	钢	4.8、5.8	6 g	A	1. 不经处理 2. 镀锌钝化

注：1. 公称长度 l 中的（14）、（55）、（65）、（75）等规格尽可能不采用。

2. 对开槽盘头螺钉，$d \leqslant$ M3、$l \leqslant 30$ mm 或 $d \geqslant$ M4、$l \leqslant 40$ mm 时，制出全螺纹（$b=l-a$）；
对开槽沉头螺钉，$d \leqslant$ M3、$l \leqslant 30$ mm 或 $d \geqslant$ M4、$l \leqslant 45$ mm 时，制出全螺纹[$b=l-(K+a)$]。

表 8—14　紧定螺钉　　mm

开槽锥端紧定螺钉 （摘自 GB/T 71—1985）	开槽平端紧定螺钉 （摘自 GB/T 73—1985）	开槽长圆柱端紧定螺钉 （摘自 GB/T 75—1985）
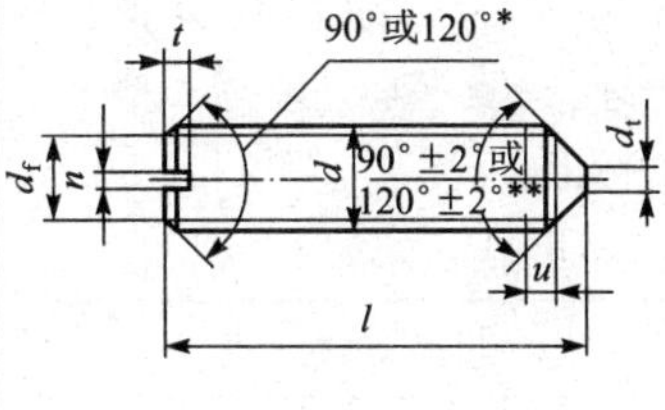	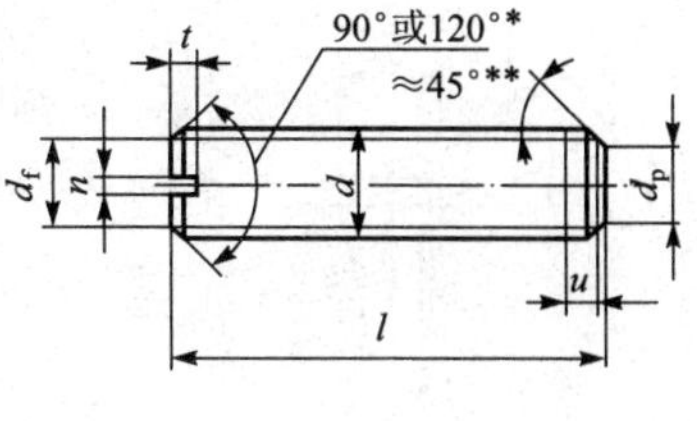	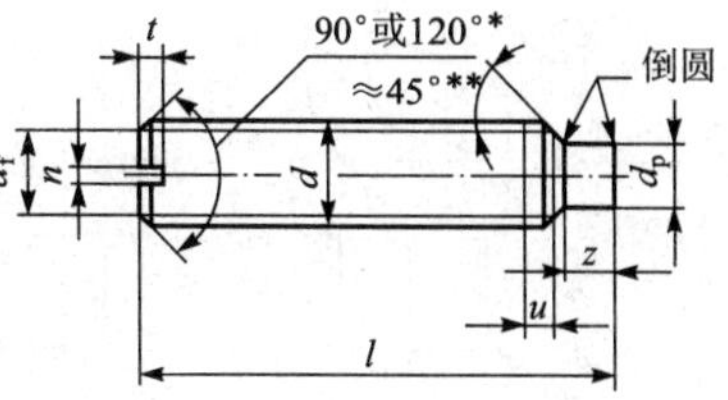

标记示例：

螺纹规格 d=M5、公称长度 l=12、性能等级为 14H 级、表面氧化的开槽锥端紧定螺钉（或开槽平端，或开槽长圆柱端紧定螺钉）的标记为：

螺钉 GB/T 71—1985　M5×12（或 GB/T 73—1985　M5×12，或 GB/T 75—1985　M5×12）

螺纹规格 d		M3	M4	M5	M6	M8	M10	M12
螺　距　P		0.5	0.7	0.8	1	1.25	1.5	1.75
d_f≈		螺　纹　小　径						
d_t	max	0.3	0.4	0.5	1.5	2	2.5	3
d_p	max	2	2.5	3.5	4	5.5	7	8.5
n	公称	0.4	0.6	0.8	1	1.2	1.6	2
t	min	0.8	1.12	1.28	1.6	2	2.4	2.8
z	max	1.75	2.25	2.75	3.25	4.3	5.3	6.3
不完整螺纹的长度 u		≤2P						
l 范围（商品规格）	GB/T 71—1985	4～16	6～20	8～25	8～30	10～40	12～50	14～60
	GB/T 73—1985	3～16	4～20	5～25	6～30	8～40	10～50	12～60
	GB/T 75—1985	5～16	6～20	8～25	8～30	10～40	12～50	14～60
	短螺钉 GB/T 73—1985	3	4	5	6	—	—	—
	短螺钉 GB/T 75—1985	5	6	8	8、10	10、12、14	12、14、16	14、16、20
公称长度 l 的系列		3、4、5、6、8、10、12、(14)、16、20、25、30、35、40、45、50、(55)、60						

技术条件	材　料	机械性能等级	螺纹公差	公差产品等级	表面处理
	钢	14H、22H	6 g	A	氧化或镀锌钝化

注：1. 尽可能不采用括号内的规格。

2. 表图中，* 公称长度在表中 l 范围内的短螺钉应制成 120°；

** 90°或 120°和 45°仅适用于螺纹小径以内的末端部分。

表 8-15　吊环螺钉（摘自 GB/T 825—1988）　mm

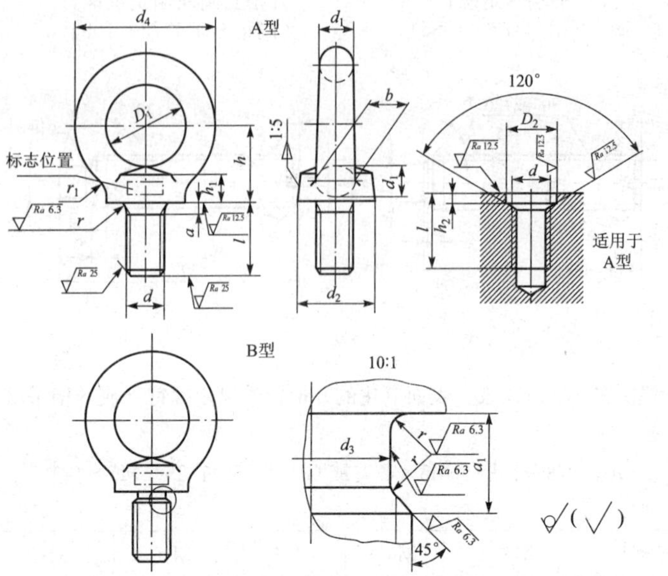

标记示例：

规格为 20 mm、材料为 20 钢、经正火处理、不经表面处理的 A 型吊环螺钉的标记为：

螺钉　GB/T 825—1988　M20

起吊方式

单螺钉起吊	双螺钉起吊

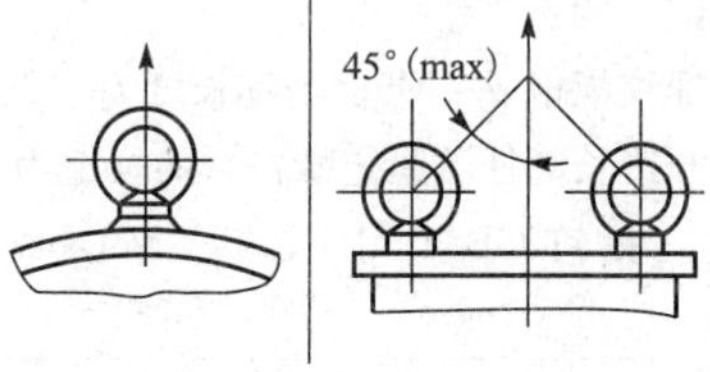

螺纹规格（d）		M8	M10	M12	M16	M20	M24	M30	M36	M42	M48
d_1	max	9.1	11.1	13.1	15.2	17.4	21.4	25.7	30	34.4	40.7
D_1	公称	20	24	28	34	40	48	56	67	80	95
d_2	max	21.1	25.1	29.1	35.2	41.4	49.4	57.7	69	82.4	97.7
h_1	max	7	9	11	13	15.1	19.1	23.2	27.4	31.7	36.9
l	公称	16	20	22	28	35	40	45	55	65	70
d_4	参考	36	44	52	62	72	88	104	123	144	171
h		18	22	26	31	36	44	53	63	74	87
r_1		4	4	6	6	8	12	15	18	20	22
r	min	1	1	1	1	1	2	2	3	3	3
a_1	max	3.75	4.5	5.25	6	7.5	9	10.5	12	13.5	15
d_3	公称（max）	6	7.7	9.4	13	16.4	19.6	25	30.8	35.6	41
a	max	2.5	3	3.5	4	5	6	7	8	9	10
b		10	12	14	16	19	24	28	32	38	46
D_2	公称（min）	13	15	17	22	28	32	38	45	52	60
h_2	公称（min）	2.5	3	3.5	4.5	5	7	8	9.5	10.5	11.5
最大起吊质量/t 单螺钉起吊	（参见右上图）	0.16	0.25	0.4	0.63	1	1.6	2.5	4	6.3	8
最大起吊质量/t 双螺钉起吊	（参见右上图）	0.08	0.125	0.2	0.32	0.5	0.8	1.25	2	3.2	4

续表

减速器类型		单级圆柱齿轮减速器						二级圆柱齿轮减速器				
中心距 a		100	125	160	200	250	315	100×140	140×200	180×250	200×280	250×355
质量	W/t	0.26	0.52	1.05	2.1	4	8	1	2.6	4.8	6.8	12.5

注：1. M8～M36 为商品规格。

2. “减速器质量 W”非 GB/T 825 内容，仅供课程设计参考用。

8.5　螺　　母

表 8－16　Ⅰ型六角螺母　A 和 B 级（摘自 GB/T 6170—2000）、六角薄螺母—倒角　A 和 B 级（摘自 GB/T 6172.1—2000）

mm

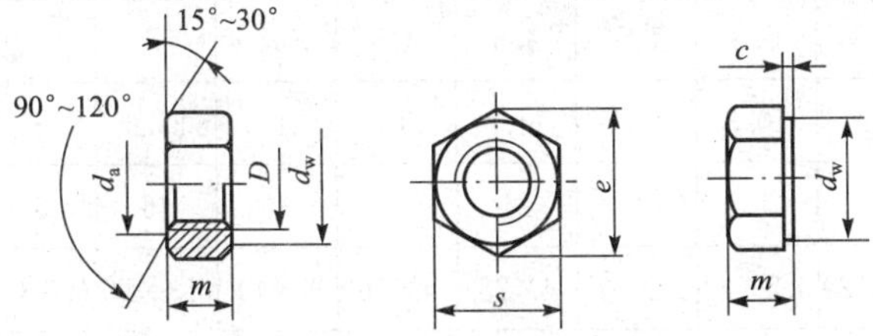

允许制造型式（GB/T 6170）

标记示例：

螺纹规格 D=M12、性能等级为 10 级、不经表面处理、A 级的Ⅰ型六角螺母的标记为：

螺母　GB/T 6170—2000　M12

螺纹规格 D=M12、性能等级为 04 级、不经表面处理、A 级的六角薄螺母的标记为：

螺母　GB/T 6172.1—2000　M12

螺纹规格 D		M3	M4	M5	M6	M8	M10	M12	(M14)	M16	(M18)	M20	(M22)	M24	(M27)	M30	M36
d_a	max	3.45	4.6	5.75	6.75	8.75	10.8	13	15.1	17.30	19.5	21.6	23.7	25.9	29.1	32.4	38.9
d_w	min	4.6	5.9	6.9	8.9	11.6	14.6	16.6	19.6	22.5	24.8	27.7	31.4	33.2	38	42.7	51.1
e	min	6.01	7.66	8.79	11.05	14.38	17.77	20.03	23.35	26.75	29.56	32.95	37.29	39.55	45.2	50.85	60.79
s	max	5.5	7	8	10	13	16	18	21	24	27	30	34	36	41	46	55
c	max	0.4	0.4	0.5	0.5	0.6	0.6	0.6	0.6	0.8	0.8	0.8	0.8	0.8	0.8	0.8	0.8
m (max)	六角螺母	2.4	3.2	4.7	5.2	6.8	8.4	10.8	12.8	14.8	15.8	18	19.4	21.5	23.8	25.6	31
	薄螺母	1.8	2.2	2.7	3.2	4	5	6	7	8	9	10	11	12	13.5	15	18

技术条件	材料	机械性能等级	螺纹公差	表面处理	公差产品等级
	钢	6、8、10	6H	不经处理或 镀锌钝化	A 级用于 $D \leqslant$ M16 B 级用于 $D >$ M16

注：尽可能不采用括号内的规格。

表 8－17　Ⅰ型六角开槽螺母　A 和 B 级（摘自 GB/T 6178—1986） mm

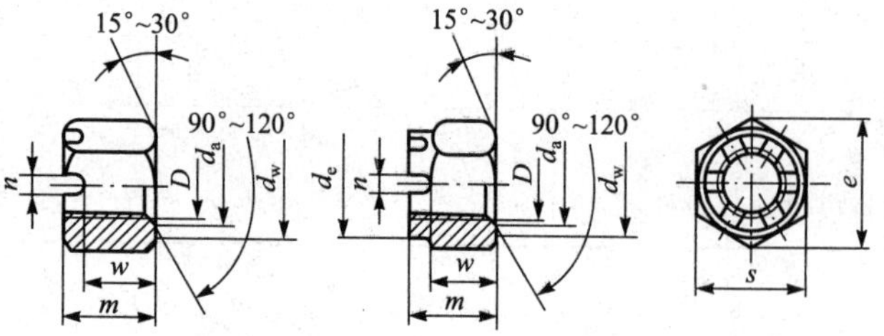

标记示例：

螺纹规格 D=M5、性能等级为 8 级、不经表面处理、A 级的Ⅰ型六角开槽螺母的标记示例：

螺母　GB/T 6178—1986　M5

螺纹规格 D		M4	M5	M6	M8	M10	M12	(M14)	M16	M20	M24	M30	M36
d_e	max	—	—	—	—	—	—	—	—	28	34	42	50
m	max	5	6.7	7.7	9.8	12.4	15.8	17.8	20.8	24	29.5	34.6	40
n	min	1.2	1.4	2	2.5	2.8	3.5	3.5	4.5	4.5	5.5	7	7
w	max	3.2	4.7	5.2	6.8	8.4	10.8	12.8	14.8	18	21.5	25.6	31
s	max	7	8	10	13	16	18	21	24	30	36	46	55
开口销		1×10	1.2×12	1.6×14	2×16	2.5×20	3.2×22	3.2×25	4×28	4×36	5×40	6.3×50	6.3×63

注：1. d_a、d_w、e 尺寸和技术条件与表 8－16 相同。

2. 尽可能不采用括号内的规格。

表 8－18　圆螺母（摘自 GB/T 812—1988）、小圆螺母（摘自 GB/T 810—1988） mm

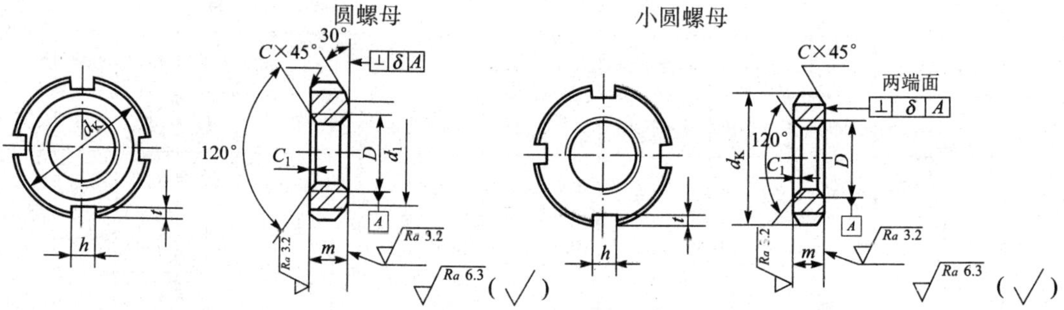

标记示例：螺母　GB/T 812—1988　M16×1.5

螺母　GB/T 810—1988　M16×1.5

（螺纹规格 D=M16×1.5、材料为 45 钢、槽或全部热处理硬度 35～45HRC、表面氧化的圆螺母和小圆螺母）

续表

圆螺母（GB/T 812—1988）									
螺纹规格 $D\times P$	d_K	d_1	m	h max	h min	t max	t min	C	C_1
M10×1	22	16	8	4.3	4	2.6	2	0.5	0.5
M12×1.25	25	19							
M14×1.5	28	20							
M16×1.5	30	22		5.3	5	3.1	2.5		
M18×1.5	32	24							
M20×1.5	35	27							
M22×1.5	38	30	10						
M24×1.5	42	34						1	
M25×1.5*									
M27×1.5	45	37							
M30×1.5	48	40							
M33×1.5	52	43		6.3	6	3.6	3		
M35×1.5*									
M36×1.5	55	46							
M39×1.5	58	49						1.5	
M40×1.5*									
M42×1.5	62	53							
M45×1.5	68	59							
M48×1.5	72	61	12	8.36	8	4.25	3.5		
M50×1.5*									
M52×1.5	78	67							
M55×2*									
M56×2	85	74							
M60×2	90	79							1
M64×2	95	84							
M65×2*									
M68×2	100	88							
M72×2	105	93	15	10.36	10	4.75	4		
M75×2*									
M76×2	110	98							
M80×2	115	103							
M85×2	120	108							
M90×2	125	112	18	12.43	12	5.75	5		
M95×2	130	117							
M100×2	135	122							
M105×2	140	127							

小圆螺母（GB/T 810—1988）								
螺纹规格 $D\times P$	d_K	m	h max	h min	t max	t min	C	C_1
M10×1	20	6	4.3	4	2.6	2	0.5	0.5
M12×1.25	22							
M14×1.5	25							
M16×1.5	28							
M18×1.5	30		5.3	5	3.1	2.5		
M20×1.5	32							
M22×1.5	35	8						
M24×1.5	38							
M27×1.5	42						1	
M30×1.5	45							
M33×1.5	48							
M36×1.5	52		6.3	6	3.6	3		
M39×1.5	55							
M42×1.5	58							
M45×1.5	62							
M48×1.5	68	10	8.36	8	4.25	3.5		
M52×1.5	72							
M56×2	78							1
M60×2	80							
M64×2	85							
M68×2	90							
M72×2	95	12						
M76×2	100		10.36	10	4.75	4	1.5	
M80×2	105							
M85×2	110							
M90×2	115							
M95×2	120							
M100×2	125		12.43	12	5.75	5		
M105×2	130	15						

注：1. 槽数 n：当 $D\leqslant$M100×2，$n=4$；当 $D\geqslant$M105×2，$n=6$。

2. * 仅用于滚动轴承锁紧装置。

8.6 螺纹零件的结构要素

表 8−19 普通螺纹收尾、肩距、退刀槽、倒角（摘自 GB/T 3—1997） mm

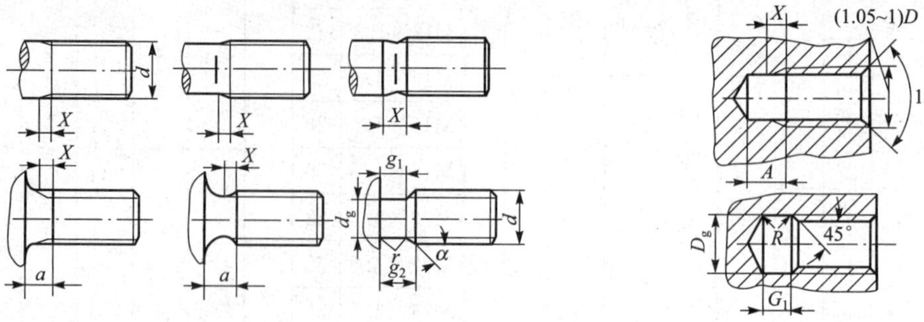

螺距 P	外螺纹									内螺纹							
	收尾 X max		肩距 a max			退刀槽				收尾 X max		肩距 A		退刀槽			
						g_2 max	g_1 min	r ≈	d_g					G_1		R ≈	D_g
	一般	短的	一般	长的	短的					一般	短的	一般	长的	一般	短的		
0.5	1.25	0.7	1.5	2	1	1.5	0.8	0.2	$d-0.8$	2	1	3	4	2	1	0.2	$D+0.3$
0.6	1.5	0.75	1.8	2.4	1.2	1.8	0.9	0.4	$d-1$	2.4	1.2	3.2	4.8	2.4	1.2	0.3	
0.7	1.75	0.9	2.1	2.8	1.4	2.1	1.1		$d-1.1$	2.8	1.4	3.5	5.6	2.8	1.4	0.4	
0.75	1.9	1	2.25	3	1.5	2.25	1.2		$d-1.2$	3	1.5	3.8	6	3	1.5	0.4	
0.8	2	1	2.4	3.2	1.6	2.4	1.3		$d-1.3$	3.2	1.6	4	6.4	3.2	1.6	0.4	
1	2.5	1.25	3	4	2	3	1.6	0.6	$d-1.6$	4	2	5	8	4	2	0.5	$D+0.5$
1.25	3.2	1.6	4	5	2.5	3.75	2		$d-2$	5	2.5	6	10	5	2.5	0.6	
1.5	3.8	1.9	4.5	6	3	4.5	2.5	0.8	$d-2.3$	6	3	7	12	6	3	0.8	
1.75	4.3	2.2	5.3	7	3.5	5.25	3	1	$d-2.6$	7	3.5	9	14	7	3.5	0.9	
2	5	2.5	6	8	4	6	3.4		$d-3$	8	4	10	16	8	4	1	
2.5	6.3	3.2	7.5	10	5	7.5	4.4	1.2	$d-3.6$	10	5	12	18	10	5	1.2	
3	7.5	3.8	9	12	6	9	5.2	1.6	$d-4.4$	12	6	14	22	12	6	1.5	
3.5	9	4.5	10.5	14	7	10.5	6.2		$d-5$	14	7	16	24	14	7	1.8	
4	10	5	12	16	8	12	7	2	$d-5.7$	16	8	18	26	16	8	2	
4.5	11	5.5	13.5	18	9	13.5	8	2.5	$d-6.4$	18	9	21	29	18	9	2.2	
5	12.5	6.3	15	20	10	15	9		$d-7$	20	10	23	32	20	10	2.5	
5.5	14	7	16.5	22	11	17.5	11	3.2	$d-7.7$	22	11	25	35	22	11	2.8	
6	15	7.5	18	24	12	18	11		$d-8.3$	24	12	28	38	24	12	3	

注：1. 外螺纹倒角一般为 45°，也可采用 60°或 30°倒角；倒角深度应大于或等于牙型高度，过滤角 α 应不小于 30°。内螺纹入口端面的倒角一般为 120°，也可采用 90°倒角。端面倒角直径为（1.05～1）D（D 为螺纹公称直径）。

2. 应优先选用“一般”长度的收尾和肩距。

表 8—20　单头梯形外螺纹与内螺纹的退刀槽　　mm

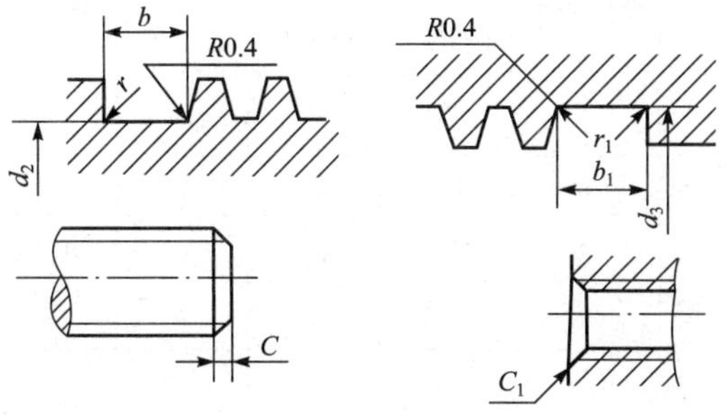

P	$b=b_1$	d_2	d_3	$r=r_1$	$C=C_1$
2	2.5	$d-3$	$d+1$	1	1.5
3	4	$d-4$			2
4	5	$d-5.1$	$d+1.1$	1.5	2.5
5	6.5	$d-6.6$	$d+1.6$		3
6	7.5	$d-7.8$	$d+1.8$	2	3.5
8	10	$d-9.8$		2.5	4.5
10	12.5	$d-12$	$d+2$	3	5.5
12	15	$d-14$			6.5
16	20	$d-19.2$	$d+3.2$	4	9
20	24	$d-23.5$	$d+3.5$	5	11

表 8—21　螺栓和螺钉通孔及沉孔尺寸　　mm

螺纹规格	螺栓和螺钉通孔直径 d_h（摘自 GB/T 5277—1985）			沉头螺钉及半沉头螺钉的沉孔（摘自 GB/T 152.2—1988）				内六角圆柱头螺钉的圆柱头沉孔（摘自 GB/T 152.3—1988）				六角头螺栓和六角螺母的沉孔（摘自 GB/T 152.4—1988）			
	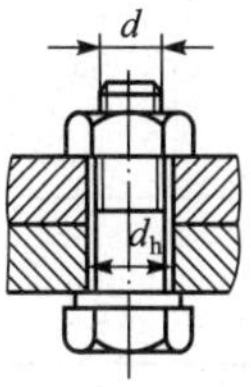			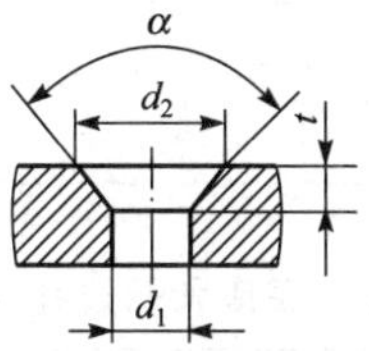				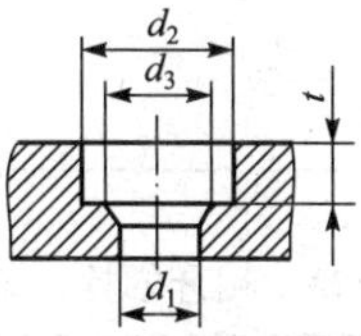				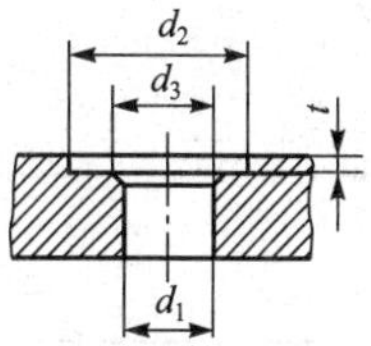			
d	精装配	中等装配	粗装配	d_2	$t\approx$	d_1	α	d_2	t	d_3	d_1	d_2	d_3	d_1	t
M3	3.2	3.4	3.6	6.4	1.6	3.4		6.0	3.4		3.4	9		3.4	
M4	4.3	4.5	4.8	9.6	2.7	4.5		8.0	4.6		4.5	10		4.5	
M5	5.3	5.5	5.8	10.6	2.7	5.5		10.0	5.7	—	5.5	11	—	5.5	只要能制出与通孔轴线垂直的圆平面即可
M6	6.4	6.6	7	12.8	3.3	6.6		11.0	6.8		6.6	13		6.6	
M8	8.4	9	10	17.6	4.6	9		15.0	9.0		9.0	18		9.0	
M10	10.5	11	12	20.3	5.0	11		18.0	11.0		11.0	22		11.0	
M12	13	13.5	14.5	24.4	6.0	13.5		20.0	13.0	16	13.5	26	16	13.5	
M14	15	15.5	16.5	28.4	7.0	15.5	$90^{\circ}{}^{-2^{\circ}}_{-4^{\circ}}$	24.0	15.0	18	15.5	30	18	13.5	
M16	17	17.5	18.5	32.4	8.0	17.5		26.0	17.5	20	17.5	33	20	17.5	
M18	19	20	21	—	—	—		—	—	—	—	36	22	20.0	
M20	21	22	24	40.4	10.0	22		33.0	21.5	24	22.0	40	24	22.0	
M22	23	24	26					—	—	—	—	43	26	24	
M24	25	26	28					40.0	25.5	28	26.0	48	28	26	
M27	28	30	32	—	—	—		—	—	—	—	53	33	30	
M30	31	33	35					48.0	32.0	36	33.0	61	36	33	
M36	37	39	42					57.0	38.0	42	39.0	71	42	39	

表 8—22　普通粗牙螺纹的余留长度、钻孔余留深度（摘自 JB/ZQ 4247—2006）　mm

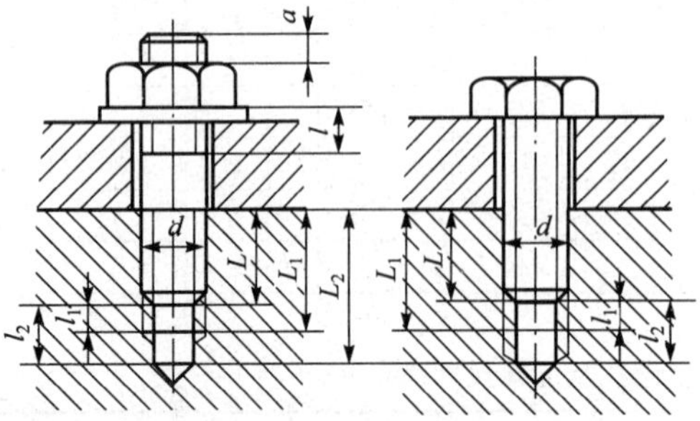

拧入深度 L 由设计者决定：
钻孔深度 $L_2=L+l_2$；螺孔深度 $L_1=L+l_1$

螺纹直径 d	余留长度 内螺纹 l_1	余留长度 外螺纹 l	余留长度 钻孔 l_2	末端长度 a
5	1.5	2.5	5	1～2
6	2	3.5	6	1.5～2.5
8	2.5	4	8	
10	3	4.5	9	2～3
12	3.5	5.5	11	
14、16	4	6	12	2.5～4
18、20、22	5	7	15	
24、27	6	8	18	3～5
30	7	9	21	
36	8	10	24	4～7
42	9	11	27	
48	10	13	30	6～10
56	11	16	33	

表 8—23　粗牙螺栓、螺钉的拧入深度和螺纹孔尺寸（参考）　mm

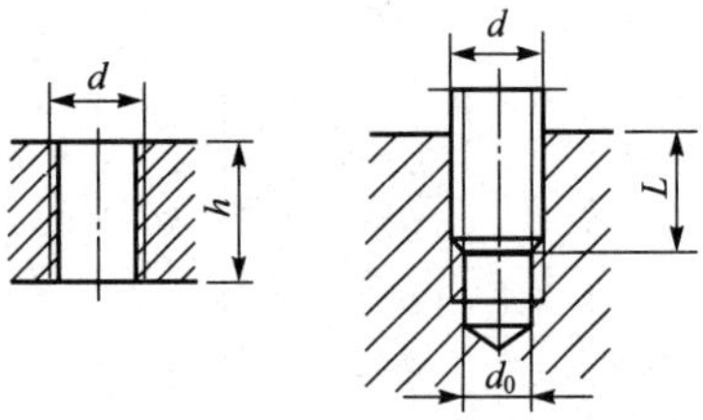

d	d_0	用于钢或青铜 h	用于钢或青铜 L	用于铸铁 h	用于铸铁 L	用于铝 h	用于铝 L
6	5	8	6	12	10	15	12
8	6.8	10	8	15	12	20	16
10	8.5	12	10	18	15	24	20
12	10.2	15	12	22	18	28	24
16	14	20	16	28	24	36	32
20	17.5	25	20	35	30	45	40
24	21	30	24	42	35	55	48
30	26.5	36	30	50	45	70	60
36	32	45	36	65	55	80	72
42	37.5	50	42	75	65	95	85

注：h 为内螺纹通孔长度；L 为双头螺栓或螺钉拧入深度；d_0 为螺纹攻丝前钻孔直径。

表 8－24　扳手空间（摘自 JB/ZQ 4005—2006）　　mm

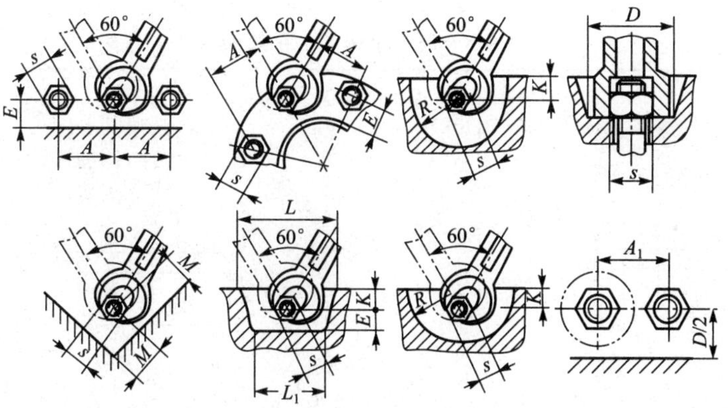

螺纹直径 d	s	A	A_1	E=K	M	L	L_1	R	D
6	10	26	18	8	15	46	38	20	24
8	13	32	24	11	18	55	44	25	28
10	16	38	28	13	22	62	50	30	30
12	18	42	—	14	24	70	55	32	—
14	21	48	36	15	26	80	65	36	40
16	24	55	38	16	30	85	70	42	—
18	27	62	45	19	32	95	75	46	52
20	30	68	48	20	35	105	85	50	56
22	34	76	55	24	40	120	95	58	60
24	36	80	58	24	42	125	100	60	70
27	41	90	65	26	46	135	110	65	76
30	46	100	72	30	50	155	125	75	82
33	50	108	76	32	55	165	130	80	88
36	55	118	85	36	60	180	145	88	95
39	60	125	90	38	65	190	155	92	100
42	65	135	96	42	70	205	165	100	106
45	70	145	105	45	75	220	175	105	112
48	75	160	115	48	80	235	185	115	126
52	80	170	120	48	84	245	195	125	132
56	85	180	126	52	90	260	205	130	138
60	90	185	134	58	95	275	215	135	145
64	95	195	140	58	100	285	225	140	152
68	100	205	145	65	105	300	235	150	158

8.7 垫　　圈

表 8－25　小垫圈、平垫圈　　mm

小垫圈—A 级（摘自 GB/T 848—2002）
平垫圈—A 级（摘自 GB/T 97.1—2002）

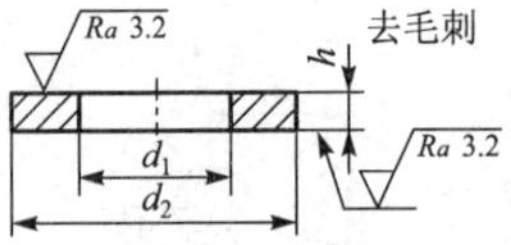

平垫圈—倒角型—A 级
（摘自 GB/T 97.2—2002）

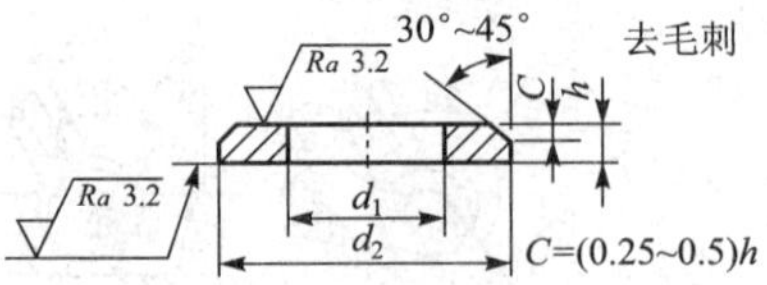

标记示例：

小系列（或标准系列）、公称尺寸 d=8、性能等级为 140 HV 级、不经表面处理的小垫圈（或平垫圈，或倒角型平垫圈）的标记为：

垫圈 GB/T 848—2002　8－140 HV（或 GB/T 97.1—2002　8－140 HV，
或 GB/T 97.2—2002　8－140 HV）

公称尺寸（螺纹规格 d）		1.6	2	2.5	3	4	5	6	8	10	12	14	16	20	24	30	36
d_1	GB/T 848—2002	1.7	2.2	2.7	3.2	4.3	5.3	6.4	8.4	10.5	13	15	17	21	25	31	37
	GB/T 97.1—2002	1.7	2.2	2.7	3.2	4.3	5.3	6.4	8.4	10.5	13	15	17	21	25	31	37
	GB/T 97.2—2002	—	—	—	—	—	5.3	6.4	8.4	10.5	13	15	17	21	25	31	37
d_2	GB/T 848—2002	3.5	4.5	5	6	8	9	11	15	18	20	24	28	34	39	50	60
	GB/T 97.1—2002	4	5	6	7	9	10	12	16	20	24	28	30	37	44	56	66
	GB/T 97.2—2002	—	—	—	—	—	10	12	16	20	24	28	30	37	44	56	66
h	GB/T 848—2002	0.3	0.3	0.5	0.5	0.5	1	1.6	1.6	1.6	2	2.5	2.5	3	4	4	5
	GB/T 97.1—2002	0.3	0.3	0.5	0.5	0.8	1	1.6	1.6	2	2.5	2.5	3	3	4	4	5
	GB/T 97.2—2002	—	—	—	—	—	1	1.6	1.6	2	2.5	2.5	3	3	4	4	5

表 8－26　标准型弹簧垫圈（摘自 GB/T 93—1987）、
轻型弹簧垫圈（摘自 GB/T 859—1987）　　mm

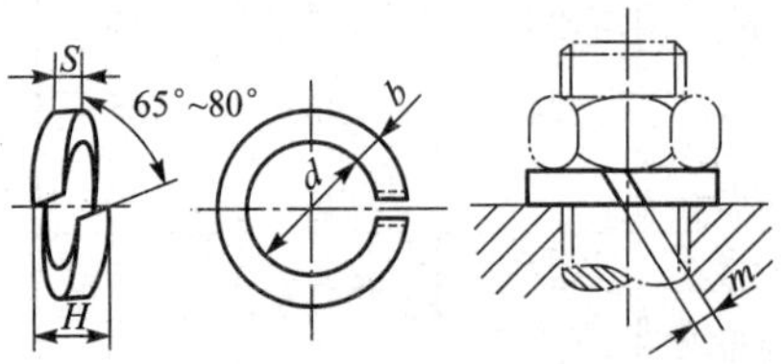

标记示例：

规格为 16、材料为 65 Mn、表面氧化的标准型（或轻型）弹簧垫圈的标记为：

垫圈　GB/T 93—1987　16
（或 GB/T 859—1987　16）

续表

规格（螺纹大径）			3	4	5	6	8	10	12	(14)	16	(18)	20	(22)	24	(27)	30	(33)	36
GB/T 93—1987	S (*b*)	公称	0.8	1.1	1.3	1.6	2.1	2.6	3.1	3.6	4.1	4.5	5.0	5.5	6.0	6.8	7.5	8.5	9
	H	min	1.6	2.2	2.6	3.2	4.2	5.2	6.2	7.2	8.2	9	10	11	12	13.6	15	17	18
		max	2	2.75	3.25	4	5.25	6.5	7.75	9	10.25	11.25	12.5	13.75	15	17	18.75	21.25	22.5
	m	≤	0.4	0.55	0.65	0.8	1.05	1.3	1.55	1.8	2.05	2.25	2.5	2.75	3	3.4	3.75	4.25	4.5
GB/T 859—1987	S	公称	0.6	0.8	1.1	1.3	1.6	2	2.5	3	3.2	3.6	4	4.5	5	5.5	6	—	—
	b	公称	1	1.2	1.5	2	2.5	3	3.5	4	4.5	5	5.5	6	7	8	9	—	—
	H	min	1.2	1.6	2.2	2.6	3.2	4	5	6	6.4	7.2	8	9	10	11	12	—	—
		max	1.5	2	2.75	3.25	4	5	6.25	7.5	8	9	10	11.25	12.5	13.75	15	—	—
	m	≤	0.3	0.4	0.55	0.65	0.8	1.0	1.25	1.5	1.6	1.8	2.0	2.25	2.5	2.75	3.0	—	—

注：尽可能不采用括号内的规格。

表 8－27 外舌止动垫圈（摘自 GB/T 856—1988） mm

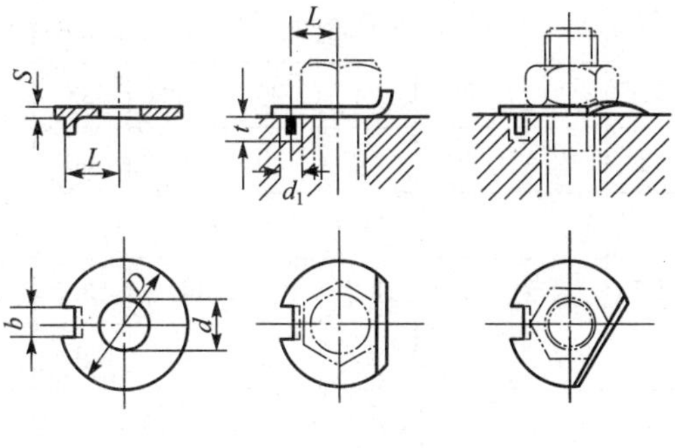

标记示例：

规格为 10、材料为 Q235－A、经退火、不经表面处理的外舌止动垫圈的标记为：

垫圈 GB/T 856—1988 10

规格（螺纹大径）		3	4	5	6	8	10	12	(14)	16	(18)	20	(22)	24	(27)	30	36
d	max	3.5	4.5	5.6	6.76	8.76	10.93	13.43	15.43	17.43	19.52	21.52	23.52	25.52	28.52	31.62	37.62
	min	3.2	4.2	5.3	6.4	8.4	10.5	13	15	17	19	21	23	25	28	31	37
D	max	12	14	17	19	22	26	32	32	40	45	45	50	50	58	63	75
	min	11.57	13.57	16.57	18.48	21.48	25.48	31.38	31.38	39.38	44.38	44.38	49.38	49.38	57.26	62.26	74.26
b	max	2.5	2.5	3.5	3.5	3.5	4.5	4.5	4.5	5.5	6	6	7	7	8	8	11
	min	2.25	2.25	3.2	3.2	3.2	4.2	4.2	4.2	5.2	5.7	5.7	6.64	6.64	7.64	7.64	10.57
L		4.5	5.5	7	7.5	8.5	10	12	12	15	18	18	20	20	23	25	31
S		0.4	0.4	0.5	0.5	0.5	0.5	1	1	1	1	1	1	1	1.5	1.5	1.5
d_1		3	3	4	4	4	5	5	5	6	7	7	8	8	9	9	12
t		3	3	4	4	4	5	6	6	6	7	7	7	7	10	10	10

注：尽可能不采用括号内的规格。

表 8－28　工字钢、槽钢用方斜垫圈　　mm

工字钢用方斜垫圈（摘自 GB/T 852—1988）

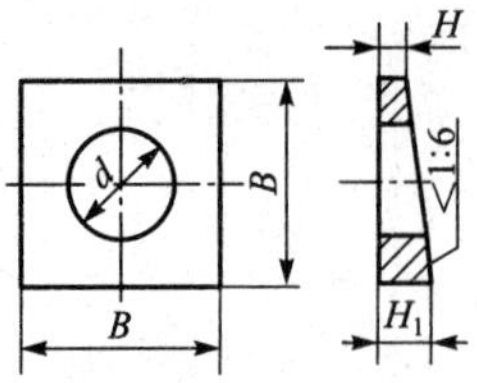

槽钢用方斜垫圈（摘自 GB/T 853—1988）

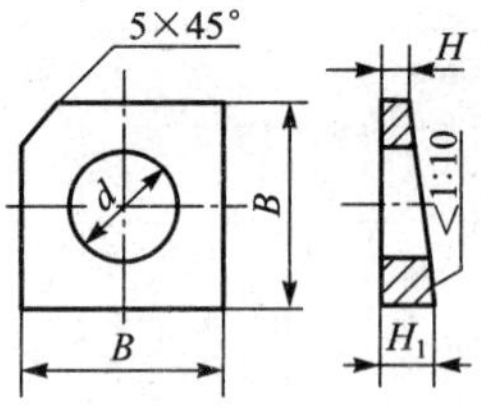

标记示例：

规格为 16、材料为 Q235－A、不经表面处理的工字钢用（槽钢用）方斜垫圈的标记为：

垫圈　GB/T 852—1988　16（GB/T 853—1988　16）

规格（螺纹大径）		6	8	10	12	16	(18)	20	(22)	24	(27)	30	36
d	max	6.96	9.36	11.43	13.93	17.93	20.52	22.52	24.52	26.52	30.52	33.62	39.62
	min	6.6	9	11	13.5	17.5	20	22	24	26	30	33	39
B		16	18	22	28	35	40	40	40	50	50	60	70
H		2					3						
H_1	GB/T 852—1988	4.7	5.0	5.7	6.7	7.7	9.7	9.7	9.7	11.3	11.3	13.0	14.7
	GB/T 853—1988	3.6	3.8	4.2	4.8	5.4	7	7	7	8	8	9	10

注：尽可能不采用括号内的规格。

表 8－29　圆螺母用止动垫圈（摘自 GB/T 858—1988）　　mm

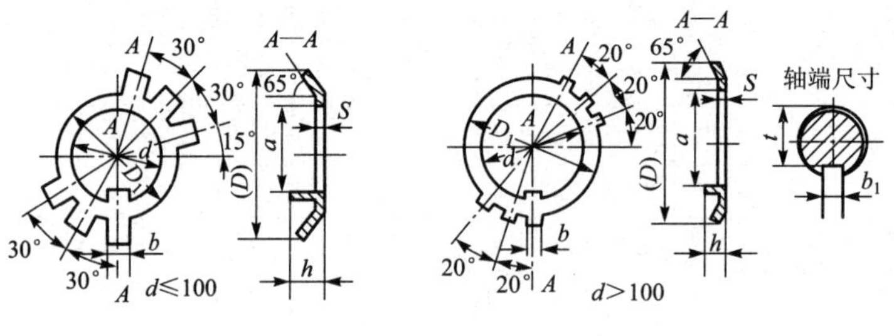

标记示例：

垫圈 GB/T 858—1988　16（规格为 16、材料为 Q235－A、经退火、表面氧化的圆螺母用止动垫圈）

续表

规格（螺纹大径）	d	D（参考）	D_1	S	b	a	h	轴端 b_1	轴端 t	规格（螺纹大径）	d	D（参考）	D_1	S	b	a	h	轴端 b_1	轴端 t
10	10.5	25	16	1	3.8	8	3	4	7	48	48.5	76	61	1.5	7.7	45	5	8	44
12	12.5	28	19			9			8	50*	50.5					47			—
14	14.5	32	20			11			10	52	52.5	82	67			49	6		48
16	16.5	34	22		4.8	13		5	12	55*	56					52			—
18	18.5	35	24			15	4		14	56	57	90	74			53			52
20	20.5	38	27			17			16	60	61	94	79			57			56
22	22.5	42	30			19			18	64	65	100	84			61			60
24	24.5	45	34			21			20	65*	66					62			—
25*	25.5					22			—	68	69	105	88		9.6	65		10	64
27	27.5	48	37			24	5		23	72	73	110	93			69	7		68
30	30.5	52	40			27			26	75*	76					71			—
33	33.5	56	43	1.5	5.7	30		6	29	76	77	115	98			72			70
35*	35.5					32			—	80	81	120	103			76			74
36	36.5	60	46			33			32	85	86	125	108			81			79
39	39.5	62	49			36			35	90	91	130	112	2	11.6	86		12	84
40*	40.5					37			—	95	96	135	117			91			89
42	42.5	66	53			39			38	100	101	140	122			96			94
45	45.5	72	59			42			41	105	106	145	127			101			99

注：* 仅用于滚动轴承锁紧装置。

8.8 挡　　圈

表 8－30　轴肩挡圈（摘自 GB/T 886—1986）　　mm

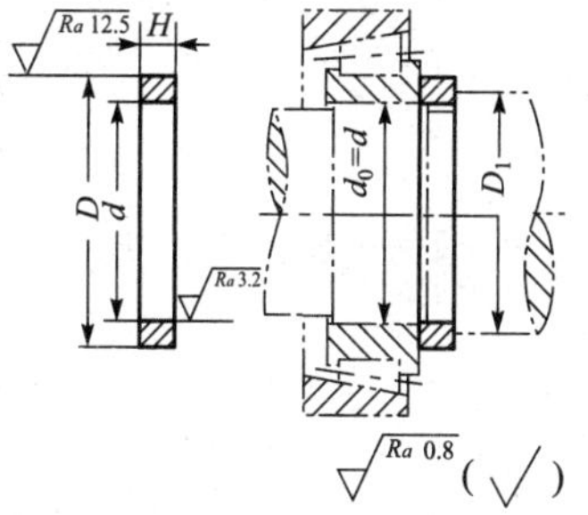

标记示例：

挡圈　GB/T 886—1986　40×52

（直径 d=40、D=52、材料为 35 钢、不经热处理及表面处理的轴肩挡圈）

公称直径 d（轴径）	$D_1 \geqslant$	(0)2 尺寸系列径向轴承用 D	(0)2 尺寸系列径向轴承用 H	（0）3 尺寸系列径向轴承和（0）2 尺寸系列角接触轴承用 D	（0）3 尺寸系列径向轴承和（0）2 尺寸系列角接触轴承用 H	（0）4 尺寸系列径向轴承和（0）3 尺寸系列角接触轴承用 D	（0）4 尺寸系列径向轴承和（0）3 尺寸系列角接触轴承用 H
20	22	—	—	27	4	30	5
25	27	—	—	32		35	
30	32	36		38		40	
35	37	42	4	45		47	
40	42	47		50		52	
45	47	52		55		58	
50	52	58		60		65	
55	58	65	5	68	5	70	6
60	63	70		72		75	
65	68	75		78		80	
70	73	80		82		85	
75	78	85		88		90	
80	83	90	6	95	6	100	8
85	88	95		100		105	
90	93	100		105		110	
95	98	110		110		115	
100	103	115	8	115	8	120	10

表 8-31 锥销锁紧挡圈（摘自 GB/T 883—1986）、螺钉锁紧挡圈（摘自 GB/T 884—1986）

mm

锥销锁紧挡圈

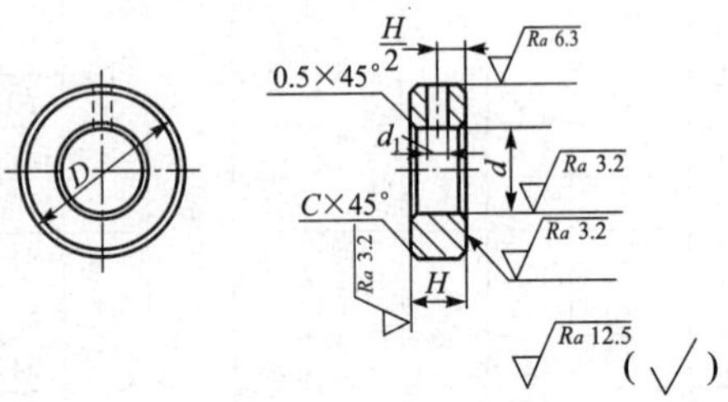

螺钉锁紧挡圈

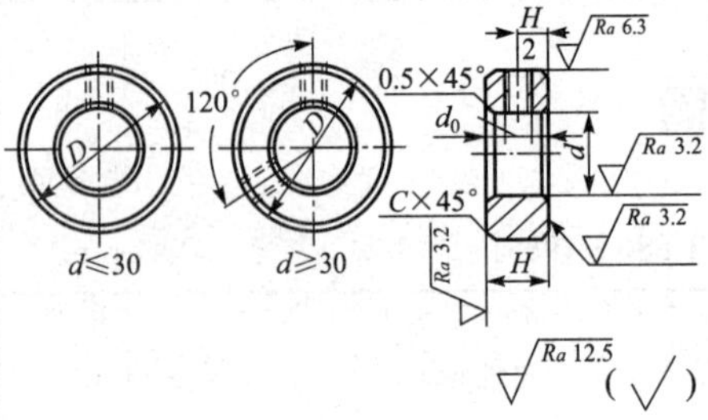

标记示例：

挡圈 GB/T 883—1986 20

挡圈 GB/T 884—1986 20

（直径 d=20、材料为 Q235－A、不经表面处理的锥销锁紧挡圈和螺钉锁紧挡圈）

d	D	锥销锁紧挡圈				螺钉锁紧挡圈			
		H	d_1	C	圆锥销 GB/T 117—2000（推荐）	H	d_0	C	螺钉 GB/T 71—2000（推荐）
16	30	12	4	0.5	4×32	12	M6	1	M6×10
(17)	32								
18									
(19)	35				4×35				
20									
22	38		5	1	5×40				
25	42	14			5×45	14	M8		M8×12
28	45								
30	48		6		6×50				
32	52				6×55				
35	56	16				16	M10		M10×16
40	62				6×60				
45	70	18			6×70	18			M10×20
50	80		8		8×80				
55	85				8×90				
60	90	20				20			
65	95		10		10×100				
70	100								
75	110	22			10×110	22	M12		M12×25
80	115				10×120				
85	120								
90	125								
95	130	25		1.5	10×130	25		1.5	
100	135				10×140				

注：1. 括号内的尺寸，尽可能不采用。

2. 加工锥销锁紧挡圈的 d_1 孔时，只钻一面；在装配时钻透并铰孔。

表 8-32　轴端挡圈　　mm

螺钉紧固轴端挡圈（摘自GB/T891—1986）　　螺栓紧固轴端挡圈（摘自GB/T892—1986）

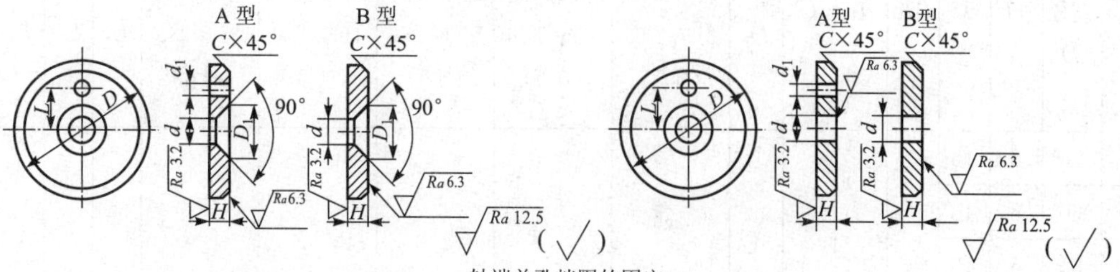

轴端单孔挡圈的固定

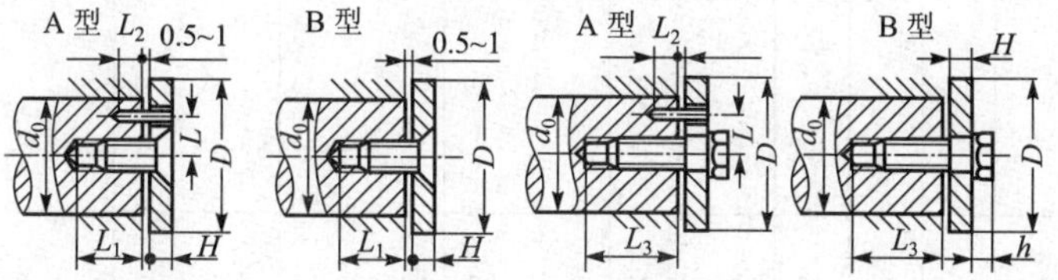

标记示例：

挡圈 GB/T 891—1986　45（公称直径 D=45、材料为 Q235—A、不经表面处理的 A 型螺钉紧固轴端挡圈）

挡圈 GB/T 891—1986　B45（公称直径 D=45、材料为 Q235—A、不经表面处理的 B 型螺钉紧固轴端挡圈）

轴径 ≤	公称直径 D	H	L	d	d_1	C	螺钉紧固轴端挡圈			螺栓紧固轴端挡圈			安装尺寸（参考）			
							D_1	螺钉 GB/T 819—2000（推荐）	圆柱销 GB/T 119—2000（推荐）	螺栓 GB /T 5783—2000（推荐）	圆柱销 GB/T 119—2000（推荐）	垫圈 GB/T 93—1987（推荐）	L_1	L_2	L_3	h
14	20	4	—	5.5	2.1	0.5	11	M5×12	A2×10	M5×16	A2×10	5	14	6	16	4.8
16	22	4	—													
18	25	4	—													
20	28	4	7.5													
22	30	4	7.5													
25	32	5	10	6.6	3.2	1	13	M6×16	A3×12	M6×20	A3×12	6	18	7	20	5.6
28	35	5	10													
30	38	5	10													
32	40	5	12													
35	45	5	12													
40	50	5	12													

续表

轴径 ≤	公称直径 D	H	L	d	d_1	C	螺钉紧固轴端挡圈			螺栓紧固轴端挡圈			安装尺寸（参考）			
							D_1	螺钉 GB/T 819—2000（推荐）	圆柱销 GB/T 119—2000（推荐）	螺栓 GB/T 5783—2000（推荐）	圆柱销 GB/T 119—2000（推荐）	垫圈 GB/T 93—1987（推荐）	L_1	L_2	L_3	h
45	55	6	16	9	4.2	1.5	17	M8×20	A4×14	M8×25	A4×14	8	22	8	24	7.4
50	60	6	16													
55	65	6	16													
60	70	6	20													
65	75	6	20													
70	80	6	20													
75	90	8	25	13	5.2	2	25	M12×25	A5×16	M12×30	A5×16	12	26	10	28	10.6
85	100	8	25													

注：1. 当挡圈装在带螺纹孔的轴端时，紧固用螺钉允许加长。

2. 材料，Q235—A、35 钢，45 钢。

3. “轴端单孔挡圈的固定”不属 GB/T 891—1986、GB/T 892—1986，仅供参考。

表 8-33　孔用弹性挡圈—A 型（摘自 GB/T 893.1—1986）　mm

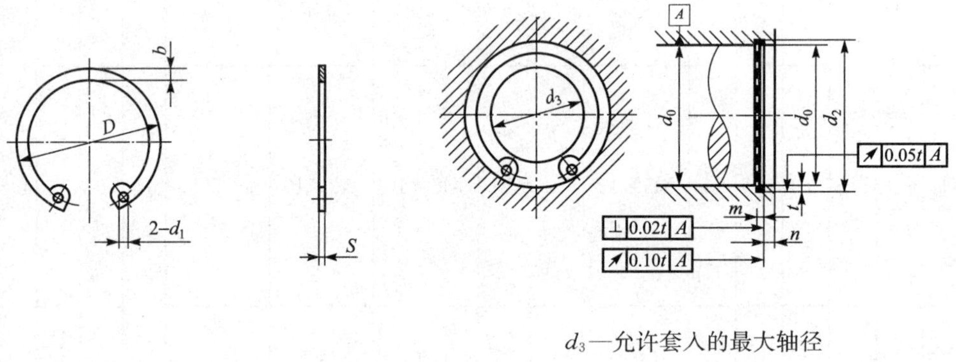

d_3—允许套入的最大轴径

标记示例：

挡圈　GB/T 893.1—1986　50

（孔径 d_0=50、材料 65 Mn、热处理硬度 44～51 HRC、经表面氧化处理的 A 型孔用弹性挡圈）

续表

孔径 d_0	挡圈 D	挡圈 S	挡圈 $b\approx$	挡圈 d_1	沟槽（推荐）d_2 基本尺寸	沟槽（推荐）d_2 极限偏差	沟槽（推荐）m 基本尺寸	沟槽（推荐）m 极限偏差	沟槽（推荐）$n\geqslant$	轴 $d_3\leqslant$	孔径 d_0	挡圈 D	挡圈 S	挡圈 $b\approx$	挡圈 d_1	沟槽（推荐）d_2 基本尺寸	沟槽（推荐）d_2 极限偏差	沟槽（推荐）m 基本尺寸	沟槽（推荐）m 极限偏差	沟槽（推荐）$n\geqslant$	轴 $d_3\leqslant$
8	8.7	0.6	1	1	8.4	+0.09 0	0.7	+0.14 0	0.6	2	48	51.5	1.5	4.7	3	50.5	+0.30 0	1.7	+0.14 0	3.8	33
9	9.8		1.2		9.4						50	54.2	2			53		2.2		4.5	36
10	10.8	0.8	1.7	1.5	10.4	+0.11 0	0.9				52	56.2				55					38
11	11.8				11.4					3	55	59.2				58					40
12	13				12.5				0.9	4	56	60.2		5.2		59					41
13	14.1			1.7	13.6						58	62.2				61					43
14	15.1	1	2.1		14.6		1.1			5	60	64.2				63					44
15	16.2				15.7				1.2	6	62	66.2				65					45
16	17.3				16.8					7	63	67.2				66					46
17	18.3				17.8					8	65	69.2	2.5			68		2.7			48
18	19.5				19	+0.13 0			1.5	9	68	72.5		5.7		71					50
19	20.5		2.5	2	20					10	70	74.5				73					53
20	21.5				21						72	76.5				75					55
21	22.5				22					11	75	79.5		6.3		78					56
22	23.5				23					12	78	82.5				81	+0.35 0				60
24	25.9	1.2			25.2	+0.21 0	1.3		1.8	13	80	85.5		6.8		83.5				5.3	63
25	26.9		2.8		26.2					14	82	87.5				85.5					65
26	27.9				27.2					15	85	90.5				88.5					68
28	30.1		3.2		29.4				2.1	17	88	93.5		7.3		91.5					70
30	32.1				31.4	+0.25 0				18	90	95.5				93.5					72
31	33.4			2.5	32.7				2.6	19	92	97.5		7.7		95.5					73
32	34.4				33.7					20	95	100.5				98.5					75
34	36.5	1.5	3.6		35.7		1.7			22	98	103.5				101.5					78
35	37.8				37				3	23	100	105.5				103.5					80
36	38.8				38					24	102	108	3	8.1	4	106	+0.54 0	3.2	+0.18 0	6	82
37	39.8				39					25	105	112				109					83
38	40.8				40					26	108	115		8.8		112					86
40	43.5		4		42.5				3.8	27	110	117				114					88
42	45.5			3	44.5					29	112	119		9.3		116					89
45	48.5		4.7		47.5					31	115	122				119					90
47	50.5				49.5					32	120	127		10		124	+0.63				95

表 8－34　轴用弹性挡圈—A 型（摘自 GB/T 894.1—1986）

mm

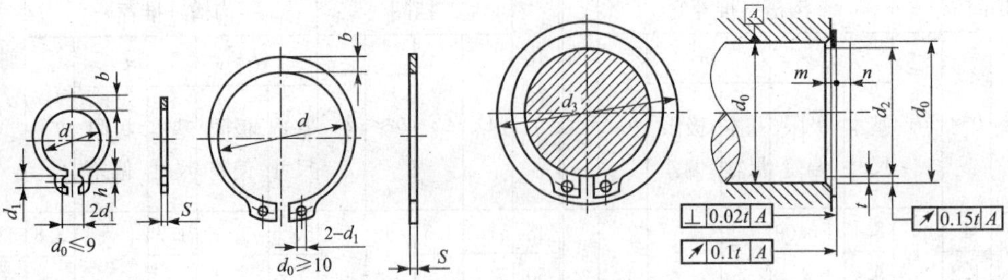

d_3—允许套入的最小孔径

标记示例：

挡圈　GB/T 894.1—1986　50

（轴径 d_0＝50、材料 65 Mn、热处理 44 ～ 51 HRC、经表面氧化处理的 A 型轴用弹性挡圈）

轴径 d_0	挡圈 d	挡圈 S	挡圈 $b\approx$	挡圈 d_1	沟槽（推荐）d_2 基本尺寸	沟槽（推荐）d_2 极限偏差	沟槽（推荐）m 基本尺寸	沟槽（推荐）m 极限偏差	$n \geqslant$	孔 $d_3 \geqslant$	轴径 d_0	挡圈 d	挡圈 S	挡圈 $b\approx$	挡圈 d_1	沟槽（推荐）d_2 基本尺寸	沟槽（推荐）d_2 极限偏差	沟槽（推荐）m 基本尺寸	沟槽（推荐）m 极限偏差	$n \geqslant$	孔 $d_3 \geqslant$
3	2.7	0.4	0.8	1	2.8	−0.04	0.5	+0.14 0	0.3	7.2	38	35.2	1.5	5.0	2.5	36	0 −0.25	1.7	+0.14 0	3	51
4	3.7		0.88		3.8	0 −0.044				8.8	40	36.5				37.5				3.8	53
5	4.7	0.6	1.12		4.8		0.7			10.7	42	38.5			3	39.5					56
6	5.6		1.32	1.2	5.7				0.5	12.2	45	41.5				42.5					59.4
7	6.5				6.7	0 −0.058				13.8	48	44.5				45.5					62.8
8	7.4	0.8			7.6		0.9		0.6	15.2	50	45.8	2	5.48		47		2.2		4.5	64.8
9	8.4		1.44		8.6					16.4	52	47.8				49					67
10	9.3	1		1.5	9.6		1.1			17.6	55	50.8				52	0 −0.30				70.4
11	10.2		1.52		10.5	0 −0.11			0.8	18.6	56	51.8		6.12		53					71.7
12	11		1.72		11.5					19.6	58	53.8				55					73.6
13	11.9		1.88	1.7	12.4				0.9	20.8	60	55.8				57					75.8
14	12.9				13.4					22	62	57.8				59					79
15	13.8		2.00		14.3				1.1	23.2	63	58.8	2.5			60		2.7			79.6
16	14.7		2.32		15.2				1.2	24.4	65	60.8				62					81.6
17	15.7		2.48		16.2					25.6	68	63.5		6.32		65					85
18	16.5				17				1.5	27	70	65.5				67					87.2
19	17.5			2	18					28	72	67.5				69					89.4
20	18.5		2.68		19	0 −0.13				29	75	70.5				72					92.8
21	19.5				20					31	78	73.5				75					96.2
22	20.5				21					32	80	74.5		7.0		76.5				5.3	98.2
24	22.2	1.2	3.32		22.9	0 −0.21	1.3		1.7	34	82	76.5				78.5					101
25	23.2				23.9					35	85	79.5				81.5	0 −0.35				104
26	24.2				24.9					36	88	82.5				84.5					107.3
28	25.9		3.60		26.6				2.1	38.4	90	84.5		7.6		86.5					110
29	26.9		3.72		27.6					39.8	95	89.5		9.2		91.5					115
30	27.9				28.6					42	100	94.5				96.5					121
32	29.6		3.92	2.5	30.3	0 −0.25			2.6	44	105	98	3	10.7		101	0 −0.54	3.2	+0.18 0	6	132
34	31.5	1.5	4.32		32.3		1.7			46	110	103		11.3	4	106					136
35	32.2		4.52		33				3	48	115	108		12		111					142
36	33.2				34					49	120	113				116					145
37	34.2				35					50	125	118		12.6		121	−0.63				151

8.9　键连接和销连接

表 8-35　平键连接的剖面和键槽尺寸（摘自 GB/T 1095—2003）、普通平键的形式和尺寸（摘自 GB/T 1096—2003）

mm

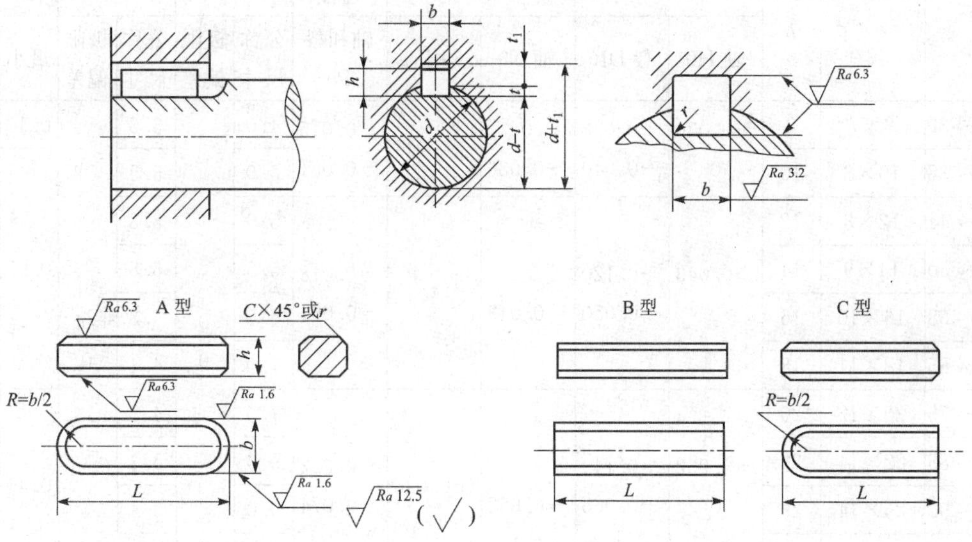

标记示例：

键 16×10×100　GB/T 1096—2003［圆头普通平键（A 型）、b=16 mm、h=10 mm、L=100 mm］

键 B16×10×100　GB/T 1096—2003［平头普通平键（B 型）、b=16 mm、h=10 mm、L=100 mm］

键 C16×10×100　GB/T 1096—2003［单圆头普通平键（C 型）、b=16 mm、h=10 mm、L=100 mm］

轴	键	键槽											
公称直径 d	公称尺寸 $b \times h$	宽度						深度				半径 r	
		公称尺寸 b	极限偏差					轴 t		毂 t_1			
			较松键连接		一般键连接		较紧键连接						
			轴 H9	毂 D10	轴 N9	毂 Js9	轴和毂 P9	公称尺寸	极限偏差	公称尺寸	极限偏差	最小	最大
自 6～8	2×2	2	+0.025 0	+0.060 +0.020	−0.004 −0.029	±0.012 5	−0.006 −0.031	1.2	+0.1 0	1	+0.1 0	0.08	0.16
>8～10	3×3	3						1.8		1.4			
>10～12	4×4	4	+0.030 0	+0.078 +0.030	0 −0.030	±0.015	−0.012 −0.042	2.5		1.8			
>12～17	5×5	5						3.0		2.3		0.16	0.25
>17～22	6×6	6						3.5		2.8			

续表

轴	键	键槽											
		宽度						深度				半径 r	
			极限偏差					轴 t		毂 t_1			
公称直径 d	公称尺寸 $b\times h$	公称尺寸 b	较松键连接		一般键连接		较紧键连接						
			轴 H9	毂 D10	轴 N9	毂 Js9	轴和毂 P9	公称尺寸	极限偏差	公称尺寸	极限偏差	最小	最大
>22～30	8×7	8	+0.036	+0.098	0	±0.018	−0.015	4.0		3.3		0.16	0.25
>30～38	10×8	10	0	+0.040	−0.036		−0.051	5.0		3.3			
>38～44	12×8	12						5.0		3.3			
>44～50	14×9	14	+0.043	+0.120	0	±0.021 5	−0.018	5.5		3.8		0.25	0.40
>50～58	16×10	16	0	+0.050	−0.043		−0.061	6.0	+0.2	4.3	+0.2		
>58～65	18×11	18						7.0	0	4.4	0		
>65～75	20×12	20						7.5		4.9			
>75～85	22×14	22	+0.052	+0.149	0	±0.026	−0.022	9.0		5.4		0.40	0.60
>85～95	25×14	25	0	+0.065	−0.052		−0.074	9.0		5.4			
>95～110	28×16	28						10.0		6.4			
键的长度系列	6，8，10，12，14，16，18，20，22，25，28，32，36，40，45，50，56，63，70，80，90，100，110，125，140，160，180，200，220，250，280，320，360												

注：1. 在工作图中，轴槽深用 t 或（$d-t$）标注，轮毂槽深用（$d+t_1$）标注。
2.（$d-t$）和（$d+t_1$）两组组合尺寸的极限偏差按相应的 t 和 t_1 极限偏差选取，但（$d-t$）极限偏差值应取负号（−）。
3. 键尺寸的极限偏差 b 为 h9，h 为 h11，L 为 h14。
4. 平键常用材料为 45 钢。

表 8－36　导向平键的形式和尺寸（摘自 GB/T 1097—2003）　mm

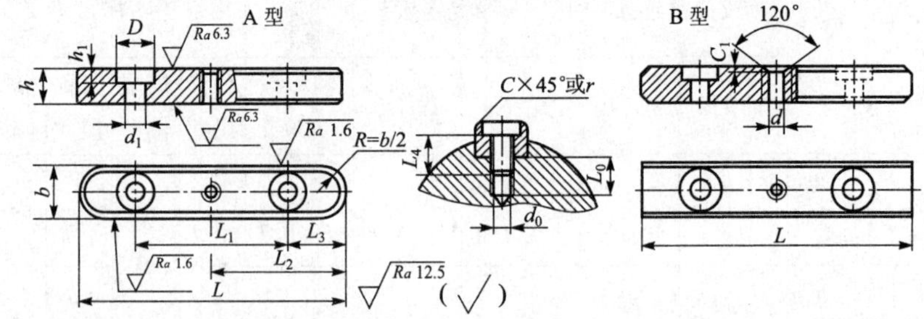

标记示例：

键　16×100　GB/T 1097—2003［圆头导向平键（A 型）、$b=16$、$h=10$、$L=100$］

键　B16×100　GB/T 1097—2003［平头导向平键（B 型）、$b=16$、$h=10$、$L=100$］

续表

b	8	10	12	14	16	18	20	22	25	28	32
h	7	8	8	9	10	11	12	14	14	16	18
C 或 r	0.25～0.4	0.40～0.60					0.60～0.80				
h_1	2.4		3	3.5		4.5			6		7
d	M3		M4	M5		M6			M8		M10
d_1	3.4		4.5	5.5		6.6			9		11
D	6		8.5	10		12			15		18
C_1	0.3		0.5								
L_0	7	8	10			12			15		18
螺钉 ($d_0 \times L_4$)	M3×8	M3×10	M4×10	M5×10		M6×12		M6×16	M8×16		M10×20
L	25～90	25～110	28～140	36～160	45～180	50～200	56～220	63～250	70～280	80～320	90×360

L，L_1，L_2，L_3 对应长度系列

L	25	28	32	36	40	45	50	56	63	70	80	90	100	110	125	140	160	180	200	220	250	280	320	360
L_1	13	14	16	18	20	23	26	30	35	40	48	54	60	66	75	80	90	100	110	120	140	160	180	200
L_2	12.5	14	16	18	20	22.5	25	28	31.5	35	40	45	50	55	62	70	80	90	100	110	125	140	160	180
L_3	6	7	8	9	10	11	12	13	14	15	16	18	20	22	25	30	35	40	45	50	55	60	70	80

注：1. 固定用螺钉应符合《开槽圆柱头螺钉》的规定。
　　2. 键的截面尺寸（$b \times h$）的选取及键槽尺寸见表 8－35。
　　3. 导向平键常用材料为 45 钢。

表 8－37　矩形花键尺寸、公差（摘自 GB/T 1144—2001）　mm

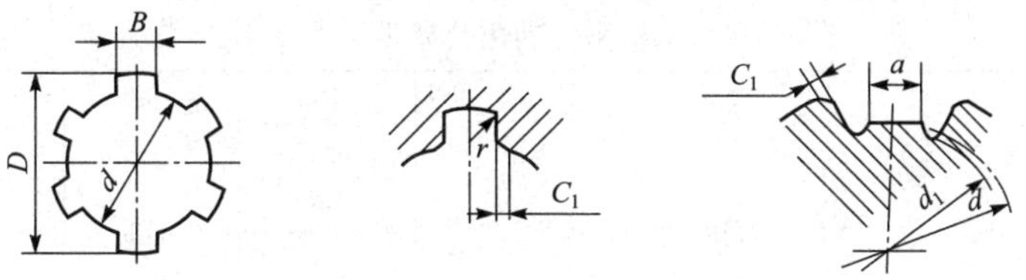

标记示例：花键，$N=6$、$d=23\ \frac{H7}{f7}$、$D=26\ \frac{H10}{a11}$、$B=6\ \frac{H11}{d10}$的标记为：

花键副：$6\times23\ \frac{H7}{f7}\times26\ \frac{H10}{a11}\times6\ \frac{H11}{d10}$　GB/T 1144—2001

内花键：6×23H 7×26H10×6H11　GB/T 1144—2001

外花键：6×23f 7×26a11×6d10　GB/T 1144—2001

续表

小径 *d*	基本尺寸系列和键槽截面尺寸									
	轻系列					中系列				
	规格 $N\times d\times D\times B$	C	r	参考 $d_{1\min}$	参考 $a_{\min}$	规格 $N\times d\times D\times B$	C	r	参考 $d_{1\min}$	参考 $a_{\min}$
18						6×18×22×5			16.6	1.0
21						6×21×25×5	0.3	0.2	19.5	2.0
23	6×23×26×6	0.2	0.1	22	3.5	6×23×28×6			21.2	1.2
26	6×26×30×6			24.5	3.8	6×26×32×6			23.6	1.2
28	6×28×32×7			26.6	4.0	6×28×34×7			25.3	1.4
32	8×32×36×6	0.3	0.2	30.3	2.7	8×32×38×6	0.4	0.3	29.4	1.0
36	8×36×40×7			34.4	3.5	8×36×42×7			33.4	1.0
42	8×42×46×8			40.5	5.0	8×42×48×8			39.4	2.5
46	8×46×50×9			44.6	5.7	8×46×54×9			42.6	1.4
52	8×52×58×10			49.6	4.8	8×52×60×10	0.5	0.4	48.6	2.5
56	8×56×62×10			53.5	6.5	8×56×65×10			52.0	2.5
62	8×62×68×12			59.7	7.3	8×62×72×12			57.7	2.4
72	10×72×78×12	0.4	0.3	69.6	5.4	10×72×82×12			67.4	1.0
82	10×82×88×12			79.3	8.5	10×82×92×12	0.6	0.5	77.0	2.9
92	10×92×98×14			89.6	9.9	10×92×102×14			87.3	4.5
102	10×102×108×16			99.6	11.3	10×102×112×16			97.7	6.2

内、外花键的尺寸公差带

内花键				外花键			装配型式
d	*D*	*B* 拉削后不热处理	*B* 拉削后热处理	*d*	*D*	*B*	
一般用公差带							
H7	H10	H9	H11	f7	a11	d10	滑　动
				g7		f9	紧滑动
				h7		h10	固　定
精密传动用公差带							
H5	H10	H7、H9		f5	a11	d8	滑　动
				g5		f7	紧滑动
				h5		h8	固　定
H6				f6		d8	滑　动
				g6		f7	紧滑动
				h6		d8	固　定

注：1. N—键数、D—大径、B—键宽，d_1 和 a 值仅适用于展成法加工。

2. 精密传动用的内花键，当需要控制键侧配合间隙时，槽宽可选用 H7，一般情况下可选用 H9。

3. d 为 H6 和 H7 的内花键，允许与提高一级的外花键配合。

表 8—38　圆柱销（摘自 GB/T 119—2000）、圆锥销（摘自 GB/T 117—2000）　　mm

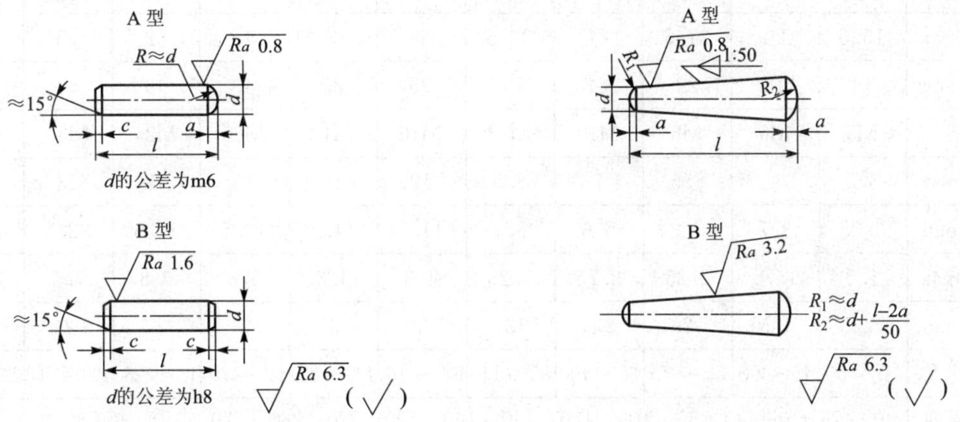

标记示例：公称直径 d=8 mm、长度 l=30 mm、材料为 35 钢、热处理硬度 28 ~ 38 HRC、表面氧化处理的 A 型圆柱销（A 型圆锥销）的标记为　销　GB/T 119—2000　A8×30（GB/T 117—2000　A8×30）

公称直径 d			3	4	5	6	8	10	12	16	20	25
圆柱销	$a\approx$		0.4	0.5	0.63	0.8	1.0	1.2	1.6	2.0	2.5	3.0
圆柱销	$c\approx$		0.5	0.63	0.8	1.2	1.6	2.0	2.5	3.0	3.5	4.0
圆柱销	l（公称）		8 ~ 30	8 ~ 40	10 ~ 50	12 ~ 60	14 ~ 80	18 ~ 95	22 ~ 140	26 ~ 180	35 ~ 200	50 ~ 200
圆锥销	d	min	2.96	3.95	4.95	5.95	7.94	9.94	11.93	15.93	19.92	24.92
圆锥销	d	max	3	4	5	6	8	10	12	16	20	25
圆锥销	$a\approx$		0.4	0.5	0.63	0.8	1.0	1.2	1.6	2.0	2.5	3.0
圆锥销	l（公称）		12 ~ 45	14 ~ 55	18 ~ 60	22 ~ 90	22 ~ 120	26 ~ 160	32 ~ 180	40 ~ 200	45 ~ 200	50 ~ 200
l（公称）的系列			12 ~ 32（2 进位），35 ~ 100（5 进位）、100 ~ 200（20 进位）									

表 8—39　螺尾锥销（摘自 GB/T 881—2000）　　mm

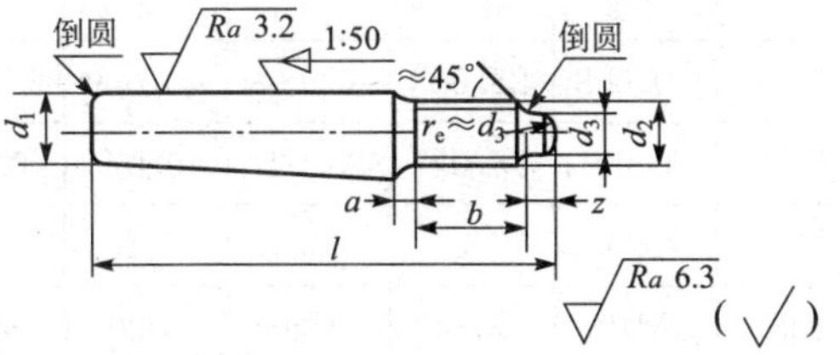

标记示例：

公称直径 d_1=8、长度 l=60、材料为 35 钢、热处理硬度 28 ~ 38 HRC、表面氧化处理的螺尾锥销的标记为：

销　GB/T 881—2000　8×60

d_1	公称	5	6	8	10	12	16	20	25	30	40	50
d_1	min	4.952	5.952	7.942	9.942	11.930	15.930	19.916	24.916	29.916	39.90	49.90
d_1	max	5	6	8	10	12	16	20	25	30	40	50

续表

a	max	2.4	3	4	4.5	5.3	6	6	7.5	9	10.5	12
b	max	15.6	20	24.5	27	30.5	39	39	45	52	65	78
	min	14	18	22	24	27	35	35	40	46	58	70
d_2		M5	M6	M8	M10	M12	M16	M16	M20	M24	M30	M36
d_3	max	3.5	4	5.5	7	8.5	12	12	15	18	23	28
	min	3.25	3.7	5.2	6.6	8.1	11.5	11.5	14.5	17.5	22.5	27.5
z	max	1.5	1.75	2.25	2.75	3.25	4.3	4.3	5.3	6.3	7.5	9.4
	min	1.25	1.5	2	2.5	3	4	4	5	6	7	9
l	公称	40～50	45～60	55～75	65～100	85～140	100～160	120～220	140～250	160～280	190～360	220～400
l 的系列		40～75（5进位），85，100，120，140，160，190，220，280，320，360，400										

表 8－40　内螺纹圆柱销（摘自 GB/T 120—2000）、内螺纹圆锥销（摘自 GB/T 118—2000）

mm

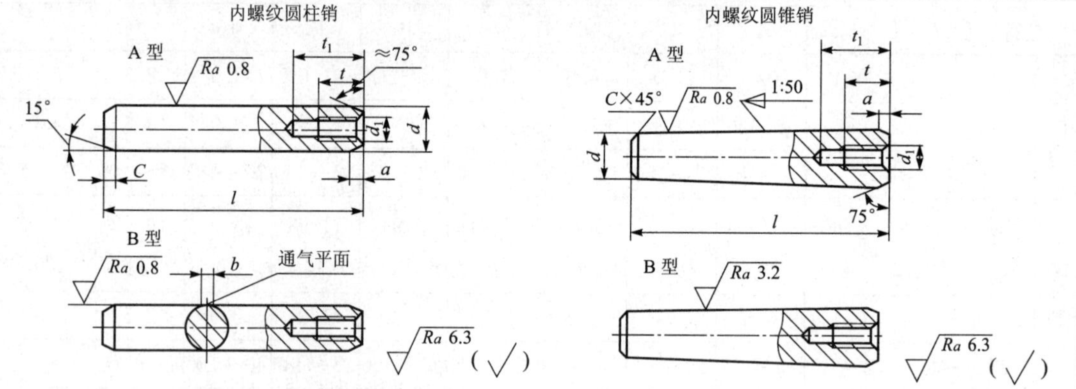

标记示例：公称直径 d=10、长度 l=60、材料为 35 钢、热处理硬度 28～38 HRC、表面氧化处理的 A 型内螺纹圆柱销（A 型内螺纹圆锥销）的标记为

销　GB/T 120—2000　A10×60（GB/T 118—2000　A10×60）

公称直径 d			6	8	10	12	16	20	25	30	40	50
a≈			0.8	1	1.2	1.6	2	2.5	3	4	5	6.3
内螺纹圆柱销	d	min	6.004	8.006	10.006	12.007	16.007	20.008	25.008	30.008	40.009	50.009
		max	6.012	8.015	10.015	12.018	16.018	20.021	25.021	30.021	40.025	50.025
	C≈		1.2	1.6	2	2.5	3	3.5	4	5	6.3	8
	d_1		M4	M5	M6	M6	M8	M10	M16	M20	M20	M24
	t	min	6	8	10	12	16	18	24	30	30	36
	t_1		10	12	16	20	25	28	35	40	40	50
	b≈				1				1.5		2	
	l（公称）		16～60	18～80	22～100	26～120	30～160	40～200	50～200	60～200	80～200	100～200

续表

公称直径 d			6	8	10	12	16	20	25	30	40	50
$a\approx$			0.8	1	1.2	1.6	2	2.5	3	4	5	6.3
内螺纹圆锥销	d	min	5.952	7.942	9.942	11.93	15.93	19.916	24.916	29.916	39.9	49.9
		max	6	8	10	12	16	20	25	30	40	50
	d_1		M4	M5	M6	M8	M10	M12	M16	M20	M20	M24
	t		6	8	10	12	16	18	24	30	30	36
	t_1	min	10	12	16	20	25	28	35	40	40	50
	$C\approx$		0.8	1	1.2	1.6	2	2.5	3	4	5	6.3
	l（公称）		16～60	18～85	22～100	26～120	30～160	45～200	50～200	60～200	80～200	120～200
l（公称）的系列			16～32（2 进位），35～100（5 进位），100～200（20 进位）									

表 8－41　开口销（摘自 GB/T 91—2000）　　mm

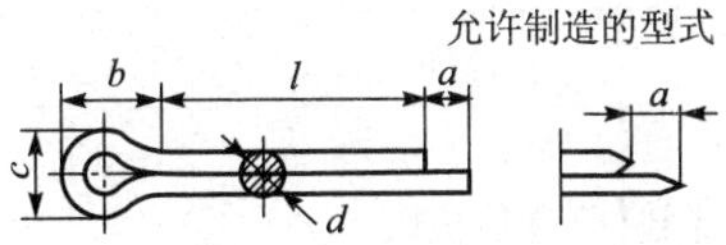

标记示例：公称直径 d＝5 mm、长度 l＝50 mm、材料为低碳钢、不经表面处理的开口销的标记为

销　GB/T 91—2000　5×50

公称直径 d		0.6	0.8	1	1.2	1.6	2	2.5	3.2	4	5	6.3	8	10	12
a	max	1.6			2.5				3.2	4					6.3
c	max	1	1.4	1.8	2	2.8	3.6	4.6	5.8	7.4	9.2	11.8	15	19	24.8
	min	0.9	1.2	1.6	1.7	2.4	3.2	4	5.1	6.5	8	10.3	13.1	16.6	21.7
$b\approx$		2	2.4	3	3	3.2	4	5	6.4	8	10	12.6	16	20	26
l（公称）		4～12	5～16	6～20	8～26	8～32	10～40	12～50	14～65	18～80	22～100	30～120	40～160	45～200	70～200
l（公称）的系列		6～32（2 进位），36～100（5 进位）、100～200（20 进位）													

注：销孔的公称直径等于销的公称直径 d。

8.10 联 轴 器

表 8－42 联轴器轴孔和键槽的形式、代号及系列尺寸（摘自 GB/T 3852—2008） mm

	长圆柱形轴孔（Y 型）	有沉孔的短圆柱形轴孔（J 型）	无沉孔的短圆柱形轴孔（J_1 型）	有沉孔的长圆锥形轴孔（Z 型）	无沉孔的长圆锥形轴孔（Z_1 型）
轴孔	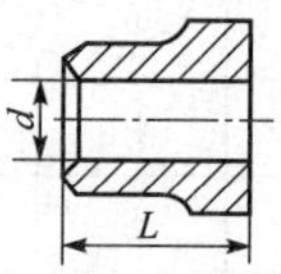 	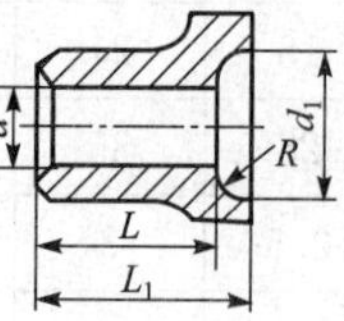 	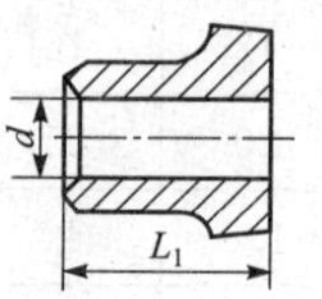 	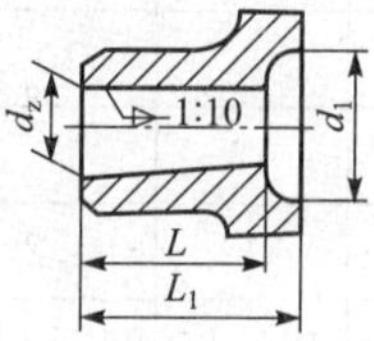 	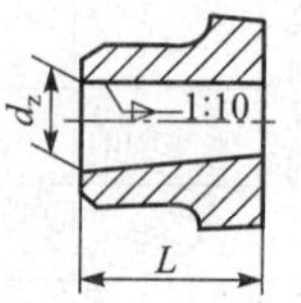
键槽	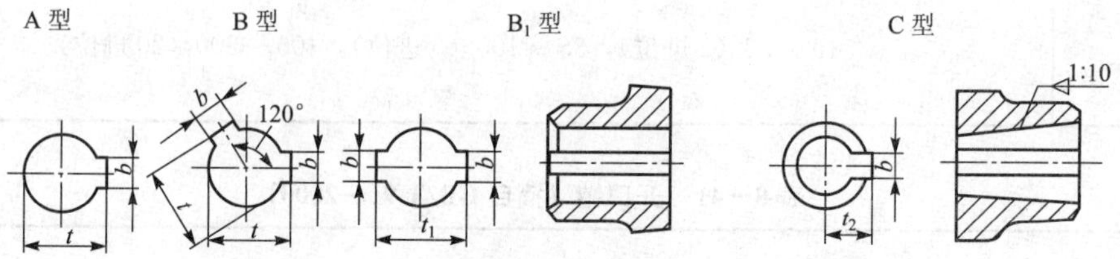 				

尺 寸 系 列

轴孔直径 d (H7)	长度 L：Y 型轴孔	长度 L：J、J_1、Z、Z_1 型	长度 L_1	沉孔 d_1	沉孔 R	A 型、B 型、B_1 型键槽 b（P9）公称尺寸	b（P9）极限偏差	t 公称尺寸	t 极限偏差	t_1 公称尺寸	t_1 极限偏差	C 型键槽 b（P9）公称尺寸	b（P9）极限偏差	t_2 公称尺寸	t_2 极限偏差
16	42	30	42	38	1.5	5	−0.012 −0.042	18.3	+0.1 0	20.6	+0.2 0	3	−0.012 −0.042	8.7	±0.1
18						6		20.8		23.6		4		10.1	
19								21.8		24.6				10.6	
20	52	38	52					22.8		25.3				10.9	
22								24.8		27.6				11.9	
24						8	−0.015 −0.051	27.3	+0.4 0	30.6	+0.4 0	5		13.4	
25	62	44	62	48				28.3		31.6				13.7	
28								31.3		34.6				15.2	
30	82	60	82	55				33.3		36.6				15.8	
32						10		35.3		38.6		6		17.3	
35								38.3		41.6				18.3	
38				65				41.3		44.6				20.3	

续表

尺寸系列															
轴孔直径	长度			沉孔		A 型、B 型、B_1 型键槽						C 型键槽			
	L					b（P9）		t		t_1		b（P9）		t_2	
d（H7）d_2（JS10）	Y 型轴孔	J、J_1、Z、Z_1 型	L_1	d_1	R	公称尺寸	极限偏差	公称尺寸	极限偏差	公称尺寸	极限偏差	公称尺寸	极限偏差	公称尺寸	极限偏差
40				65		12		43.3		46.6		10	−0.015 −0.051	21.2	
42								45.3		48.6				22.2	
45				80	2	14		48.8		52.6				23.7	
48	112	84	112				−0.018 −0.061	51.8	+0.4 0	55.6	+0.4 0	12		25.2	
50								53.8		57.6			−0.018 −0.061	26.2	
55				95	2.5	16		59.3		63.6		14		29.2	
56								60.3		64.4				29.7	
60				105		18	−0.018 −0.061	64.4		68.8				31.7	
63								67.4		71.8		16		32.2	
65	142	107	142					69.4		73.8			−0.018 −0.061	34.2	±0.2
70				120	2.5	20		74.9		79.8				36.8	
71								75.9		80.8		18		37.3	
75								79.9	+0.2 0	84.8	+0.4 0			39.3	
80				140		22		85.4		90.8		20		41.6	
85	172	132	172				−0.022 −0.074	90.4		95.8				44.1	
90				160	3	25		95.5		100.8		22	−0.022 −0.074	47.1	
95								100.4		105.8				49.6	
100	212	167	212	180		28		106.4		112.8		25		51.3	
110								116.4		122.8				56.3	

注：1. 圆柱形轴孔与相配轴颈的配合：$d=10\sim30$ mm 时为 H7/j6；$d>30\sim50$ mm 时为 H7/k6；$d>50$ mm时为 H7/m6。根据使用要求，也可选用 H7/r6 或 H7/n6 的配合。

2. 键槽宽度 b 的极限偏差也可采用 Js9 或 D10。

表 8-43　凸缘联轴器（摘自 GB/T 5843—2003）　　mm

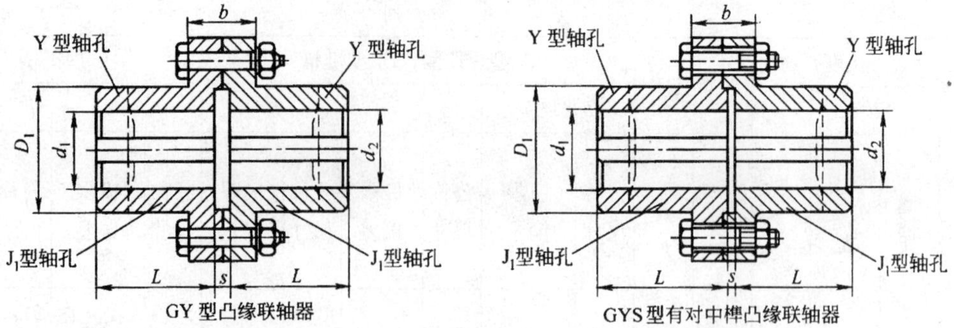

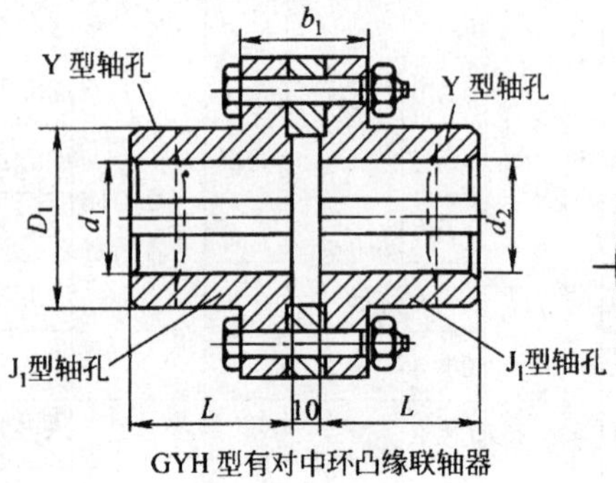

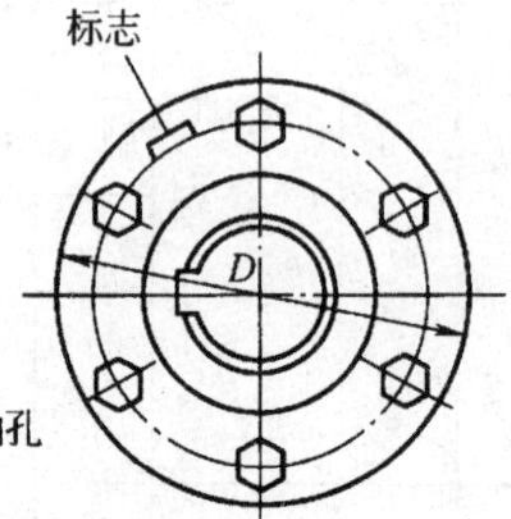

标记示例：

GYS4 联轴器

$\frac{J_1\ 30\times 60}{J_1\ B35\times 60}$ GB/T 5843—2003

GYS4 凸缘联轴器

主动端：J_1 型轴孔，A 型键槽

d=30mm，L=60mm

从动端：J_1 型轴孔，B 型键槽

d=35mm，L=60mm

型号	公称转矩 T_n /(N·m)	许用转速 [n]/(r·min^{-1})	轴孔直径 d_1、d_2 /mm	轴孔长度 L/mm		D /mm	D_1 /mm	b /mm	b_1 /mm	s /mm	质量 m/kg	转动惯量 I/(kg·m^2)
				Y 型	J_1 型							
GY3 GYS3 GYH3	112	9 500	20、22、24	52	38	100	45	30	46	6	2.38	0.002 5
			25、28	62	44							
GY4 GYS4 GYH4	224	9 000	25、28	62	44	105	55	32	48	6	3.15	0.003
			30、32、35	82	60							
GY5 GYS5 GYH5	400	8 000	30、32、35、38	82	60	120	68	36	52	8	5.43	0.007
			40、42	112	84							
GY6 GYS6 GYH6	900	6 800	38	82	60	140	80	40	56	8	7.59	0.015
			40、42、45、48、50	112	84							
GY7 GYS7 GYH7	1 600	6 000	48、50、55、56	112	84	160	100	40	56	8	13.1	0.031
			60、63	142	107							

续表

型号	公称转矩 T_n /(N·m)	许用转速 $[n]$/(r·min^{-1})	轴孔直径 d_1、d_2 /mm	轴孔长度 L/mm		D /mm	D_1 /mm	b /mm	b_1 /mm	s /mm	质量 m/kg	转动惯量 I/(kg·m^{-2})
				Y 型	J_1 型							
GY8 GYS8 GYH8	3 150	4 800	60、63、65 70、71、75	142	107	200	130	50	68	10	27.5	0.103
			80	172	132							
GY9 GYS9 GYH9	6 300	3 600	75	142	107	260	160	66	84	10	47.8	0.319
			80、85、 90、95	172	132							
			100	212	167							
注：质量、转动惯量是按 GY 型联轴器 Y/J_1 轴孔组合形式和最小轴孔直径计算的。												

表 8－44　GICL 型鼓形齿式联轴器（摘自 JB/T 8854.3—2001）　mm

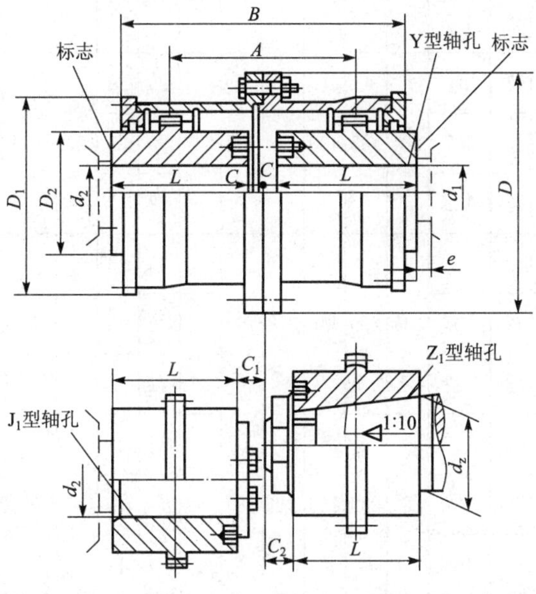

标记示例：

GICL4 联轴器 $\frac{50\times12}{J_1B45\times84}$ JB/T 8854.3—2001

主动端：Y 型轴孔、A 型键槽，$d_1=50$ mm、$L=112$ mm

从动端：J_1 型轴孔、B 型键槽，$d_2=45$ mm、$L=84$ mm

型号	公称转矩 /(N·m)	许用转速 /(r·min^{-1})	轴孔直径 d_1、d_2、d_z	轴孔长度 L		D	D_1	D_2	B	A	C	C_1	C_2	e	转动惯量/(kg·m^2)	质量 /kg
				Y	J_1、Z_1											
			mm													
GICL1	800	7 100	16，18，19	42	—	125	95	60	115	75	20	—	—	30	0.009	5.9
			20，22，24	52	38						10	—	24			
			25，28	62	44						2.5	—	19			
			30，32，35，38	82	60							15	22			

续表

型号	公称转矩/(N·m)	许用转速/(r·min^{-1})	轴孔直径 d_1、d_2、d_z	轴孔长度 L Y	轴孔长度 L J_1、Z_1	D	D_1	D_2	B	A	C	C_1	C_2	e	转动惯量/($kg·m^2$)	质量/kg
			mm													
GICL2	1 400	6 300	25，28	62	44	144	120	75	138	88	10.5	—	29	30	0.02	9.7
			30，32，35，38	82	60						2.5	12.5	30			
			40，42，45，48	112	84							13.5	28			
GICL3	2 800	5 900	30，32，35，38	82	60	174	140	95	155	106	3	24.5	25	30	0.047	17.2
			40，42，45，48，50，55，56	112	84							17	28			
			60	142	107								35			
GICL4	5 000	5 400	32，35，38	82	60	196	165	115	178	125	14	37	32	30	0.091	24.9
			40，42，46，48，50，55，56	112	84						3	17	28			
			60，63，65，70	142	107								35			
GICL5	8 000	5 000	40，42，45，48，50，55，56	112	84	224	183	130	198	142	3	25	28	30	0.167	38
			60，63，65，70，71，75	142	107							20	35			
			80	172	132							22	43			
GICL6	11 200	4 800	48，50，55，56	112	84	241	200	145	218	160	6	35	35	30	0.267	48.2
			60，63，65，70，71，75	142	107						4	20	35			
			80，85，90	172	132							22	43			
GICL7	15 000	4 500	60，63，65，70，71，75	142	107	260	230	160	244	180	4	35	35	30	0.453	68.9
			80，85，90，95	172	132							22	43			
			100	212	167								48			
GICL8	21 200	4 000	65，70，71，75	142	107	282	245	175	264	193	5	35	35	30	0.646	83.3
			80，85，90，95	172	132							22	43			
			100，110	212	167								48			

注：1. J_1 型轴孔根据需要也可以不使用轴端挡圈。

2. 本联轴器具有良好的补偿两轴综合位移的能力，外形尺寸小，承载能力高，能在高转速下可靠地工作，适用于重型机械及长轴连接，但不宜用于立轴的连接。

表 8－45　滚子链联轴器（摘自 GB/T 6069—2002）　　mm

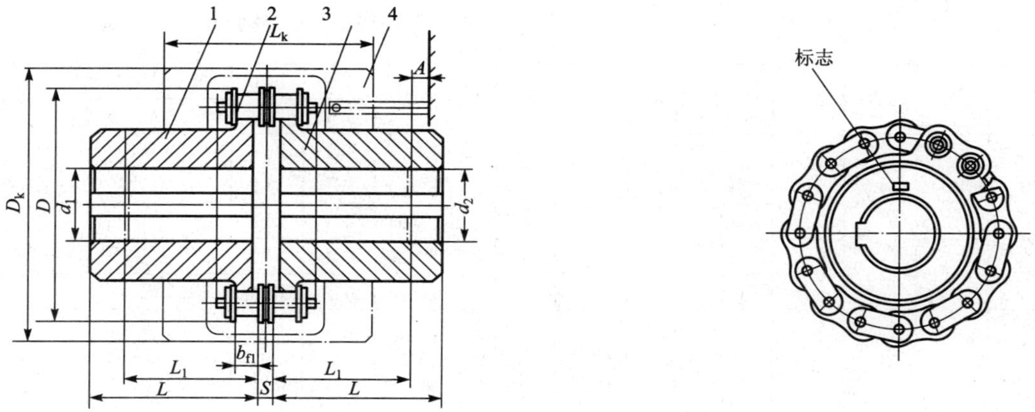

标记示例：GL7 联轴器 $\frac{J_1B45\times84}{J_1B_150\times84}$　GB/T 6069—2002

主动端：J_1 型轴孔，B 型键槽，$d_1=45$ mm、$L=84$ mm

从动端：J_1 型轴孔，B_1 型键槽，$d_2=50$ mm、$L_1=84$ mm

1—半联轴器Ⅰ；2—双排滚子链；3—半联轴器Ⅱ；4—罩壳

型号	公称转矩/(N·m)	许用转速/(r·min^{-1}) 不装罩壳	许用转速/(r·min^{-1}) 装罩壳	轴孔直径 d_1、d_2 (mm)	轴孔长度 Y 型 L (mm)	轴孔长度 J_1 型 L_1 (mm)	链号	链条节距 P	齿数 z	D (mm)	b_{f1} (mm)	S (mm)	A (mm)	D_k(最大) (mm)	L_k(最大) (mm)	质量/kg	转动惯量/(kg·m^2)	许用补偿量 径向 ΔY (mm)	许用补偿量 轴向 ΔX (mm)	许用补偿量 角向 Δα/(°)
GL1	40	1 400	4 500	16,18,19	42	—	06B	9.525	14	51.06	5.3	4.9	—	70	70	0.4	0.000 10	0.19	1.4	1
				20	52	38							4							
GL2	63	1 250	4 500	19	42	—			16	57.08			—	75	75	0.7	0.000 20			
				20,22,24	52	38							4							

续表

型号	公称转矩/(N·m)	许用转速/$(r \cdot min^{-1})$ 不装罩壳	许用转速/$(r \cdot min^{-1})$ 装罩壳	轴孔直径 d_1、d_2 /mm	轴孔长度 Y型 L /mm	轴孔长度 J_1型 L_1 /mm	链号	链条节距 P	齿数 z	D /mm	b_{f1} /mm	S /mm	A /mm	D_k(最大) /mm	L_k(最大) /mm	质量/kg	转动惯量/$(kg \cdot m^2)$	许用补偿量 径向 ΔY /mm	许用补偿量 轴向 ΔX /mm	许用补偿量 角向 $\Delta\alpha$/(°)
GL3	100	1 000	4 000	20,22,24	52	—	08B	12.7	14	68.88	7.2	6.7	12	85	80	1.1	0.000 38	0.25	1.9	1
				25	62	44							6							
GL4	160	1 000	4 000	24	52	—			16	76.91			—	95	88	1.8	0.000 86			
				55,28	62	44							6							
				30,32	82	60							—							
GL5	250	800	3 150	28	62	—	10A	15.875	16	94.46	8.9	9.2	—	112	100	3.2	0.002 5	0.32	2.3	
				30,32,35,38	82	60														
				40	112	84														
GL6	400	630	2 500	32,35,38	82	60			20	116.57				140	105	5.0	0.005 8			
				40,42,45,48,50	112	84														
GL7	630	630	2 500	40,42,45,48	112	84	12A	19.05	18	127.78	11.9	10.9		150	122	7.4	0.012	0.38	2.8	
				50,55																
				60	142	107														
GL8	1 000	500	2 240	45,48,50,55	112	84	16A	25.40	16	154.33	15	14.3	12	180	135	11.1	0.025	0.50	3.8	
				60,65,70	142	107							—							
GL9	1 600	400	2 000	50,55	112	84			20	186.50			12	215	145	20	0.061			
				60,65,70,75	142	107							—							
				80	172	132														
GL10	2 500	315	1 600	60,65,70,75	142	107	20A	31.75	18	213.02	18	17.8	6	245	165	26.1	0.079	0.63	4.7	
				80,85,90	172	132							—							

注:1. 有罩壳时,在型号后加“F”,例如 GL5 型联轴器,有罩壳时改为 GL5F。

2. 本联轴器可补偿两轴相对径向位移和角位移,结构简单,质量较轻,装拆维护方便,可用于高温、潮湿和多尘环境,但不宜于立轴的连接。

表 8—46　弹性套柱销联轴器（摘自 GB/T 4323—2002）

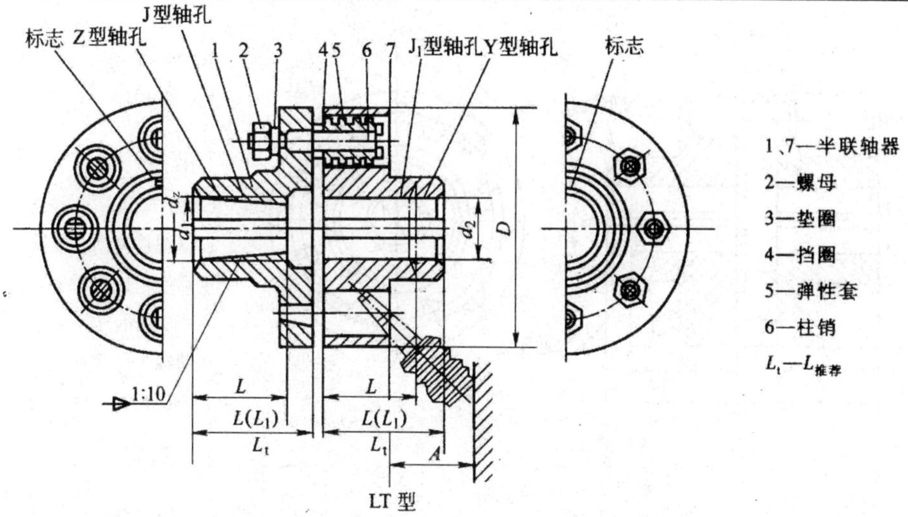

标记示例：

LT5 联轴器 $\frac{J_1C30\times82}{J_1B35\times82}$

GB/T 4323—2002

LT5 弹性套柱销联轴器

主动端：J_1 型轴孔，C 型键槽，$d=30$ mm，$L=82$ mm；

从动端：J_1 型轴孔，A 型键槽，$d=35$ mm，$L=82$ mm

型号	公称转矩 T_n /(N·m)	许用转速 [n] /(r·min^{-1})	轴孔直径* d_1、d_2、d_z /mm	轴孔长度/mm Y 型 L	J、J_1、Z 型 L_1	J、J_1、Z 型 L	$L_{推荐}$	D /mm	A /mm	质量 m /kg	转动惯量 I /(kg·m^2)
LT1	6.3	8 800	9	20	14	—	25	71	18	0.82	0.000 5
			10、11	25	17						
			12、14	32	20						
LT2	16	7 600	12、14				35	80		1.20	0.000 8
			16、18、19	42	30	42					
LT3	31.5	6 300	16、18、19				38	95	35	2.20	0.002 3
			20、22	52	38	52					
LT4	63	5 700	20、22、24				40	106		2.84	0.003 7
			25、28	62	44	62					
LT5	125	4 600	25、28				50	130	45	6.05	0.012 0
			30、32、35	82	60	82					
LT6	250	3 800	32、35、38				55	160		9.057	0.028 0
			40、42	112	84	112					
LT7	500	3 600	40、42、45、48				65	190		14.01	0.055 0
LT8	710	3 000	45、48、50、55、56				70	224	65	23.12	0.134 0
			60、63	142	107	142					
LT9	1 000	2 850	50、55、56	112	84	112	80	250		30.69	0.213 0
			60、63、65、70、71	142	107	142					
LT10	2 000	2 300	63、65、70、71、75				100	315	80	61.40	0.660 0
			80、85、90、95	172	132	172					

表 8－47　弹性柱销联轴器（摘自 GB/T 5014—2003）

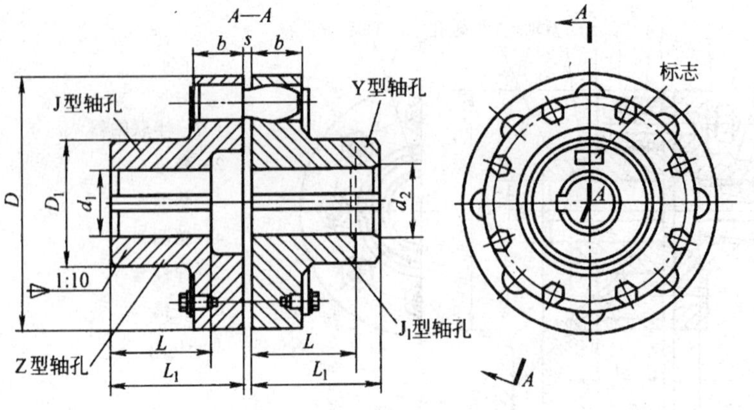

LX 型

标记示例：

LX3 联轴器 $\dfrac{J_1 30\times 60}{J_1 B35\times 60}$ GB/T 5014—2003

LX3 弹性柱销联轴器

主动端：J_1 型轴孔，A 型键槽，d=30 mm，L=60 mm；

从动端：J_1 型轴孔，B 型键槽，d=35 mm，L=60 mm；

型号	公称转矩 T_n/(N·m)	许用转速[n]/(r·min^{-1})	轴孔直径 d_1、d_2、d_z/mm	轴孔长度/mm			D/mm	D_1/mm	b/mm	s/mm	质量 m/kg	转动惯量 I/(kg·m^2)	许用补偿量		
				Y 型	J、J_1、Z 型								径向 ΔY/mm	轴向 ΔY/mm	角向 $\Delta\alpha$
				L	L_1	L									
LX1	250	8 500	12、14	32	27	—	90	40	20	2.5	2	0.002	0.15	±0.5	≤0°30′
			16、18、19	42	30	42									
			20、22、24	52	38	52									
LX2	560	6 300	20、22、24	52	38	52	120	55	28	2.5	5	0.009		±1	
			25、28	62	44	62									
			30、32、35	82	60	82									
LX3	1 250	4 750	30、32、35、38	82	60	82	160	75	36	2.5	8	0.026		±1	
			40、42、45、48	112	84	112									
LX4	2 500	3 870	40、42、45、48、50、55、56	112	84	112	195	100	45	3	22	0.109		±1.5	
			60、63	142	107	142									
LX5	3 150	3 450	50、55、56	112	84	112	220	120	45	3	30	0.191			
			60、63、65、70、71、75	142	107	142									
LX6	6 300	2 720	60、63、65、70、71、75	142	107	142	280	140	56	4	53	0.543	0.2	±2	
			80、85	172	132	172									
LX7	11 200	2 360	70、71、75	142	107	142	320	170	56	4	98	1.314			
			80、85、90、95	172	132	172									
			100、110	212	167	212									
LX8	16 000	2 120	82、85、90、95	172	132	172	360	200	56	5	119	2.023			
			100、110、120、125	212	167	212									
LX9	22 400	1 850	100、110、120、125	212	167	212	410	230	63	5	197	4.386			
			130、140	252	202	252									

注：质量、转动惯量是按 J/Y 轴孔组合形式和最小轴孔直径计算的。

表 8—48　梅花形弹性联轴器（摘自 GB/T 5272—2002）　　mm

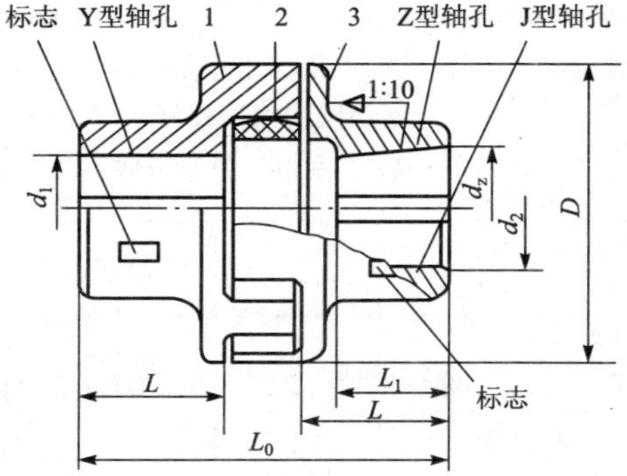

1、3—半联轴器
2—梅花形弹性体

标记示例：

ML3 型联轴器 $\frac{ZA30\times60}{YB25\times62}$MT3a　GB/T 5272—2002 主动端：Z 型轴孔、A 型键槽、轴孔直径 $d_1=30$ mm、轴孔长度 $L_1=60$ mm

从动端：Y 型轴孔、B 型键槽、轴孔直径 $d_2=25$ mm、轴孔长度 $L=62$ mm

MT3 型弹性件硬度为 a

型号	公称转矩/（N·m）			许用转速/（r·min^{-1}）	轴孔直径 d_1、d_2、d_z	轴孔长度/mm		L_0	D	D_1	弹性件型号	质量/kg	转动惯量/（kg·m^2）	许用补偿量		
	弹性件硬度/HA					Y 型	ZJ 型							径向 ΔY	轴向 ΔX	角向 $\Delta\alpha$ /（°）
	a	b	c													
	≥75	≥85	≥94	铁（钢）	mm	L	L_1	mm						mm		
LM1	25	25	45	11 500（15 300）	12，14	32	27	80	50	30	MT1—a	0.66	0.014	0．5	1．2	2
					16，18，19	42	30	100			MT1—b					
					20，22，24	52	38	120			MT1—c					
LM2	50	100	200	8 200（10 900）	20，22，24	52	38	127	70	48	MT2—a	1．55	0．075	0．8	1．5	
					25，28	62	44	147			MT2—b					
					30，32	82	60	187			MT2—c					
LM3	100	140	280	6 700（9 000）	22，24	52	38	128	85	60	MT3—a	2．5	0．178		2	
					25，28	62	44	148			MT3—b					
					30，32，35，38	82	60	188			MT3—c					

续表

型号	公称转矩/（N·m）弹性件硬度/HA a	b	c	许用转速/（r·min⁻¹）	轴孔直径 d_1、d_2、d_z	轴孔长度/mm Y型	ZJ型	L_0	D	D_1	弹性件型号	质量/kg	转动惯量/（kg·m²）	许用补偿量 径向 ΔY	轴向 ΔX	角向 $\Delta\alpha$/（°）
	≥75	≥85	≥94	铁（钢）	mm	L	L_1	mm						mm		
LM4	140	250	400	5 500（7 300）	25，28	62	44	151	105	72	MT4—a/—b/—c	4.3	0.412	0.8	2.5	2
					30，32，35，38	82	60	191								
					40，42	112	84	251								
LM5	350	400	710	4 600（6 100）	30，32，35，38	82	60	197	125	90	MT5—a/—b	6.2	0.73	1.0	3	1.5
					40，42，45，48	112	84	257								
LM6	400	630	1 120	4 000（5 300）	35*，38*	82	60	203	145	104	MT6—a/—b/—c	8.6	1.85			
					40*，42*，45，48，50，55	112	84	263								
LM7	630	1 120	2 240	3 400（4 500）	45*，48*，50，55	112	84	265	170	130	MT7—a/—b/—c	14	3.88		3.5	
					60，63，65	142	107	325								
LM8	1 120	1 800	3 550	2 900（3 800）	50*，55*	112	84	272	200	156	MT8—a/—b/—c	25.7	9.22	1.5	4	
					60，63，65，70，71，75	142	107	332								
LM9	1 800	2 800	5 600	2 500（3 300）	60*，63*，65*，70，71，75	142	107	334	230	180	MT9—a/—b/—c	41	18.95		4.5	1
					80，85，90，95	172	132	394								
LM10	2 800	4 500	9 000	2 200（2 900）	70*，71*，75*	142	107	344	260	205	MT10—a/—b/—c	59	9.68		5.0	
					80*，85*，90，95	172	132	404								
					100，110	212	167	484								
LM11	4 500	6 300	12 500	1 900（2 500）	80*，85*，90*，95*	172	132	411	300	245	MT11—a/—b/—c	87	73.43	1.8		
					100，110，120	212	167	491								

注：1. 带“*”者轴孔直径可用于Z型轴孔。

2. 表中a、b、c为弹性件硬度代号。

3. 本联轴器补偿两轴的位移量较大，有一定弹性和缓冲性，常用于中、小功率，中高速，启动频繁，正反转变化和要求工作可靠的部位，由于安装时需轴向移动两半联轴器，不适宜用于大型、重型设备上，工作温度为−35 ℃～+80 ℃。

表 8－49　尼龙滑块联轴器（摘自 JB/ZQ 4384—1997）　　mm

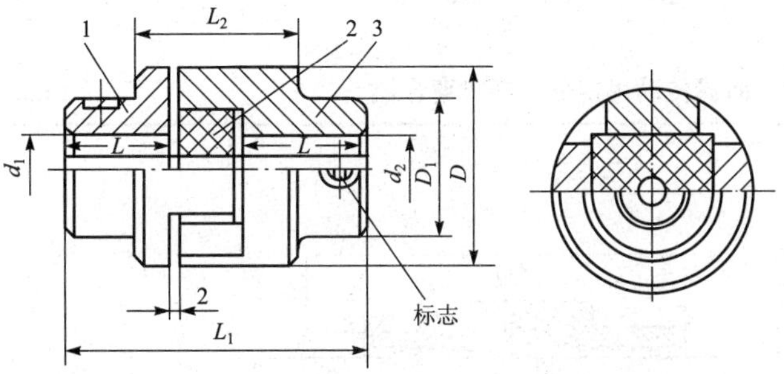

标记示例：

KL6 联轴器 $\frac{35\times82}{J_1 38\times60}$

JB/ZQ 4384—1997

主动端：Y 型轴孔、A 型键槽，d_1＝35 mm、L＝82 mm

从动端：J_1 型轴孔，A 型键槽，d_2＝38 mm、L＝60 mm

1、3—半联轴器，材料为 HT200、35 钢等；2—滑块、材料为尼龙 6

型号	公称转矩/（N·m）	许用转速/（$r\cdot min^{-1}$）	轴孔直径 d_1、d_2	轴孔长度 L		D	D_1	L_2	L_1	质量/kg	转动惯量/（$kg\cdot m^2$）
				Y 型	J_1 型						
			mm								
KL1	16	10 000	10，11	25	22	40	30	50	67	0.6	0.000 7
			12，14	32	27				81		
KL2	31.5	8 200	12，14			50	32	56	86	1.5	0.003 8
			16，(17)，18	42	30				106		
KL3	63	7 000	(17)，18，19			70	40	60		1.8	0.006 3
			20，22	52	38				126		
KL4	160	5 700	20，22，24			80	50	64		2.5	0.013
			25，28	62	44				146		
KL5	280	4 700	25，28			100	70	75	151	5.8	0.045
			30，32，35	82	60				191		
KL6	500	3 800	30，32，35，38			120	80	90	201	9.5	0.12
			40，42，45	112	84				261		
KL7	900	3 200	40，42，45，48			150	100	120	266	25	0.43
			50，55								
KL8	1 800	2 400	50，55			190	120	150	276	55	1.98
			60，63，65，70	142	107				336		
KL9	3 550	1 800	65，70，75			250	150	180	346	85	4.9
			80，85	172	132				406		
KL10	5 000	1 500	80，85，90，95			330	190	180		120	7.5
			100	212	167				486		

注：1. 装配时两轴的许用补偿量：轴向 ΔX＝1～2 mm，径向 $\Delta Y\leqslant0.2$ mm，角向 $\Delta\alpha\leqslant0°40'$。

2. 括号内的数值尽量不用。

3. 本联轴器具有一定补偿两轴相对位移量、减震和缓冲性能，适用于中、小功率、转速较高、转矩较小的轴系传动，如控制器、油泵装置等，工作温度为－20 ℃～＋70 ℃。

8.11 离 合 器

表 8－50 简易传动用矩形牙嵌式离合器 mm

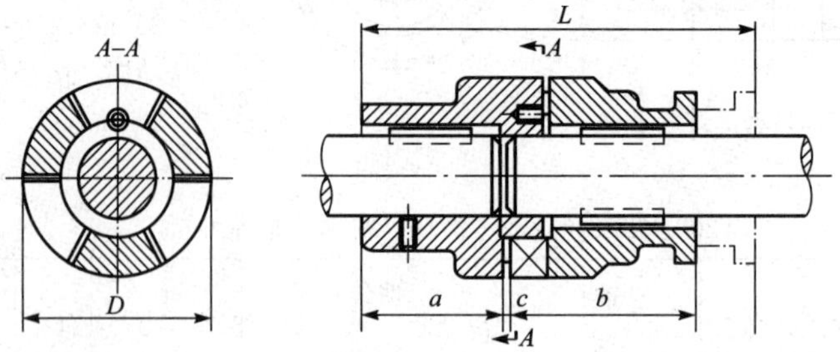

d	D	L	a	b	c	h
35，40	100	200	70	95	5	30
55，60	150	275	90	139	6	40
80	200	350	110	182	8	50
100	250	435	140	225	10	60
125	300	500	160	260	10	70

注：1. 中间对中环与左半部主动轴固结，为主、从动轴对中用。

2. 齿数选择决定于所传递转矩大小，一般取 $z=3\sim4$。

表 8－51 矩形、梯形牙嵌式离合器 mm

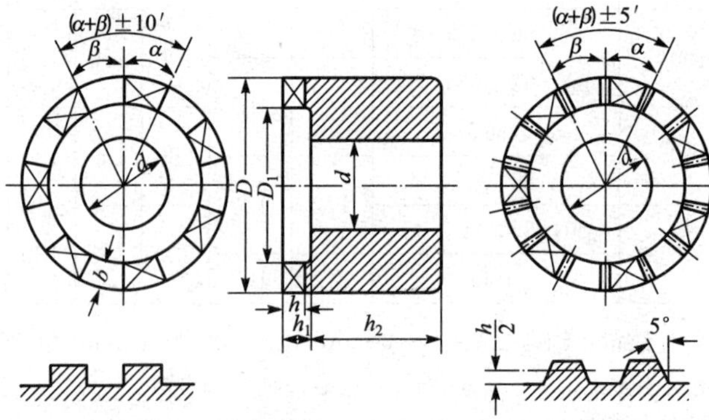

续表

离合方法	齿数 z	D	$b=\frac{D-D_1}{2}$	α	β	h	h_1
用手动接合和脱开	7	35	6	$25^\circ 43'{}^{-20'}_{-40'}$	$25^\circ 43'{}^{+43'}_{+20'}$	4	5
		40，45	7				
		50	8				
	9	55		$20^\circ{}^{-20'}_{-40'}$	$20^\circ{}^{+40'}_{+20'}$		
		60，70	10				
正常齿，自动接合，或者手动接合和自动脱开	5	40	5～8	$36^\circ{}^{-20'}_{-40'}$	$36^\circ{}^{+40'}_{+20'}$		
		45，50，55	5～10				
	7	60，70，80，90		$25^\circ 43'{}^{-20'}_{-40'}$	$25^\circ 43'{}^{+40'}_{+20'}$	6	7
细齿，低速工作时手动接合	7	40	5～8			4	5
		45，50，55	5～10				
	9	60，70，80，90		$20^\circ{}^{-20'}_{-40'}$	$20^\circ{}^{+40'}_{+20'}$	6	7

注：1. 尺寸 d 和 h_2 从结构方面来确定，通常 $h_2=(1.5\sim2)d$。

2. 自动接合或脱开时常采用梯形齿的离合器。

第 9 章　滚动轴承

9.1　常用滚动轴承

9.1.1　圆锥滚子轴承外形尺寸（GB/T 297—1994 滚动轴承　圆锥滚子轴承　外形尺寸）

圆锥滚子轴承外形尺寸见表 9－1。

表 9－1　圆锥滚子轴承外形尺寸

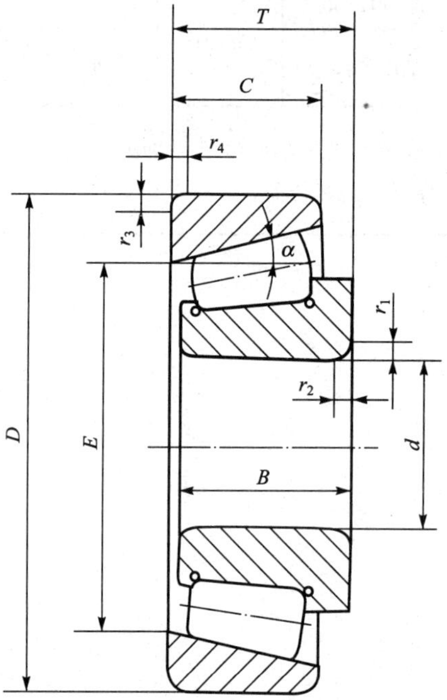

圆锥滚子轴承 30000 型

表 1　02 系列

轴承代号	外形尺寸/mm								
	d	D	T	B	r_{1smin} r_{2smin}	C	r_{3smin} r_{4smin}	α	E
30202	15	35	11.75	11	0.6	10	0.6	—	—

续表

轴承代号	外形尺寸/mm								
	d	D	T	B	r_{1smin} r_{2smin}	C	r_{3smin} r_{4smin}	α	E
30203	17	40	13.25	12	1	11	1	12°57′10″	31.408
30204	20	47	15.25	14	1	12	1	12°57′10″	37.304
30205	25	52	16.25	15	1	13	1	14°02′10″	41.135
30206	30	62	17.25	16	1	14	1	14°02′10″	49.990
302/32	32	65	18.25	17	1	15	1	14°	52.500
30207	35	72	18.25	17	1.5	15	1.5	14°02′10″	58.844
30208	40	80	19.75	18	1.5	16	1.5	14°02′10″	65.730
30209	45	85	20.75	19	1.5	16	1.5	15°06′34″	70.440
30210	50	90	21.75	20	1.5	17	1.5	15°38′32″	75.078
30211	55	100	22.75	21	2	18	1.5	15°06′34″	84.197
30212	60	110	23.75	22	2	19	1.5	15°06′34″	91.876
30213	65	120	24.75	23	2	20	1.5	15°06′34″	101.934
30214	70	125	26.25	24	2	21	1.5	15°38′32″	105.748
30215	75	130	27.25	25	2	22	1.5	16°10′20″	110.408
30216	80	140	28.25	26	2.5	22	2	15°38′32″	119.169
30217	85	150	30.5	28	2.5	24	2	15°38′32″	126.685
30218	90	160	32.5	30	2.5	26	2	15°38′32″	134.901
30219	95	170	34.5	32	3	27	2.5	15°38′32″	143.385
30220	100	180	37	34	3	29	2.5	15°38′32″	151.310
30221	105	190	39	36	3	30	2.5	15°38′32″	159.795
30222	110	200	41	38	3	32	2.5	15°38′32″	168.548
30224	120	215	43.5	40	3	34	2.5	16°10′20″	181.257
30226	130	230	43.75	40	4	34	3	16°10′20″	196.420
30228	140	250	45.75	42	4	36	3	16°10′20″	212.270
30230	150	270	49	45	4	38	3	16°10′20″	227.408
30232	160	290	52	48	4	40	3	16°10′20″	244.958
30234	170	310	57	52	5	43	4	16°10′20″	262.483
30236	180	320	57	52	5	43	4	16°41′57″	270.928
30238	190	340	60	55	5	46	4	16°10′20″	291.083
30240	200	360	64	58	5	48	4	16°10′20″	307.196
30244	220	400	72	65	5	54	4	—	—

表 2　03 系列

轴承代号	外形尺寸/mm								
	d	D	T	B	r_{1smin} r_{2smin}	C	r_{3smin} r_{4smin}	α	E
30302	15	42	14.25	13	1	11	1	10°45′29″	33.272

续表

轴承代号	外形尺寸/mm								
	d	D	T	B	r_{1smin} r_{2smin}	C	r_{3smin} r_{4smin}	α	E
30303	17	47	15.25	14	1	12	1	10°45′29″	37.420
30304	20	52	16.25	15	1.5	13	1.5	11°18′36″	41.318
30305	25	62	18.25	17	1.5	15	1.5	11°18′36″	50.637
30306	30	72	20.75	19	1.5	16	1.5	11°51′35″	58.287
30307	35	80	22.75	21	2	18	1.5	11°51′35″	65.769
30308	40	90	25.25	23	2	20	1.5	12°57′10″	72.703
30309	45	100	27.25	25	2	22	1.5	12°57′10″	81.780
30310	50	110	29.25	27	2.5	23	2	12°57′10″	90.633
30311	55	120	31.5	29	2.5	25	2	12°57′10″	99.146
30312	60	130	33.5	31	3	26	2.5	12°57′10″	107.769
30313	65	140	36	33	3	28	2.5	12°57′10″	116.846
30314	70	150	38	35	3	30	2.5	12°57′10″	125.244
30315	75	160	40	37	3	31	2.5	12°57′10″	134.097
30316	80	170	42.5	39	3	33	2.5	12°57′10″	143.174
30317	85	180	44.5	41	4	34	3	12°57′10″	150.433
30318	90	190	46.5	43	4	36	3	12°57′10″	159.061
30319	95	200	49.5	45	4	38	3	12°57′10″	165.861
30320	100	215	51.5	47	4	39	3	12°57′10″	178.578
30321	105	225	53.5	49	4	41	3	12°57′10″	186.752
30322	110	240	54.5	50	4	42	3	12°57′10″	199.925
30324	120	260	59.5	55	4	46	3	12°57′10″	214.892
30326	130	280	63.75	58	5	49	4	12°57′10″	232.028
30328	140	300	67.75	62	5	53	4	12°57′10″	247.910
30330	150	320	72	65	5	55	4	12°57′10″	265.955
30332	160	340	75	68	5	58	4	12°57′10″	282.751
30334	170	360	80	72	5	62	4	12°57′10″	299.991
30336	180	380	83	75	5	64	4	12°57′10″	319.070
30338	190	400	86	78	6	65	5	—	—
30340	200	420	89	80	6	67	5	—	—
30344	220	460	97	88	6	73	5	—	—
30348	240	500	105	95	6	80	5	—	—
30352	260	540	113	102	6	85	6	—	—

续表

表5 22系列									
轴承代号	外 形 尺 寸/mm								
	d	D	T	B	r_{1smin} r_{2smin}	C	r_{3smin} r_{4smin}	α	E
32203	17	40	17.25	16	1	14	1	11°45′	31.170
32204	20	47	19.25	18	1	15	1	12°28′	35.810
32205	25	52	19.25	18	1	16	1	13°30′	41.331
32206	30	62	21.25	20	1	17	1	14°02′10″	48.982
32207	35	72	24.25	23	1.5	19	1.5	14°02′10″	57.087
32208	40	80	24.75	23	1.5	19	1.5	14°02′10″	64.715
32209	45	85	24.75	23	1.5	19	1.5	15°06′34″	69.610
32210	50	90	24.75	23	1.5	19	1.5	15°38′32″	74.226
32211	55	100	26.75	25	2	21	1.5	15°06′34″	82.837
32212	60	110	29.75	28	2	24	1.5	15°06′34″	90.236
32213	65	120	32.75	31	2	27	1.5	15°06′34″	99.484
32214	70	125	33.25	31	2	27	1.5	15°38′32″	103.765
32215	75	130	33.25	31	2	27	1.5	16°10′20″	108.932
32216	80	140	35.25	33	2.5	28	2	15°38′32″	117.466
32217	85	150	38.5	36	2.5	30	2	15°38′32″	124.970
32218	90	160	42.5	40	2.5	34	2	15°38′32″	132.615
32219	95	170	45.5	43	3	37	2.5	15°38′32″	140.259
32220	100	180	49	46	3	39	2.5	15°38′32″	148.184
32221	105	190	53	50	3	43	2.5	15°38′32″	155.269
32222	110	200	56	53	3	46	2.5	15°38′32″	164.022
32224	120	215	61.5	58	3	50	2.5	16°10′20″	174.825
32226	130	230	67.75	64	4	54	3	16°10′20″	187.088
32228	140	250	71.75	68	4	58	3	16°10′20″	204.046
32230	150	270	77	73	4	60	3	16°10′20″	219.157
32232	160	290	84	80	4	67	3	16°10′20″	234.942
32234	170	310	91	86	5	71	4	16°10′20″	251.873
32236	180	320	91	86	5	71	4	16°41′57″	259.938
32238	190	340	97	92	5	75	4	16°10′20″	279.024
32240	200	360	104	98	5	82	4	15°10′	294.880
32244	220	400	114	108	5	90	4	—	—
32248	240	440	127	120	5	100	4	—	—
32252	260	480	137	130	6	105	5	—	—

续表

表6 23系列									
轴承代号	外形尺寸/mm								
	d	D	T	B	r_{1smin} r_{2smin}	C	r_{3smin} r_{4smin}	α	E
32303	17	47	20.25	19	1	16	1	10°45′29″	36.090
32304	20	52	22.25	21	1.5	18	1.5	11°18′36″	39.518
32305	25	62	25.25	24	1.5	20	1.5	11°18′36″	48.637
32306	30	72	28.75	27	1.5	23	1.5	11°51′35″	55.767
32307	35	80	32.75	31	2	25	1.5	11°51′35″	62.829
32308	40	90	35.25	33	2	27	1.5	12°57′10″	69.253
32309	45	100	38.25	36	2	30	1.5	12°57′10″	78.330
32310	50	110	42.25	40	2.5	33	2	12°57′10″	86.263
32311	55	120	45.5	43	2.5	35	2	12°57′10″	94.316
32312	60	130	48.5	46	3	37	2.5	12°57′10″	102.939
32313	65	140	51	48	3	39	2.5	12°57′10″	111.786
32314	70	150	54	51	3	42	2.5	12°57′10″	119.724
32315	75	160	58	55	3	45	2.5	12°57′10″	127.887
32316	80	170	61.5	58	3	48	2.5	12°57′10″	136.504
32317	85	180	63.5	60	4	49	3	12°57′10″	144.223
32318	90	190	67.5	64	4	53	3	12°57′10″	151.701
32319	95	200	71.5	67	4	55	3	12°57′10″	160.318
32320	100	215	77.5	73	4	60	3	12°57′10″	171.650
32321	105	225	81.5	77	4	63	3	12°57′10″	179.359
32322	110	240	84.5	80	4	65	3	12°57′10″	192.071
32324	120	260	90.5	86	4	69	3	12°57′10″	207.039
32326	130	280	98.75	93	5	78	4	—	—
32328	140	300	107.75	102	5	85	4	—	—
32330	150	320	114	108	5	90	4	—	—
32332	160	340	121	114	5	95	4	—	—
32334	170	360	127	120	5	100	4	—	—

9.1.2 深沟球轴承外形尺寸（GB/T 276—1994 滚动轴承　深沟球轴承外形尺寸）

深沟球轴承的外形及尺寸值见表9－2。

表 9—2　深沟球轴承

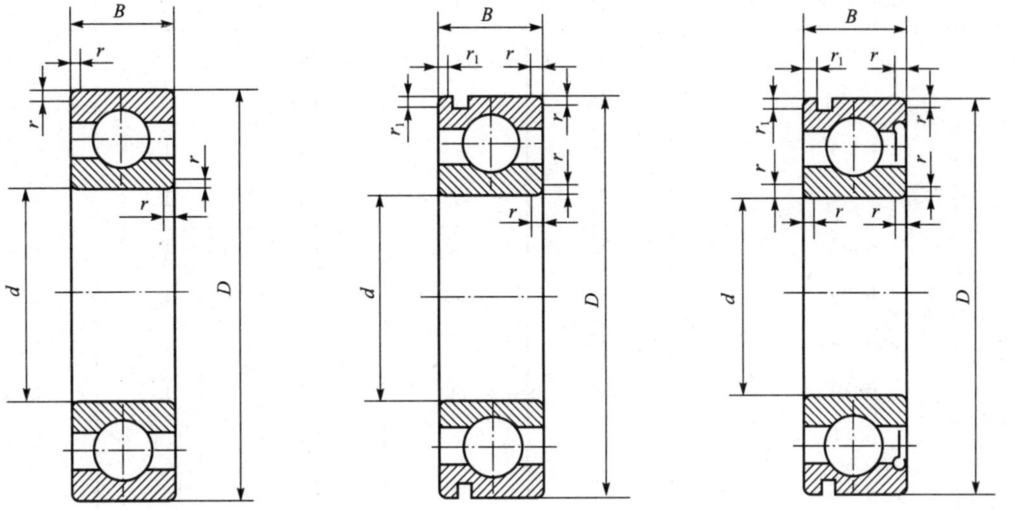

（a）　（b）　（c）

（a）深沟球轴承
60000 型
160000 型

（b）外圈有止动槽的
深沟球轴承
60000 N 型

（c）一面带防尘盖，另一面外
圈有止动槽的深沟球轴承
60000—ZN 型

表 1　10 系列

轴　承　代　号	外　形　尺　寸/mm				
60000 型	d	D	B	r_{smin}	r_{1smin}
604	4	12	4	0.2	—
605	5	14	5	0.2	—
606	6	17	6	0.3	—
607	7	19	6	0.3	—
608	8	22	7	0.3	—
609	9	24	7	0.3	—
6000	10	26	8	0.3	—
6001	12	28	8	0.3	—
6002	15	32	9	0.3	0.3
6003	17	35	10	0.3	0.3
6004	20	42	12	0.6	0.5
60/22	22	44	12	0.6	0.5

续表

轴　承　代　号	外　形　尺　寸/mm				
60000 型	d	D	B	r_{smin}	r_{1smin}
6005	25	47	12	0.6	0.5
60/28	28	52	12	0.6	0.5
6006	30	55	13	1	0.5
60/32	32	58	13	1	0.5
6007	35	62	14	1	0.5
6008	40	68	15	1	0.5
6009	45	75	16	1	0.5
6010	50	80	16	1	0.5
6011	55	90	18	1.1	0.5
6012	60	95	18	1.1	0.5
6013	65	100	18	1.1	0.5
6014	70	110	20	1.1	0.5
6015	75	115	20	1.1	0.5
6016	80	125	22	1.1	0.5
6017	85	130	22	1.1	0.5
6018	90	140	24	1.5	0.5
6019	95	145	24	1.5	0.5
6020	100	150	24	1.5	0.5
6021	105	160	26	2	—
6022	110	170	28	2	—
6024	120	180	28	2	—
6026	130	200	33	2	—
6028	140	210	33	2	—
6030	150	225	35	2.1	—
6032	160	240	38	2.1	—
6034	170	260	42	2.1	—
6036	180	280	46	2.1	—
6038	190	290	46	2.1	—
6040	200	310	51	2.1	—
6044	220	340	56	3	—
6048	240	360	56	3	—

续表

轴承代号	外形尺寸/mm				
60000 型	d	D	B	r_{smin}	r_{1smin}
6052	260	400	65	4	—
6056	280	420	65	4	—
6060	300	460	74	4	—
6064	320	480	74	4	—
6068	340	520	82	5	—
6072	360	540	82	5	—
6076	380	560	82	5	—
6080	400	600	90	5	—
6084	420	620	90	5	—
6088	440	650	94	6	—
6092	460	680	100	6	—
6096	480	700	100	6	—
60/500	500	720	100	6	—

表 2　02 系列

轴承代号	外形尺寸/mm				
60000 型	d	D	B	r_{smin}	r_{1smin}
623	3	10	4	0.15	—
624	4	13	5	0.2	—
625	5	16	5	0.3	—
626	6	19	6	0.3	0.3
627	7	22	7	0.3	0.3
628	8	24	8	0.3	0.3
629	9	26	8	0.3	0.3
6200	10	30	9	0.6	0.5
6201	12	32	10	0.6	0.5
6202	15	35	11	0.6	0.5
6203	17	40	12	0.6	0.5
6204	20	47	14	1	0.5
62/22	22	50	14	1	0.5
6205	25	52	15	1	0.5
62/28	28	58	16	1	0.5

续表

轴承代号	外形尺寸/mm				
60000 型	d	D	B	r_{smin}	r_{1smin}
6206	30	62	16	1	0.5
62/32	32	65	17	1	0.5
6207	35	72	17	1.1	0.5
6208	40	80	18	1.1	0.5
60000 型	d	D	B	r_{smin}	r_{1smin}
6209	45	85	19	1.1	0.5
6210	50	90	20	1.1	0.5
6211	55	100	21	1.5	0.5
6212	60	110	22	1.5	0.5
6213	65	120	23	1.5	0.5
6214	70	125	24	1.5	0.5
6215	75	130	25	1.5	0.5
6216	80	140	26	2	0.5
6217	85	150	28	2	0.5
6218	90	160	30	2	0.5
6219	95	170	32	2.1	0.5
6220	100	180	34	2.1	0.5
6221	105	190	36	2.1	0.5
6222	110	200	38	2.1	0.5
6224	120	215	40	2.1	0.5
6226	130	230	40	3	0.5
6228	140	250	42	3	—
6230	150	270	45	3	—
6232	160	290	48	3	—
6234	170	310	52	4	—
6236	180	320	52	4	—
6238	190	340	55	4	—
6240	200	360	58	4	—
6244	220	400	65	4	—
6248	240	440	72	4	—
6252	260	480	80	5	—

续表

表 3　03 系列

轴　承　代　号	外　形　尺　寸/mm				
60000 型	d	D	B	r_{smin}	r_{1smin}
633	3	13	5	0.2	—
634	4	16	5	0.3	—
635	5	19	6	0.3	0.3
6300	10	35	11	0.6	0.5
6301	12	37	12	1	0.5
6302	15	42	13	1	0.5
6303	17	47	14	1	0.5
6304	20	52	15	1.1	0.5
63/22	22	56	16	1.1	0.5
6305	25	62	17	1.1	0.5
63/28	28	68	18	1.1	0.5
6306	30	72	19	1.1	0.5
63/32	32	75	20	1.1	0.5
6307	35	80	21	1.5	0.5
6308	40	90	23	1.5	0.5
6309	45	100	25	1.5	0.5
6310	50	110	27	2	0.5
6311	55	120	29	2	0.5
6312	60	130	31	2.1	0.5
6313	65	140	33	2.1	0.5
6314	70	150	35	2.1	0.5
6315	75	160	37	2.1	0.5
6316	80	170	39	2.1	0.5
6317	85	180	41	3	0.5
6318	90	190	43	3	0.5
6319	95	200	45	3	0.5
6320	100	215	47	3	0.5
6321	105	225	49	3	—
6322	110	240	50	3	—
6324	120	260	55	3	—
6326	130	280	58	4	—
6328	140	300	62	4	—
6330	150	320	65	4	—
6332	160	340	68	4	—
6334	170	360	72	4	—

9.1.3　角接触球轴承外形尺寸（GB/T 292—1994 滚动轴承　角接触球轴承外形尺寸）

角接触球轴承的外形及尺寸值见表 9－3。

表 9－3　角接触球轴承（摘自 GB/T 292—2007）

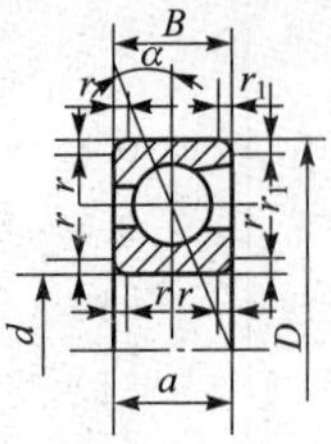

70000C
70000AC型

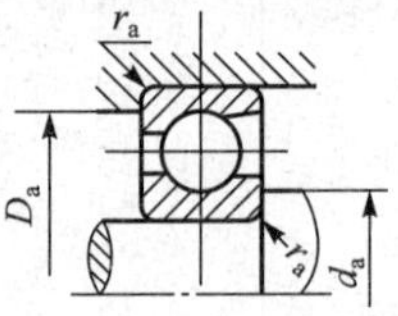

安装尺寸

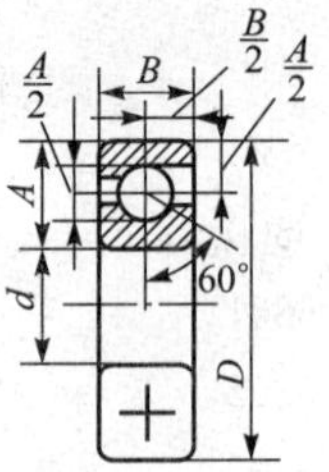

规定画法

标记示例：滚动轴承　7210C　GB/T 292—2007

F_a/C_{0r}	e	Y	70000C 型	70000AC 型
0.015 0.029 0.058 0.087 0.12 0.17 0.29 0.44 0.58	0.38 0.40 0.43 0.46 0.47 0.50 0.55 0.56 0.56	1.47 1.40 1.30 1.23 1.19 1.12 1.02 1.00 1.00	径向当量动载荷 当 $F_a/F_r \leqslant e$ 时，取 $P_r = F_r$ 当 $F_a/F_r > e$ 时，取 $P_r = 0.44F_r + YF_a$ 径向当量静载荷 $P_{0r} = 0.5F_r + 0.46F_a$ 当 $P_{0r} < F_r$ 时，取 $P_{0r} = F_r$	径向当量动载荷 当 $F_a/F_r \leqslant 0.68$ 时，取 $P_r = F_r$ 当 $F_a/F_r > 0.68$ 时，取 $P_r = 0.41F_r + 0.87F_a$ 径向当量静载荷 $P_{0r} = 0.5F_r + 0.38F_a$ 当 $P_{0r} < F_r$ 时，取 $P_{0r} = F_r$

(1)0尺寸系列

7000C	7000AC	10	26	8	0.3	0.15	12.4	23.6	0.3	6.4	4.92	2.25	8.2	4.75	2.12	19 000	28 000
7001C	7001AC	12	28	8	0.3	0.15	14.4	25.6	0.3	6.7	5.42	2.65	8.7	5.20	2.55	18 000	26 000
7002C	7002AC	15	32	9	0.3	0.15	17.4	29.6	0.3	7.6	6.25	3.42	10	5.95	3.25	17 000	24 000
7003C	7003AC	17	35	10	0.3	0.15	19.4	32.6	0.3	8.5	6.60	3.85	11.1	6.30	3.68	16 000	22 000
7004C	7004AC	20	42	12	0.6	0.15	25	37	0.6	10.2	10.5	6.08	13.2	10.0	5.78	14 000	19 000
7005C	7005AC	25	47	12	0.6	0.15	30	42	0.6	10.8	11.5	7.45	14.4	11.2	7.08	12 000	17 000
7006C	7006AC	30	55	13	1	0.3	36	49	1	12.2	15.2	10.2	16.4	14.5	9.85	9 500	14 000
7007C	7007AC	35	62	14	1	0.3	41	56	1	13.5	19.5	14.2	18.3	18.5	13.5	8 500	12 000
7008C	7008AC	40	68	15	1	0.3	46	62	1	14.7	20.0	15.2	20.1	19.0	14.5	8 000	11 000
7009C	7009AC	45	75	16	1	0.3	51	69	1	16	25.8	20.5	21.9	25.8	19.5	7 500	10 000
7010C	7010AC	50	80	16	1	0.3	56	74	1	16.7	26.5	22.0	23.2	25.2	21.0	6 700	9 000
7011C	7011AC	55	90	18	1.1	0.6	62	83	1	18.7	37.2	30.5	25.9	35.2	29.2	6 000	8 000
7012C	7012AC	60	95	18	1.1	0.6	67	88	1	19.4	38.2	32.8	27.1	36.2	31.5	5 600	7 500
7013C	7013AC	65	100	18	1.1	0.6	72	93	1	20.1	40.0	35.5	28.2	38.0	33.8	5 300	7 000
7014C	7014AC	70	110	20	1.1	0.6	77	103	1	22.1	48.2	43.5	30.9	45.8	41.5	5 000	6 700

续表

轴承代号		基本尺寸/mm					安装尺寸/mm			70000C (α=15°)			70000AC (α=25°)			极限转速/(r·min⁻¹)	
		d	D	B	r_s	r_1	d_a	D_a	r_{as}	a/mm	基本额定动载荷 C_r	基本额定静载荷 C_{0r}	a/mm	基本额定动载荷 C_r	基本额定静载荷 C_{0r}	脂润滑	油润滑
					min		min	max			kN			kN			
(0) 2尺寸系列																	
7015C	7015AC	75	115	20	1.1	0.6	82	108	1	22.7	49.5	46.5	32.2	46.8	44.2	4 800	6 300
7016C	7016AC	80	125	22	1.5	0.6	89	116	1.5	24.7	58.5	55.8	34.9	55.5	53.2	4 500	6 000
7017C	7017AC	85	130	22	1.5	0.6	94	121	1.5	25.4	62.5	60.2	36.1	59.2	57.2	4 300	5 600
7018C	7018AC	90	140	24	1.5	0.6	99	131	1.5	27.4	71.5	69.8	38.8	67.5	66.5	4 000	5 300
7019C	7019AC	95	145	24	1.5	0.6	104	136	1.5	28.1	73.5	73.2	40	69.5	69.8	3 800	5 000
7020C	7020AC	100	150	24	1.5	0.6	109	141	1.5	28.7	79.2	78.5	41.2	75	74.8	3 800	5 000
7200C	7200AC	10	30	9	0.6	0.15	15	25	0.6	7.2	5.82	2.95	9.2	5.58	2.82	18 000	26 000
7201C	7201AC	12	32	10	0.6	0.15	17	27	0.6	8	7.35	3.52	10.2	7.10	3.35	17 000	24 000
7202C	7202AC	15	35	11	0.6	0.15	20	30	0.6	8.9	8.68	4.62	11.4	8.35	4.40	16 000	22 000
7203C	7203AC	17	40	12	0.6	0.3	22	35	0.6	9.9	10.8	5.95	12.8	10.5	5.65	15 000	20 000
7204C	7204AC	20	47	14	1	0.3	26	41	1	11.5	14.5	8.22	14.9	14.0	7.82	13 000	18 000
7205C	7205AC	25	52	15	1	0.3	31	46	1	12.7	16.5	10.5	16.4	15.8	9.88	11 000	16 000
7206C	7206AC	30	62	16	1	0.3	36	56	1	14.2	23.0	15.0	18.7	22.0	14.2	9 000	13 000
7207C	7207AC	35	72	17	1.1	0.6	42	65	1	15.7	30.5	20.0	21	29.0	19.2	8 000	11 000
7208C	7208AC	40	80	18	1.1	0.6	47	73	1	17	36.8	25.8	23	35.2	24.5	7 500	10 000
7209C	7209AC	45	85	19	1.1	0.6	52	78	1	18.2	38.5	28.5	24.7	36.8	27.2	6 700	9 000
7210C	7210AC	50	90	20	1.1	0.6	57	83	1	19.4	42.8	32.0	26.3	40.8	30.5	6 300	8 500
7211C	7211AC	55	100	21	1.5	0.6	64	91	1.5	20.9	52.8	40.5	28.6	50.5	38.5	5 600	7 500
7212C	7212AC	60	110	22	1.5	0.6	69	101	1.5	22.4	61.0	48.5	30.8	58.2	46.2	5 300	7 000
7213C	7213AC	65	120	23	1.5	0.6	74	111	1.5	24.2	69.8	55.2	33.5	66.5	52.5	4 800	6 300
7214C	7214AC	70	125	24	1.5	0.6	79	116	1.5	25.3	70.2	60.0	35.1	69.2	57.5	4 500	6 000
7215C	7215AC	75	130	25	1.5	0.6	84	121	1.5	26.4	79.2	65.8	36.6	75.2	63.0	4 300	5 600
7216C	7216AC	80	140	26	2	1	90	130	2	27.7	89.5	78.2	38.9	85.0	74.5	4 000	5 300
7217C	7217AC	85	150	28	2	1	95	140	2	29.9	99.8	85.0	41.6	94.8	81.5	3 800	5 000
7218C	7218AC	90	160	30	2	1	100	150	2	31.7	122	105	44.2	118	100	3 600	4 800

续表

轴承代号		基本尺寸/mm					安装尺寸/mm			70000C ($\alpha=15°$)			70000AC ($\alpha=25°$)			极限转速/($r \cdot min^{-1}$)	
		d	D	B	r_s	r_1	d_a	D_a	r_{as}	a/mm	基本额定动载荷 C_r	基本额定静载荷 C_{0r}	a/mm	基本额定动载荷 C_r	基本额定静载荷 C_{0r}	脂润滑	油润滑
					min		min	max			kN			kN			
7219C	7219AC	95	170	32	2.1	1.1	107	158	2.1	33.8	135	115	46.9	128	108	3 400	4 500
7220C	7220AC	100	180	34	2.1	1.1	112	168	2.1	35.8	148	128	49.7	142	122	3 200	4 300
(0) 3尺寸系列																	
7301C	7301AC	12	37	12	1	0.3	18	31	1	8.6	8.10	5.22	12	8.08	4.88	16 000	22 000
7302C	7302AC	15	42	13	1	0.3	21	36	1	9.6	9.38	5.95	13.5	9.08	5.58	15 000	20 000
7303C	7303AC	17	47	14	1	0.3	23	41	1	10.4	12.8	8.62	14.8	11.5	7.08	14 000	19 000
7304C	7304AC	20	52	15	1.1	0.6	27	45	1	11.3	14.2	9.68	16.8	13.8	9.10	12 000	17 000
7305C	7305AC	25	62	17	1.1	0.6	32	55	1	13.1	21.5	15.8	19.1	20.8	14.8	9 500	14 000
7306C	7306AC	30	72	19	1.1	0.6	37	65	1	15	26.5	19.8	22.2	25.2	18.5	8 500	12 000
7307C	7307AC	35	80	21	1.5	0.6	44	71	1.5	16.6	34.2	26.8	24.5	32.8	24.8	7 500	10 000
7308C	7308AC	40	90	23	1.5	0.6	49	81	1.5	18.5	40.2	32.3	27.5	38.5	30.5	6 700	9 000
7309C	7309AC	45	100	25	1.5	0.6	54	91	1.5	20.2	49.2	39.8	30.2	47.5	37.2	6 000	8 000
7310C	7310AC	50	110	27	2	1	60	100	2	22	53.5	47.2	33	55.5	44.5	5 600	7 500
7311C	7311AC	55	120	29	2	1	65	110	2	23.8	70.5	60.5	35.8	67.2	56.8	5 000	6 700
7312C	7312AC	60	130	31	2.1	1.1	72	118	2.1	25.6	80.5	70.2	38.7	77.8	65.8	4 800	6 300
7313C	7313AC	65	140	33	2.1	1.1	77	128	2.1	27.4	91.5	80.5	41.5	89.8	75.5	4 300	5 600
7314C	7314AC	70	150	35	2.1	1.1	82	138	2.1	29.2	102	91.5	44.3	98.5	86.0	4 000	5 300
7315C	7315AC	75	160	37	2.1	1.1	87	148	2.1	31	112	105	47.2	108	97.0	3 800	5 000
7316C	7316AC	80	170	39	2.1	1.1	92	158	2.1	32.8	122	118	50	118	108	3 600	4 800
7317C	7317AC	85	180	41	3	1.1	99	166	2.5	34.6	132	128	52.8	125	122	3 400	4 500
7318C	7318AC	90	190	43	3	1.1	104	176	2.5	36.4	142	142	55.6	135	135	3 200	4 300
7319C	7319AC	95	200	45	3	1.1	109	186	2.5	38.2	152	158	58.5	145	148	3 000	4 000
7320C	7320AC	100	215	47	3	1.1	114	201	2.5	40.2	162	175	61.9	165	178	2 600	3 600
(0) 4尺寸系列																	
	7406AC	30	90	23	1.5	0.6	39	81	1				26.1	42.5	32.2	7 500	10 000
	7407AC	35	100	25	1.5	0.6	44	91	1.5				29	53.8	42.5	6 300	8 500
	7408AC	40	110	27	2	1	50	100	2				31.8	62.0	49.5	6 000	8 000
	7409AC	45	120	29	2	1	55	110	2				34.6	66.8	52.8	5 300	7 000
	7410AC	50	130	31	2.1	1.1	62	118	2.1				37.4	76.5	64.2	5 000	6 700
	7412AC	60	150	35	2.1	1.1	72	138	2.1				43.1	102	90.8	4 300	5 600
	7414AC	70	180	42	3	1.1	84	166	2.5				51.5	125	125	3 600	4 800
	7416AC	80	200	48	3	1.1	94	186	2.5				58.1	152	162	3 200	4 300

注：表中 C_r 值，对 (1) 0、(0) 2 系列为真空脱气轴承钢的负荷能力，对 (0) 3、(0) 4 系列为电炉轴承钢的负荷能力。

9.1.4　圆柱滚子轴承外形尺寸（GB/T 283—1994 滚动轴承　圆柱滚子轴承　外形尺寸）

圆柱滚子轴承的外形及尺寸值见表 9—4。

表 9—4　圆柱滚子轴承

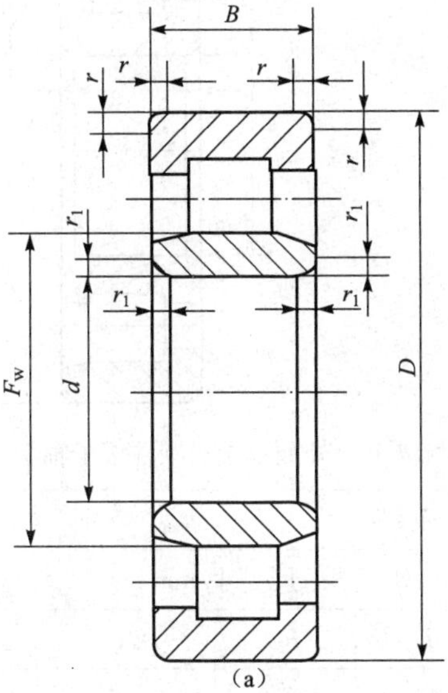

(a)

内圈无挡边圆柱滚子轴承　NU 型

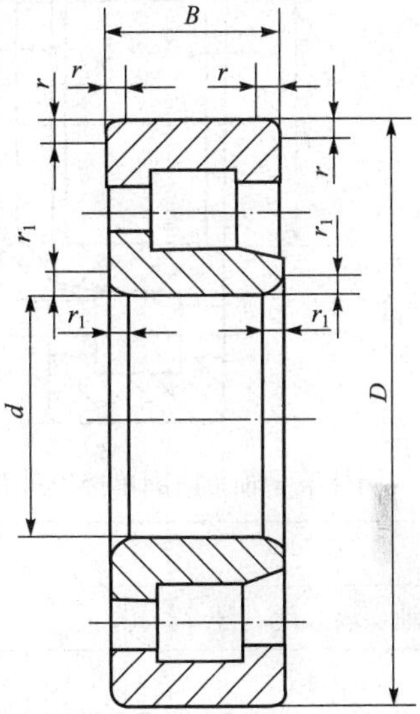

(b)

内圈单挡边圆柱滚子轴承　NJ 型

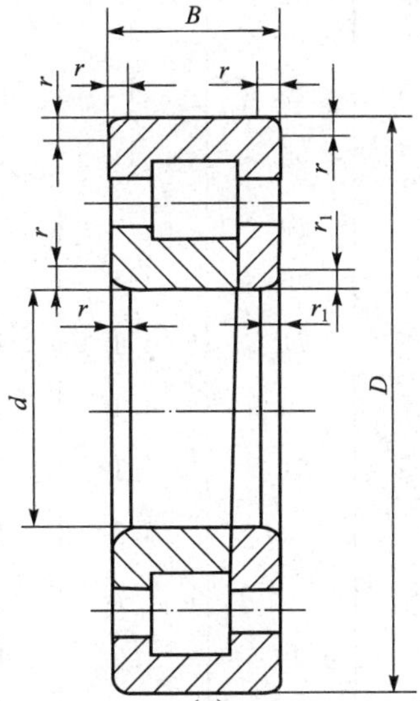

(c)

内圈单挡边带平挡圈圆柱滚子轴承　NUP

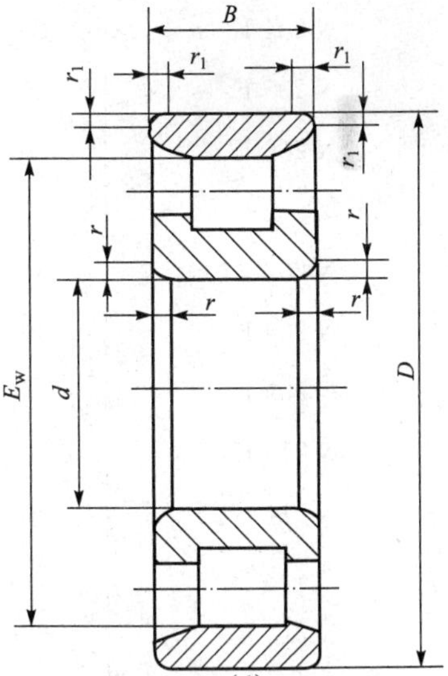

(d)

外圈无挡边圆柱滚子轴承　N 型

续表

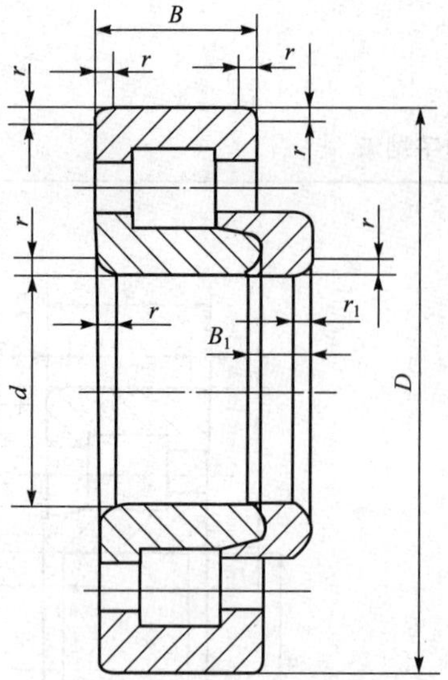

(e)

圆柱滚子轴承内圈单挡边带斜挡圈 NH型（NJ+HJ）

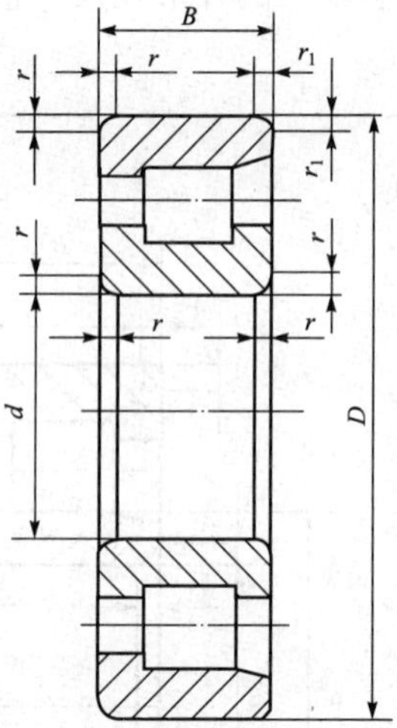

(f)

外圈单挡边圆柱滚子轴承 NF型

表1　02系列

轴 承 代 号	外 形 尺 寸/mm						
N型	d	D	B	F_w	E_w	r_{smin}	r_{1smin}
N 202 E	16	35	11	19.3	30.3	0.6	0.3
N 203 E	17	40	12	22.1	35.1	0.6	0.3
N 204 E	20	47	14	26.5	41.5	1	0.6
N 205 E	25	52	15	31.5	46.5	1	0.6
N 206 E	30	62	16	37.5	55.5	1	0.6
N 207 E	35	72	17	44	64	1.1	0.6
N 208 E	40	80	18	49.5	71.5	1.1	1.1
N 209 E	45	85	19	54.5	76.5	1.1	1.1
N 210 E	50	90	20	59.5	81.5	1.1	1.1
N 211 E	55	100	21	66	90	1.5	1.1
N 212 E	60	110	22	72	100	1.5	1.5
N 213 E	65	120	23	78.5	108.5	1.5	1.5
N 214 E	70	125	24	83.5	113.5	1.5	1.5
N 215 E	75	130	25	88.5	118.5	1.5	1.5

续表

表1 02系列							
轴承代号	外形尺寸/mm						
N型	d	D	B	F_w	E_w	r_{smin}	r_{1smin}
N 216 E	80	140	26	95.3	127.3	2	2
N 217 E	85	150	28	100.5	136.5	2	2
N 218 E	90	160	30	107	145	2	2
NH 219 E	95	170	32	112.5	154.5	2.1	2.1
N 220 E	100	180	34	119	163	2.1	2.1
N 221 E	105	190	36	125	173	2.1	2.1
N 222 E	110	200	38	132.5	180.5	2.1	2.1
N 224 E	120	215	40	143.5	195.5	2.1	2.1
N 226 E	130	230	40	153.5	209.5	3	3
N 228 E	140	250	42	169	225	3	3
N 230 E	150	270	45	182	242	3	3
N 232 E	160	290	48	195	259	3	3
N 234 E	170	310	52	207	279	4	4
N 236 E	180	320	52	271	289	4	4
N 238 E	190	340	55	230	306	4	4
N 240 E	200	360	58	243	323	4	4
—	17	47	14	24.2	40.2	1.1	0.6
N 304 E	20	52	15	27.2	45.4	1.1	0.6
N 305 E	25	62	17	34	54	1.1	1.1
N 306 E	30	72	19	40.5	62.5	1.1	1.1
N 307 E	35	80	21	46.2	70.2	1.5	1.1
N 308 E	40	90	23	52	80	1.5	1.5
N 309 E	45	100	25	58.5	88.5	1.5	1.5

表2 03系列							
轴承代号	外形尺寸/mm						
N型	d	D	B	F_w	E_w	r_{smin}	r_{1smin}
N 310 E	50	110	27	65	97	2	2

续表

表2　03系列							
轴承代号	外形尺寸/mm						
N型	d	D	B	F_w	E_w	r_{smin}	r_{1smin}
N 311E	55	120	29	70.5	106.5	2	2
N 312 E	60	130	31	77	115	2.1	2.1
N 313 E	65	140	33	82.5	124.5	2.1	2.1
N 314 E	70	150	35	89	133	2.1	2.1
N 315 E	75	160	37	95	143	2.1	2.1
N 316 E	80	170	39	101	151	2.1	2.1
N 317 E	85	180	41	108	160	3	3
N 318 E	90	190	43	113.5	169.5	3	3
N 319 E	95	200	45	121.5	177.5	3	3
N 320 E	100	215	47	127.5	191.5	3	3
N 321 E	105	225	49	133	201	3	3
N 322 E110	240	50	143	211	3	3	
N 324 E	120	260	55	154	230	3	3
N 326 E	130	280	58	167	247	4	4
N 328 E	140	300	62	180	260	4	4
N 330 E	150	320	65	193	283	4	4
N 332 E	160	340	68	204	300	4	4
N 334 E	170	360	72	—	318	4	4

9.2　滚动轴承的配合和游隙

9.2.1　安装向心轴承的轴公差代号（GB/T 275—1993 滚动轴承与轴和外壳的配合）

安装向心轴承的轴公差代号见表9—5。

表 9—5　安装向心轴承的轴公差代号

<table>
<tr><td colspan="7">圆柱孔轴承</td></tr>
<tr><td colspan="2">运 转 状 态</td><td rowspan="2">载荷状态</td><td>深沟球轴承、调心球轴承和角接触球轴承</td><td>圆柱滚子轴承和圆锥滚子轴承</td><td>调心滚子轴承</td><td rowspan="2">公差带</td></tr>
<tr><td>说 明</td><td>举 例</td><td colspan="3">轴承公称内径/mm</td></tr>
<tr><td rowspan="3">旋转的内圈载荷及摆动载荷</td><td rowspan="3">一般通用机械、电动机、机床主轴、泵、内燃机、正齿轮传动装置、铁路机车车辆轴箱、破碎机等</td><td>轻载荷</td><td>≤18
>18～100
>100～200
—</td><td>—
≤40
>40～140
>140～200</td><td>—
≤40
>40～100
>100～200</td><td>h5
j6①
k6①
m6①</td></tr>
<tr><td>正常载荷</td><td>≤18
>18～100
>100～140
>140～200
>200～280
—
—</td><td>—
≤40
>40～100
>100～140
>140～200
>200～400
—</td><td>—
≤40
>40～65
>65～100
>100～140
>140～280
>280～500</td><td>j5　js5
k5②
m5②
m6
n6
p6
r6</td></tr>
<tr><td>重载荷</td><td></td><td>>50～140
>140～200
>200
—</td><td>>50～100
>100～140
>140～200
>200</td><td>n6
p6③
r6
r7</td></tr>
<tr><td>固定的内圈载荷</td><td>静止轴上的各种轮子，张紧轮、绳轮、振动筛、惯性振动器</td><td>所有载荷</td><td colspan="3">所 有 尺 寸</td><td>f6
g6①
h6
j6</td></tr>
<tr><td colspan="2">仅有轴向载荷</td><td colspan="4">所 有 尺 寸</td><td>j6、js6</td></tr>
<tr><td colspan="7">圆锥孔轴承</td></tr>
<tr><td rowspan="2">所有载荷</td><td>铁路机车车辆轴箱</td><td colspan="4">装在退卸套上的所有尺寸</td><td>h8（IT6）⑤、④</td></tr>
<tr><td>一般机械传动</td><td colspan="4">装在紧定套上的所有尺寸</td><td>h9（IT7）⑤、④</td></tr>
</table>

注：① 凡对精度有较高要求的场合，应用 j5，k5…代替 j6，k6…；

② 圆锥滚子轴承、角接触球轴承配合对游隙影响不大，可用 k6，m6 代替 k5，m5；

③ 重载荷下轴承游隙应选大于 0 组；

④ 凡有较高精度或转速要求的场合，应选用 h7（IT5）代替 h8（IT6）等；

⑤ IT6、IT17 表示圆柱度公差数值。

9.2.2 安装向心轴承的外壳孔公差带代号

安装向心轴承的外壳孔公差带代号见表 9－6。

表 9－6 安装向心轴承的外壳孔公差带代号

<table>
<tr><th colspan="2">运转状态</th><th rowspan="2">载荷状态</th><th rowspan="2">其他状况</th><th colspan="2">公差带①</th></tr>
<tr><th>说明</th><th>举例</th><th>球轴承</th><th>滚子轴承</th></tr>
<tr><td rowspan="2">固定的外圈载荷</td><td rowspan="5">一般机械、铁路机车车辆轴箱、电动机、泵、曲轴主轴承</td><td>轻、正常、重</td><td>轴向易移动，可采用剖分式外壳</td><td colspan="2">H7，G7②</td></tr>
<tr><td>冲击</td><td rowspan="2">轴向能移动，可采用整体或剖分式外壳</td><td colspan="2" rowspan="2">J7，Js7</td></tr>
<tr><td rowspan="3">摆动载荷</td><td>轻、正常</td></tr>
<tr><td>正常、重</td><td rowspan="5">轴向不移动，采用整体式外壳</td><td colspan="2">K7</td></tr>
<tr><td>冲击</td><td colspan="2">M7</td></tr>
<tr><td rowspan="3">旋转的外圈载荷</td><td rowspan="3">张紧滑轮、轮毂轴承</td><td>轻</td><td>J7</td><td>K7</td></tr>
<tr><td>正常</td><td>K7，M7</td><td>M7，N7</td></tr>
<tr><td>重</td><td>—</td><td>N7，P7</td></tr>
</table>

注：① 并列公差带随尺寸的增大从左至右选择，对旋转精度有较高要求时，可相应提高一个公差等级；
② 不适用于剖分式外壳。

9.2.3 安装推力轴承的轴公差带代号

安装推力轴承的轴公差带代号见表 9－7。

表 9－7 安装推力轴承的轴公差带代号

<table>
<tr><th rowspan="2">运转状态</th><th rowspan="2">载荷状态</th><th>推力球和推力滚子轴承</th><th>推力调心滚子轴承②</th><th rowspan="2">公差带</th></tr>
<tr><th colspan="2">轴承公称内径/mm</th></tr>
<tr><td colspan="2">仅有轴向载荷</td><td colspan="2">所有尺寸</td><td>j6、js6</td></tr>
<tr><td>固定的轴圈载荷</td><td rowspan="2">径向和轴向联合载荷</td><td>—
—</td><td>≤250
>250</td><td>j6
js6</td></tr>
<tr><td>旋转的轴圈载荷或摆动载荷</td><td>—
—
—</td><td>≤200
>200～400
>400</td><td>k6①
m6
n6</td></tr>
</table>

注：① 要求较小过盈时，可分别用 j6，k6，m6 代替 k6，m6，n6；
② 也包括推力圆锥滚子轴承和推力角接触球轴承。

9.2.4 安装推力轴承的外壳孔公差带代号

安装推力轴承的外壳孔公差带代号见表9—8。

表9—8 安装推力轴承的外壳孔公差带代号

运转状态	载荷状态	轴承类型	公差带	备注
仅有轴向载荷		推力球轴承	H8	
		推力圆柱、圆锥滚子轴承	H7	
		推力调心滚子轴承		外壳孔与座圈间间隙为0.001D（D为轴承公称外径）
固定的座圈载荷	径向和轴向联合载荷	推力角接触球轴承、推力调心滚子轴承、推力圆锥滚子轴承	H7	
旋转的座圈载荷或摆动载荷			K7	普通使用条件
			M7	有较大径向载荷时

9.2.5 配合面的表面粗糙度

配合面的表面粗糙度值见表9—9。

表9—9 配合面的表面粗糙度 （摘自GB/T 275—2015）

轴或轴承座直径/mm		轴或外壳配合表面直径公差等级								
		IT7			IT6			IT5		
		表面粗糙度								
超过	到	*Rz*	*Ra*		*Rz*	*Ra*		*Rz*	*Ra*	
			磨	车		磨	车		磨	车
	80	10	1.6	3.2	6.3	0.8	1.6	4	0.4	0.8
80	500	16	1.6	3.2	10	1.6	3.2	6.3	0.8	1.6
端面		25	3.2	6.3	25	3.2	6.3	10	1.6	3.2

第 10 章　润滑与密封

10.1　油　　杯

10.1.1　直通式压注油杯（JB/T 7940.1—1995 直通式压注油杯）

直通式压注油杯的图例及尺寸值见表 10－1。

表 10－1　直通式压注油杯　　mm

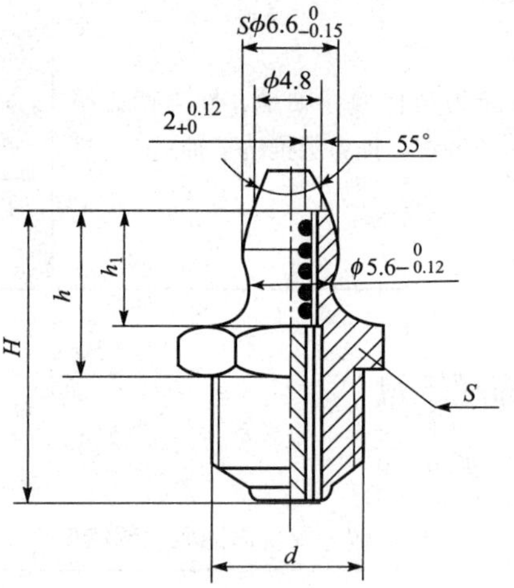

d	H	h	h_1	S		钢球 按（GB/T 308—2002）
				基本尺寸	极限偏差	
M6	13	8	6	8	0 −0.22	3
M8×1	16	9	6.5	10		
M10×1	18	10	7	11		

10.1.2　旋盖式油杯（JB/T 7940.3—1995 旋盖式油杯）

旋盖式油杯的图示及尺寸值见表 10－2。

表 10－2　旋盖式油杯　　mm

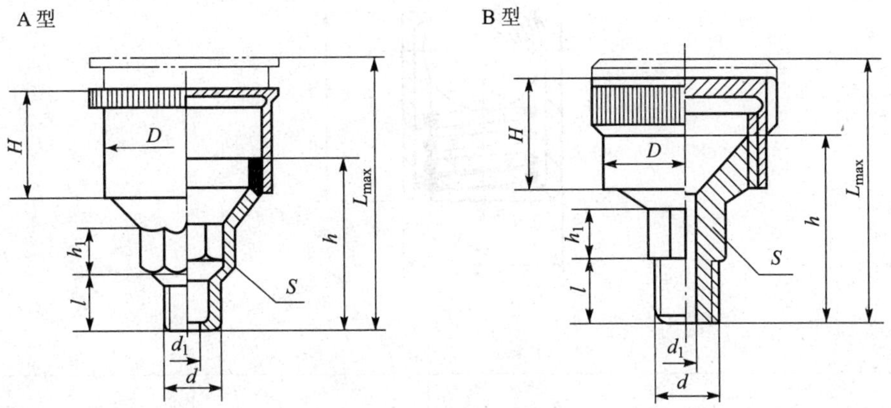

<table>
<tr><th rowspan="2">最小容量
/cm²</th><th rowspan="2">d</th><th rowspan="2">l</th><th rowspan="2">H</th><th rowspan="2">h</th><th rowspan="2">h_1</th><th rowspan="2">d_1</th><th colspan="2">D</th><th rowspan="2">L_{max}</th><th colspan="2">S</th></tr>
<tr><th>A 型</th><th>B 型</th><th>基本尺寸</th><th>极限偏差</th></tr>
<tr><td>1.5</td><td>M8×1</td><td rowspan="3">8</td><td>14</td><td>22</td><td>7</td><td>3</td><td>16</td><td>18</td><td>33</td><td>10</td><td>0
−0.22</td></tr>
<tr><td>3</td><td rowspan="2">M10×1</td><td>15</td><td>23</td><td rowspan="2">8</td><td rowspan="2">4</td><td>20</td><td>22</td><td>35</td><td rowspan="2">13</td><td rowspan="5">0
−0.27</td></tr>
<tr><td>6</td><td>17</td><td>26</td><td>26</td><td>28</td><td>40</td></tr>
<tr><td>12</td><td rowspan="3">M14×1.5</td><td rowspan="5">12</td><td>20</td><td>30</td><td rowspan="5">10</td><td rowspan="5">5</td><td>32</td><td>34</td><td>47</td><td rowspan="3">18</td></tr>
<tr><td>18</td><td>22</td><td>32</td><td>36</td><td>40</td><td>50</td></tr>
<tr><td>25</td><td>24</td><td>34</td><td>41</td><td>44</td><td>55</td></tr>
<tr><td>50</td><td rowspan="2">M16×1.5</td><td>30</td><td>44</td><td>51</td><td>54</td><td>70</td><td rowspan="2">21</td><td rowspan="2">0
−0.33</td></tr>
<tr><td>100</td><td>38</td><td>52</td><td>68</td><td>68</td><td>85</td></tr>
<tr><td>200</td><td>M24×1.5</td><td>16</td><td>48</td><td>64</td><td>16</td><td>6</td><td>—</td><td>86</td><td>105</td><td>30</td><td>—</td></tr>
</table>

10.1.3　压配式压注油杯（JB/T 7940.4—1995 压配式压注油杯）

压配式压注油杯的图示及尺寸值见表 10－3。

表 10-3　压配式压注油杯　　mm

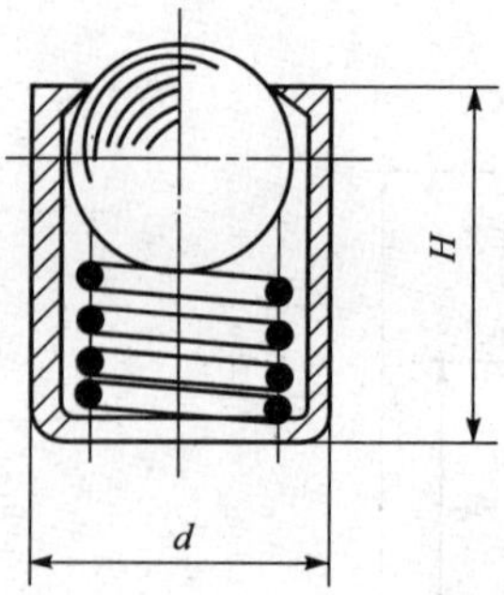

d		H	钢　　球 (按 GB/T 308—2002)
基　本　尺　寸	极　限　偏　差		
6	+0.040 +0.028	6	4
8	+0.049 +0.034	10	5
10	+0.058 +0.040	12	6
16	+0.063 +0.045	20	11
25	+0.085 +0.064	30	13

10.2　油　　标

10.2.1　压配式圆形油标（JB/T 7941.1—1995 压配式圆形油标）

压配式圆形油标的图示及尺寸值见表 10-4。

表 10－4　压配式圆形油标　mm

A　型

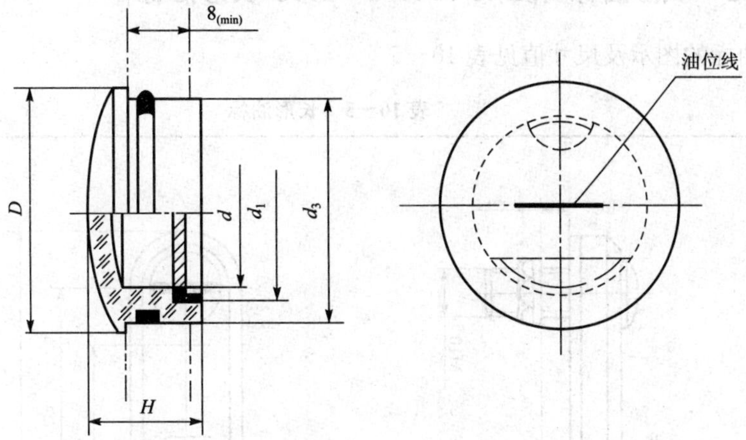

B　型

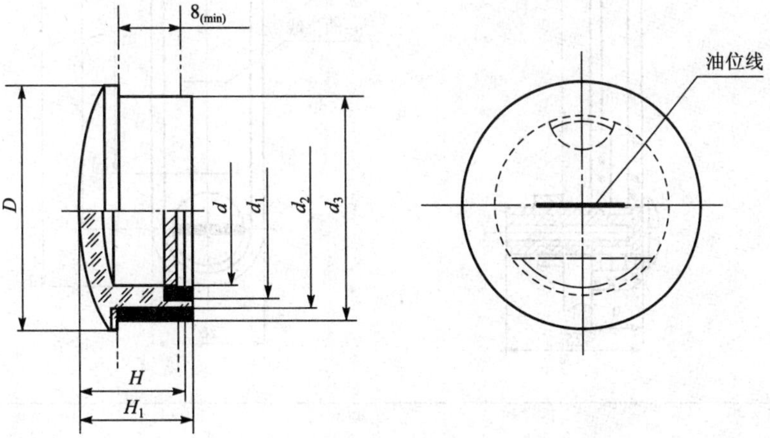

d	D	d_1 基本尺寸	d_1 极限偏差	d_2 基本尺寸	d_2 极限偏差	d_3 基本尺寸	d_3 极限偏差	H	H_1	O 形橡胶密封圈（按 GB/T 3452.1—2005）
12	22	12	－0.050 －0.160	17	－0.050 －0.160	20	－0.065 －0.195	14	16	15×2.65
16	27	18		22	－0.065 －0.195	25				20×2.65
20	34	22	－0.065 －0.195	28		32	－0.080 －0.240	16	18	25×3.55
25	40	28		34	－0.080 0.240	38				31.5×3.55
32	48	35	－0.080 －0.240	41		45		18	20	38.7×3.55
40	58	45		51	－0.100 －0.290	55	－0.100 －0.290			48.7×3.55
50	70	55	－0.100 －0.290	61		65		22	24	—
63	85	70		76		80				

注：① 与 d_1 相配合的孔极限偏差按 H11；

② A 型用 O 形橡胶密封圈，沟槽尺寸按 GB/T 3452.3—2005，B 型用密封圈由制造厂设计选用。

10. 2. 2　长形油标（JB/T 7941. 3—1995 长形油标）

长形油标的图示及尺寸值见表 10－5。

表 10－5　长形油标

mm

A 型

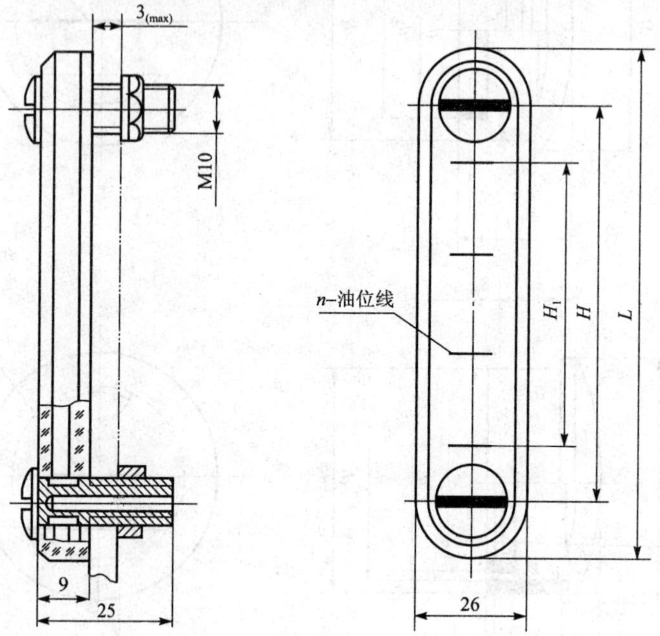

B 型

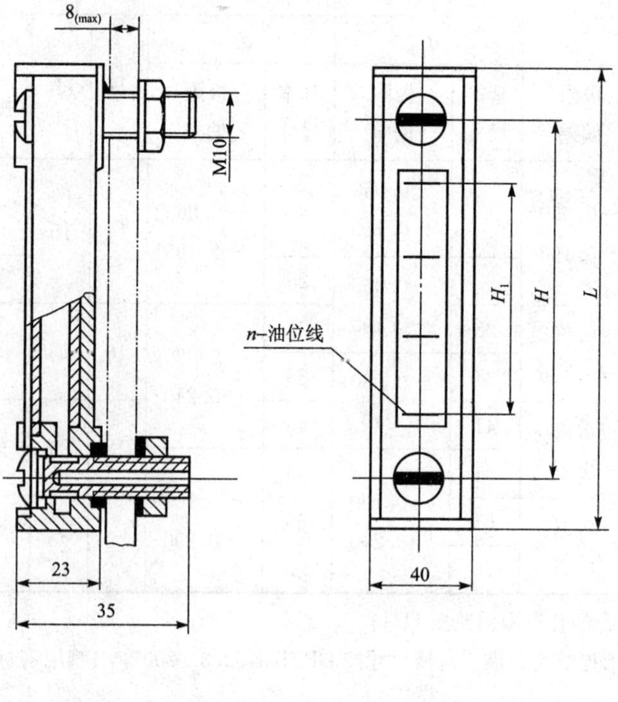

续表

H			H_1		L		n（条数）		O 形橡胶密封圈（按 GB/T 3452.1—2005）	六角螺母（按 GB/T 6172）	弹性垫圈（按 GB/T 861）
基本尺寸		极限偏差									
A 型	B 型		A 型	B 型	A 型	B 型	A 型	B 型			
80		±0.17	40		110		2		10×2.65	M10	10
100	—		60	—	130	—	3	—			
125	—	±0.20	80	—	155	—	4	—			
160			120		190		6				
—	250	±0.23	—	210	—	280	—	8			

注：O 形橡胶密封圈沟槽尺寸按 GB/T 3452.3—2005 的规定。

10.2.3　管状油标（JB/T 7941.4—1995 管状油标）

管状油标的图示及尺寸值见表 10－6。

表 10－6　管状油标　　mm

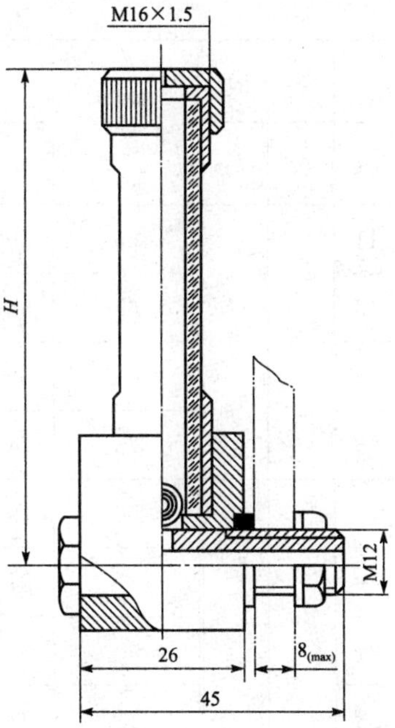

H	O 形橡胶密封圈（按 GB/T 3452.1—2005）	六角薄螺母（按 GB/T 6172）	弹性垫圈（按 GB/T 861）
80，100，125，160，200	11.8×2.65	M12	12

10.3 密　　封

10.3.1 油封毡圈（FZ/T 92010—1991 油封毡圈）

油封毡圈的图示及其尺寸值见表 10－7。

表 10－7　油封毡圈　　mm

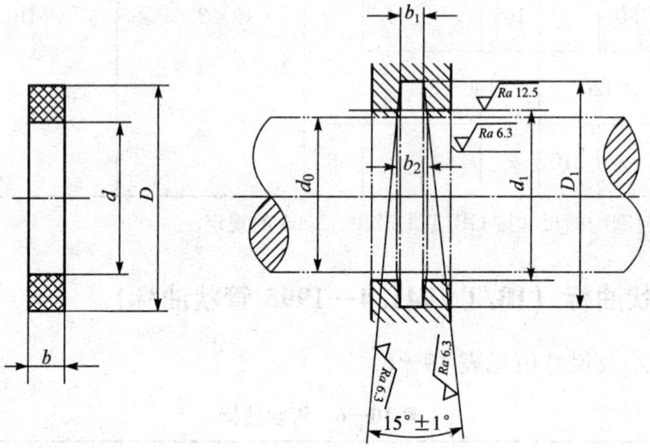

轴径 d_0	油封毡圈					沟槽		轴径 d_0	油封毡圈					沟槽	
	d	D	b	D_1	d_1	b_1	b_2		d	D	b	D_1	d_1	b_1	b_2
10	9	18	2.5	19	11	2	3	60	59	76	7	77	61	5	7.1
12	11	20		21	13			65	64	81		82	66		
14	13	22		23	15			70	69	88	7	89	71	6	8.3
15	14	23		24	16			75	74	93		94	76		
16	15	26	3.5	27	17	3	4.3	80	79	98		99	81		
18	17	28		29	19			85	84	103		104	86		
20	19	30		31	21			90	89	110	8.5	111	91	7	9.6
22	21	32		33	23			95	94	115		116	96		

续表

<table>
<tr><th rowspan="2">轴径
d_0</th><th colspan="5">油封毡圈</th><th colspan="2">沟　槽</th><th rowspan="2">轴径
d_0</th><th colspan="5">油封毡圈</th><th colspan="2">沟　槽</th></tr>
<tr><th>d</th><th>D</th><th>b</th><th>D_1</th><th>d_1</th><th>b_1</th><th>b_2</th><th>d</th><th>D</th><th>b</th><th>D_1</th><th>d_1</th><th>b_1</th><th>b_2</th></tr>
<tr><td>25</td><td>24</td><td>37</td><td rowspan="8">5</td><td>38</td><td>26</td><td rowspan="8">4</td><td rowspan="8">5.5</td><td>100</td><td>99</td><td>124</td><td rowspan="3">9.5</td><td>125</td><td>101</td><td rowspan="3">8</td><td rowspan="3">11.1</td></tr>
<tr><td>28</td><td>27</td><td>40</td><td>41</td><td>29</td><td>105</td><td>104</td><td>129</td><td>130</td><td>106</td></tr>
<tr><td>30</td><td>29</td><td>42</td><td>43</td><td>31</td><td>110</td><td>109</td><td>134</td><td>135</td><td>111</td></tr>
<tr><td>32</td><td>31</td><td>44</td><td>45</td><td>33</td><td>120</td><td>119</td><td>148</td><td rowspan="3">10.5</td><td>149</td><td>121</td><td rowspan="3">9</td><td rowspan="3">12.7</td></tr>
<tr><td>35</td><td>34</td><td>47</td><td>48</td><td>36</td><td>130</td><td>129</td><td>158</td><td>159</td><td>131</td></tr>
<tr><td>38</td><td>37</td><td>50</td><td>51</td><td>39</td><td>140</td><td>139</td><td>168</td><td>169</td><td>141</td></tr>
<tr><td>40</td><td>39</td><td>52</td><td>53</td><td>41</td><td>150</td><td>149</td><td>182</td><td rowspan="3">11.5</td><td>183</td><td>151</td><td rowspan="3">10</td><td rowspan="3">14.2</td></tr>
<tr><td>42</td><td>41</td><td>54</td><td>55</td><td>43</td><td>160</td><td>159</td><td>192</td><td>193</td><td>161</td></tr>
<tr><td>45</td><td>44</td><td>57</td><td rowspan="2">5</td><td>58</td><td>46</td><td rowspan="2">4</td><td rowspan="2">5.5</td><td>170</td><td>169</td><td>202</td><td>203</td><td>171</td></tr>
<tr><td>48</td><td>47</td><td>60</td><td>61</td><td>49</td><td>180</td><td>179</td><td>218</td><td rowspan="3">13</td><td>219</td><td>181</td><td rowspan="3">12</td><td rowspan="3">17.0</td></tr>
<tr><td>50</td><td>49</td><td>66</td><td rowspan="2">7</td><td>67</td><td>51</td><td rowspan="2">5</td><td rowspan="2">7.1</td><td>190</td><td>189</td><td>228</td><td>229</td><td>191</td></tr>
<tr><td>55</td><td>54</td><td>71</td><td>72</td><td>56</td><td>200</td><td>199</td><td>238</td><td>239</td><td>201</td></tr>
</table>

10.3.2　旋转轴唇形密封圈基本形式、代码和尺寸（GB/T 13871—1992 旋转轴唇形密封圈　基本尺寸和公差）

旋转轴唇形密封圈的基本形式和代码见表 10－8，其基本尺寸见表 10－9。

表 10－8　旋转轴唇形密封圈基本形式、代码和尺寸

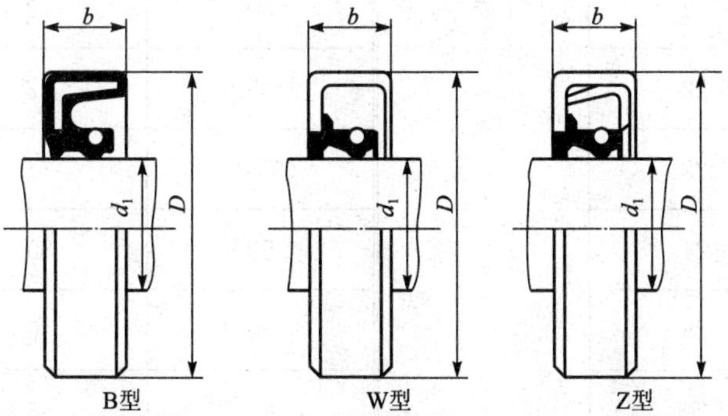

B型
内包骨架型

W型
外露骨架型

Z型
装配型

续表

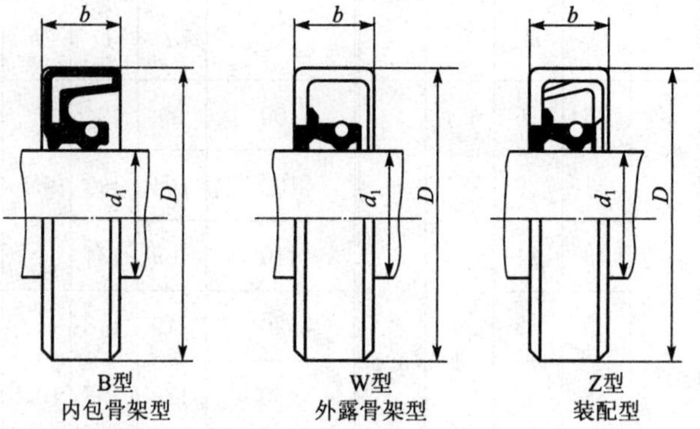

d_1/mm	D/mm	规格代码
6	16	006016
70	90	070090
400	440	400440

表 10—9　密封圈的基本尺寸　mm

d_1	D	b	d_1	D	b
6	16	7	42	62	8
6	22		45	62	
7	22		45	65	
8	22		50	68	
8	24		(50)[12]	70	
9	22		50	72	
10	22		55	72	
10	25		(55)[12]	75	
12	24		55	80	
12	25		60	80	
12	30		60	85	

续表

d_1	D	b	d_1	D	b
15	26	7	65	85	10
15	30		65	90	
15	35		70	90	
16	30		70	95	
(16)[17]	35		75	95	
18	30		75	100	
18	35		80	100	
20	35		80	110	
20	40		85	110	12
(20)[17]	45		85	120	
22	35		(90)[10]	115	
22	40		90	120	
22	47		95	120	
25	40		100	125	
25	47		(105)[10]	130	
25	52		110	140	
28	40		120	150	
28	47		130	160	
28	52		140	170	15
30	42		150	180	
30	47		160	190	
(30)[17]	50		170	200	
30	52	8	180	210	
32	45		190	220	
32	47		200	230	
32	52		220	250	
35	50		240	270	
35	52		(250)[10]	290	
35	55		260	300	20
38	52		280	320	
38	58		300	340	
38	62		320	360	
40	55		340	380	
(40)[17]	60		360	400	
40	62		380	420	
42	55		400	440	

10.3.3 一般应用的O形密封圈（GB/T 3452.1—2005 液压气动用橡胶O形密封圈 第1部分：尺寸系列及公差）

一般应用的O形密封圈的图示及其尺寸标识代号见表10－10，其内径、截面直径尺寸和公差值见表10－11。

表10－10 一般应用的O形密封圈

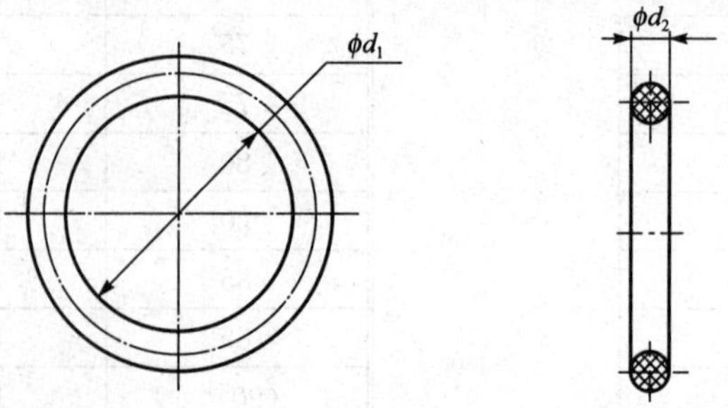

内径 d_1/mm	截面直径 d_2/mm	系列代号（G或A）	等级代号（N或S）	O形圈尺寸标识代号
7.5	1.8	G	S	O形圈 7.5×1.8—G—S—GB/T 3452.1—2005
32.5	2.65	A	N	O形圈 32.5×2.65—A—N—GB/T 3452.1—2005
167.5	3.55	A	S	O形圈 167.5×3.55—A—S—GB/T 3452.1—2005
268	5.3	G	N	O形圈 268×5.3—G—N—GB/T 3452.1—2005
515	7	G	N	O形圈 515×7—G—N—GB/T 3452.1—2005

注：N，S的定义见GB/T 3452.2—1987。

表10－11 一般应用的O形圈内径、截面直径尺寸和公差（G系列） mm

d_1		d_2					d_1		d_2				
尺寸	公差±	1.8±0.08	2.65±0.09	3.55±0.10	5.3±0.13	7±0.15	尺寸	公差±	1.8±0.08	2.65±0.09	3.55±0.10	5.3±0.13	7±0.15
1.8	0.13	×					18	0.25	×	×	×		
2	0.13	×					19	0.25	×	×	×		
2.24	0.13	×					20	0.26	×	×	×		
2.5	0.13	×					20.6	0.26	×	×	×		
2.8	0.13	×					21.2	0.27	×	×	×		
3.15	0.14	×					22.4	0.28	×	×	×		
3.55	0.14	×					23	0.29	×	×	×		
3.75	0.14	×					23.6	0.29	×	×	×		

续表

d_1		d_2					d_1		d_2				
尺寸	公差±	1.8±0.08	2.65±0.09	3.55±0.10	5.3±0.13	7±0.15	尺寸	公差±	1.8±0.08	2.65±0.09	3.55±0.10	5.3±0.13	7±0.15
4	0.14	×					24.3	0.30	×	×	×		
4.5	0.15	×					25	0.30	×	×	×		
4.75	0.15	×					25.8	0.31	×	×	×		
4.87	0.15	×					26.5	0.31	×	×	×		
5	0.15	×					27.3	0.32	×	×	×		
5.15	0.15	×					28	0.32	×	×	×		
5.3	0.15	×					29	0.33	×	×	×		
5.6	0.16	×					30	0.34	×	×	×		
6	0.16	×					31.5	0.35	×	×	×		
6.3	0.16	×					32.5	0.36	×	×	×		
6.7	0.16	×					33.5	0.36	×	×	×		
6.9	0.16	×					34.5	0.37	×	×	×		
7.1	0.16	×					35.5	0.38	×	×	×		
7.5	0.17	×					36.5	0.38	×	×	×		
8	0.17	×					37.5	0.39	×	×	×		
8.5	0.17	×					38.7	0.40	×	×	×		
8.75	0.18	×					40	0.41	×	×	×	×	
9	0.18	×					41.2	0.42	×	×	×	×	
9.5	0.18	×					42.5	0.43	×	×	×	×	
9.75	0.18	×					43.7	0.44	×	×	×	×	
10	0.19	×					45	0.44	×	×	×	×	
10.6	0.19	×	×				46.2	0.45	×	×	×	×	
11.2	0.20	×	×				47.5	0.46	×	×	×	×	
11.6	0.20	×	×				48.7	0.47	×	×	×	×	
11.8	0.19	×	×				50	0.48	×	×	×	×	
12.1	0.21	×	×				51.5	0.49		×	×	×	
12.5	0.21	×	×				53	0.50		×	×	×	
12.8	0.21	×	×				54.5	0.51		×	×	×	
13.2	0.21	×	×				56	0.52		×	×	×	

续表

d_1		d_2					d_1		d_2				
尺寸	公差±	1.8±0.08	2.65±0.09	3.55±0.10	5.3±0.13	7±0.15	尺寸	公差±	1.8±0.08	2.65±0.09	3.55±0.10	5.3±0.13	7±0.15
14	0.22	×	×				58	0.54		×	×	×	
14.5	0.22	×	×				60	0.55		×	×	×	
15	0.22	×	×				61.5	0.56		×	×	×	
15.5	0.23	×	×				63	0.57		×	×	×	
16	0.23	×	×				65	0.58		×	×	×	
17	0.24	×	×				67	0.60		×	×	×	

第 11 章 公差配合、表面粗糙度和齿轮、蜗杆传动精度

11.1 公差配合

表 11－1 标准公差和基本偏差代号（摘自 GB/T 1800.1—2009）

名 称		代 号
标准公差		IT1，IT2，…，IT18 共分 18 级
基本偏差	孔	A，B，C，CD，D，E，EF，F，FG，G，H，J，JS，K，M，N，P，R，S，T，U，V，X，Y，Z，ZA，ZB，ZC
	轴	a，b，c，cd，d，e，ef，f，fg，g，h，j，js，k，m，n，p，r，s，t，u，v，x，y，z，za，zb，zc

表 11－2 配合种类及其代号（摘自 GB/T 1800.1—2009）

种 类	基孔制 H	基轴制 h	说 明
间隙配合	a，b，c，cd，d，e，ef，f，fg，g，h	A，B，C，CD，D，E，EF，F，FG，G，H	间隙依次渐小
过渡配合	j，js，k，m，n	J，JS，K，M，N	依次渐紧
过盈配合	p，r，s，t，u，v，x，y，z，za，zb，zc	P，R，S，T，U，V，X，Y，Z，ZA，ZB，ZC	依次渐紧

表 11－3 基本尺寸至 500 mm 的标准公差值（摘自 GB/T 1800.1—2009）

基本尺寸/mm	等 级							
	IT5	IT6	IT7	IT8	IT9	IT10	IT11	IT12
≤3	4	6	10	14	25	40	60	100
＞3～6	5	8	12	18	30	48	75	120
＞6～10	6	9	15	22	36	58	90	150
＞10～18	8	11	18	27	43	70	110	180
＞18～30	9	13	21	33	52	84	130	210

续表

基本尺寸/mm	等级							
	IT5	IT6	IT7	IT8	IT9	IT10	IT11	IT12
>30～50	11	16	25	39	62	100	160	250
>50～80	13	19	30	46	74	120	190	300
>80～120	15	22	35	54	87	140	220	350
>120～180	18	25	40	63	100	160	250	400
>180～250	20	29	46	72	115	185	290	460
>250～315	23	32	52	81	130	210	320	520
>315～400	25	36	57	89	140	230	360	570
>400～500	27	40	63	97	155	250	400	630

表 11—4　基本尺寸由大于 10 mm 至 315 mm 孔的极限偏差值

(摘自 GB/T 1800.2—2009)

公差带	等级	基本尺寸/mm							
		>10～18	>18～30	>30～50	>50～80	>80～120	>120～180	>180～250	>250～315
D	7	+68 +50	+86 +65	+105 +80	+130 +100	+155 +120	+185 +145	+216 +170	+242 +190
	8	+77 +50	+98 +65	+119 +80	+146 +100	+174 +120	+208 +145	+242 +170	+271 +190
	9	+93 +50	+117 +65	+142 +80	+174 +100	+207 +120	+245 +145	+285 +170	+320 +190
	10	+120 +50	+149 +65	+180 +80	+220 +100	+260 +120	+305 +145	+355 +170	+400 +190
	11	+160 +50	+195 +65	+240 +80	+290 +100	+340 +120	+395 +145	+460 +170	+510 +190
E	6	+43 +32	+53 +40	+66 +50	+79 +60	+94 +72	+110 +85	+129 +100	+142 +110
	7	+50 +32	+61 +40	+75 +50	+90 +60	+107 +72	+125 +85	+146 +100	+162 +110
	8	+59 +32	+73 +40	+89 +50	+106 +60	+126 +72	+148 +85	+172 +100	+191 +110
	9	+75 +32	+92 +40	+112 +50	+134 +60	+159 +72	+185 +85	+215 +100	+240 +110
	10	+102 +32	+124 +40	+150 +50	+180 +60	+212 +72	+245 +85	+285 +100	+320 +110

续表

公差带	等级	基本尺寸/mm							
		>10～18	>18～30	>30～50	>50～80	>80～120	>120～180	>180～250	>250～315
F	6	+27 +16	+33 +20	+41 +25	+49 +30	+58 +36	+68 +43	+79 +50	+88 +56
	7	+34 +16	+41 +20	+50 +25	+60 +30	+71 +36	+83 +43	+96 +50	+108 +56
	8	+43 +16	+53 +20	+64 +25	+76 +30	+90 +36	+106 +43	+122 +50	+137 +56
	9	+59 +16	+72 +20	+87 +25	+104 +30	+123 +36	+143 +43	+165 +50	+186 +56
H	5	+8 0	+9 0	+11 0	+13 0	+15 0	+18 0	+20 0	+23 0
	6	+11 0	+13 0	+16 0	+19 0	+22 0	+25 0	+29 0	+32 0
	7	+18 0	+21 0	+25 0	+30 0	+35 0	+40 0	+46 0	+52 0
	8	+27 0	+33 0	+39 0	+46 0	+54 0	+63 0	+72 0	+81 0
	9	+43 0	+52 0	+62 0	+74 0	+87 0	+100 0	+115 0	+130 0
	10	+70 0	+84 0	+100 0	+120 0	+140 0	+160 0	+185 0	+210 0
	11	+110 0	+130 0	+160 0	+190 0	+220 0	+250 0	+290 0	+320 0
JS	6	±5.5	±6.5	±8	±9.5	±11	±12.5	±14.5	±16
	7	±9	±10	±12	±15	±17	±20	±23	±26
	8	±13	±16	±19	±23	±27	±31	±36	±40
	9	±21	±26	±31	±37	±43	±50	±57	±65
N	7	−5 −23	−7 −28	−8 −33	−9 −10	−10 −45	−12 −52	−14 −60	−14 −66
	8	−3 −30	−3 −36	−3 −42	−4 −50	−4 −58	−4 −67	−5 −77	−5 −86
	9	0 −43	0 −52	0 −62	0 −74	0 −87	0 −100	0 −115	0 −130
	10	0 −70	0 −84	0 −100	0 −120	0 −140	0 −160	0 −185	0 −210
	11	0 −110	0 −130	0 −160	0 −190	0 −220	0 −250	0 −290	0 −320

表 11−5　基本尺寸由大于 10 mm 至 315 mm 轴的极限偏差值

（摘自 GB/T 1800. 2—2009）

公差带	等级	基本尺寸/mm >10 ~ 18	>18 ~ 30	>30 ~ 50	>50 ~ 65	>65 ~ 80	>80 ~ 100	>100 ~ 120	>120 ~ 140	>140 ~ 160	>160 ~ 180	>180 ~ 200	>200 ~ 225	>225 ~ 250	>250 ~ 280	>280 ~ 315
d	6	−50	−65	−80	−100		−120		−145			−170			−190	
		−66	−78	−96	−119		−142		−170			−199			−222	
	7	−50	−65	−80	−100		−120		−145			−170			−190	
		−68	−86	−105	−130		−155		−185			−216			−242	
	8	−50	−65	−80	−100		−120		−145			−170			−190	
		−77	−98	−119	−146		−174		−208			−242			−271	
	9	−50	−65	−80	−100		−120		−145			−170			−190	
		−93	−117	−142	−174		−207		−245			−285			−320	
	10	−50	−65	−80	−100		−120		−145			−170			−190	
		−120	−149	−180	−220		−260		−305			−355			−440	
	11	−50	−65	−80	−100		−120		−145			−170			−190	
		−160	−195	−240	−290		−340		−395			−460			−510	
f	7	−16	−20	−25	−30		−36		−43			−50			−56	
		−34	−41	−50	−60		−71		−83			−96			−108	
	8	−16	−20	−25	−30		−36		−43			−50			−56	
		−43	−53	−64	−76		−90		−106			−122			−137	
	9	−16	−20	−25	−30		−36		−43			−50			−56	
		−59	−72	−87	−104		−123		−143			−165			−186	
g	5	−6	−7	−9	−10		−12		−14			−15			−17	
		−14	−16	−20	−23		−27		−32			−35			−40	
	6	−6	−7	−9	−10		−12		−14			−15			−17	
		−17	−20	−25	−29		−34		−39			−44			−49	
	7	−6	−7	−9	−10		−12		−14			−15			−17	
		−24	−28	−34	−40		−47		−54			−61			−69	
h	5	0	0	0	0		0		0			0			0	
		−8	−9	−11	−13		−15		−18			−20			−23	
	6	0	0	0	0		0		0			0			0	
		−11	−13	−16	−19		−22		−25			−29			−32	
	7	0	0	0	0		0		0			0			0	
		−18	−21	−25	−30		−35		−40			−46			−52	
	8	0	0	0	0		0		0			0			0	
		−27	−33	−39	−46		−54		−63			−72			−81	
	9	0	0	0	0		0		0			0			0	
		−43	−52	−62	−74		−87		−100			−115			−130	
	10	0	0	0	0		0		0			0			0	
		−70	−84	−100	−120		−140		−160			−185			−210	
	11	0	0	0	0		0		0			0			0	
		−110	−130	−160	−190		−220		−250			−290			−320	

续表

公差带	等级	基本尺寸/mm >10 ～18	 >18 ～30	 >30 ～50	 >50 ～65	 >65 ～80	 >80 ～100	 >100 ～120	 >120 ～140	 >140 ～160	 >160 ～180	 >180 ～200	 >200 ～225	 >225 ～250	 >250 ～280	 >280 ～315
js	5	±4	±4.5	±5.5	±6.5		±7.5		±9			±10			±11.5	
	6	±5.5	±6.5	±8	±9.5		±11		±12.5			±14.5			±16	
	7	±9	±10	±12	±15		±17		±20			±23			±26	
k	5	+9 +1	+11 +2	+13 +2	+15 +2		+18 +3		+21 +3			+24 +4			+27 +4	
	6	+12 +1	+15 +2	+18 +2	+21 +2		+25 +3		+28 +3			+33 +4			+36 +4	
	7	+19 +1	+23 +2	+27 +2	+32 +2		+38 +3		+43 +3			+50 +4			+56 +4	
m	5	+15 +7	+17 +8	+20 +9	+24 +11		+28 +13		+33 +15			+37 +17			+34 +20	
	6	+18 +7	+21 +8	+25 +9	+30 +11		+35 +13		+40 +15			+46 +17			+52 +20	
	7	+25 +7	+29 +8	+34 +9	+41 +11		+48 +13		+55 +15			+63 +17			+72 +20	
n	5	+20 +12	+24 +15	+28 +17	+33 +20		+38 +23		+45 +27			+51 +31			+57 +34	
	6	+23 +12	+28 +15	+33 +17	+39 +20		+45 +23		+52 +27			+60 +31			+66 +34	
	7	+30 +12	+36 +15	+42 +17	+50 +20		+58 +23		+67 +27			+77 +31			+86 +34	
p	5	+26 +18	+31 +22	+37 +26	+45 +32		+52 +37		+61 +43			+70 +50			+79 +56	
	6	+29 +18	+35 +22	+42 +26	+51 +32		+59 +37		+63 +43			+79 +50			+88 +56	
	7	+36 +18	+43 +22	+51 +26	+62 +32		+72 +37		+83 +43			+96 +50			+108 +56	
r	5	+31 +23	+37 +28	+45 +34	+54 +41	+56 +43	+66 +51	+69 +54	+81 +63	+83 +65	+86 +68	+97 +77	+100 +80	+104 +84	+117 +94	+121 +98
	6	+34 +23	+41 +28	+50 +34	+60 +41	+62 +43	+73 +51	+76 +54	+88 +63	+90 +65	+93 +68	+106 +77	+109 +80	+113 +84	+126 +94	+130 +98
	7	+41 +23	+49 +28	+59 +34	+71 +41	+73 +43	+86 +51	+89 +54	+103 +63	+105 +65	+108 +68	+123 +77	+126 +80	+130 +84	+146 +94	+150 +98

表 11－6　减速器主要零件的荐用配合

配合零件	荐用配合	装拆方法
一般情况下的齿轮、蜗轮、带轮、链轮、联轴器与轴的配合	$\frac{H7}{r6}$；$\frac{H7}{n6}$	用压力机
小锥齿轮及常拆卸的齿轮、带轮、链轮、联轴器与轴的配合	$\frac{H7}{m6}$；$\frac{H7}{k6}$	用压力机或手锤打入
蜗轮轮缘与轮芯的配合	轮箍式：H7/js6 螺栓连接式：H7/h6	加热轮缘或用压力机推入
轴套、挡油盘、溅油盘与轴的配合	$\frac{D11}{k6}$；$\frac{F9}{k6}$；$\frac{F9}{m6}$；$\frac{H8}{h7}$；$\frac{H8}{h8}$	徒手装配与拆卸
轴承套杯与箱体孔的配合	$\frac{H7}{js6}$；$\frac{H7}{h6}$	
轴承端盖与箱体孔（或套杯孔）的配合	$\frac{H7}{d11}$；$\frac{H7}{h8}$	
嵌入式轴承端盖的凸缘与箱体孔凹槽之间的配合	$\frac{H11}{h11}$	
与密封件相接触轴段的公差带	f9；h11	

11.2　形状和位置公差

表 11－7　直线度和平面度公差（摘自 GB/T 1184—1996）

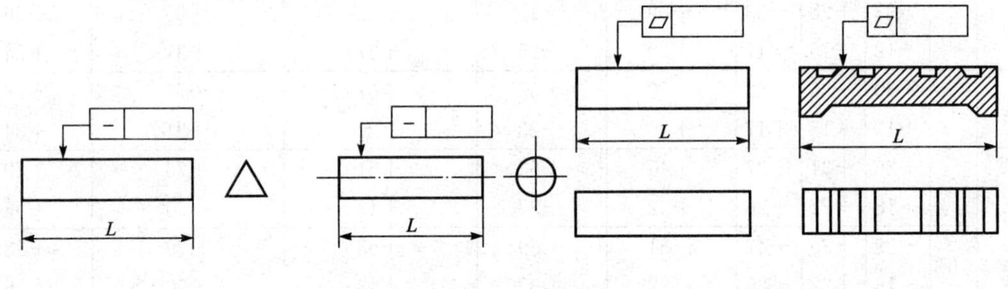

精度等级	主参数 L/mm										应用举例
	≤10	>10～16	>16～25	>25～40	>40～63	>63～100	>100～160	>160～250	>250～400	>400～630	
5	2	2.5	3	4	5	6	8	10	12	15	普通精度机床导轨
6	3	4	5	6	8	10	12	15	20	25	
7	5	6	8	10	12	15	20	25	30	40	轴承体支承面，减速器壳体，轴系支承轴承的接合面
8	8	10	12	15	20	25	30	40	50	60	

表 11－8　圆度和圆柱度公差（摘自 GB/T 1184—1996）

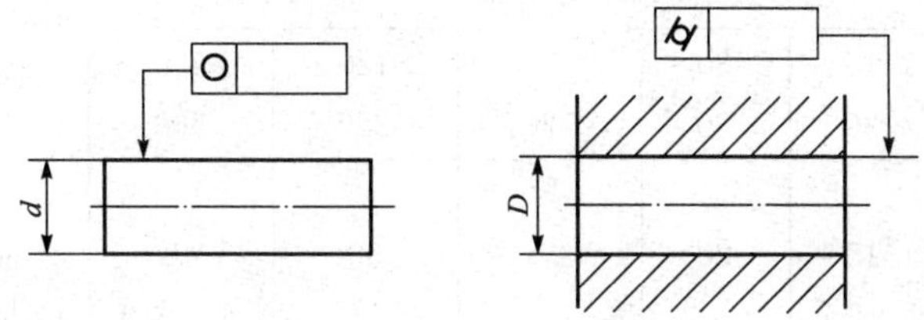

精度等级	主参数 d（D）/mm											应用举例
	＞6～10	＞10～18	＞18～30	＞30～50	＞50～80	＞80～120	＞120～180	＞180～250	＞250～315	＞315～400	＞400～500	
5	1.5	2	2.5	2.5	3	4	5	7	8	9	10	安装 P6，P0 级滚动轴承的配合面，通用减速器轴颈，一般机床主轴
6	2.5	3	4	4	5	6	8	10	12	13	15	
7	4	5	6	7	8	10	12	14	16	18	20	千斤顶或压力油缸油塞，水泵及减速器轴颈，液压传动系统的分配机构
8	6	8	9	11	13	15	18	20	23	25	27	

表 11－9　同轴度、对称度、圆跳动和全跳动公差（摘自 GB/T 1184—1996）

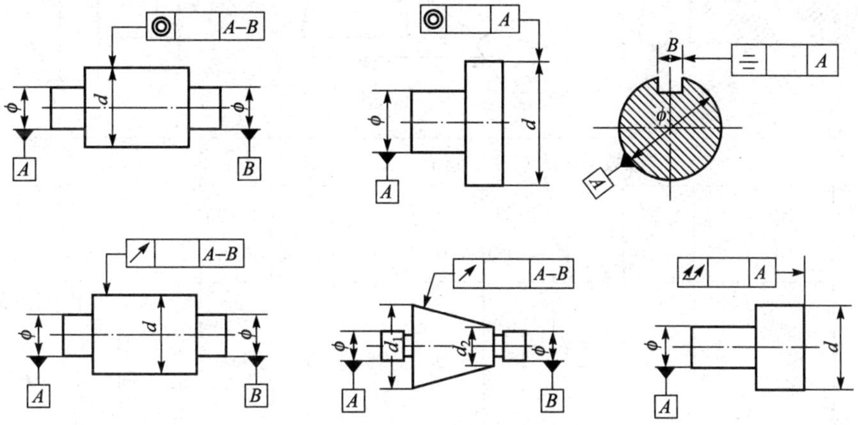

精度等级	主参数 d（D），B/mm							应用举例
	＞6～10	＞10～18	＞18～30	＞30～50	＞50～120	＞120～250	＞250～500	
5	4	5	6	8	10	12	15	6 和 7 级精度齿轮轴的配合面，较高精度的高转速轴，较高精度机床的轴套
6	6	8	10	12	15	20	25	

续表

精度等级	主参数 d（D），B/mm							应用举例
	>6～10	>10～18	>18～30	>30～50	>50～120	>120～250	>250～500	
7	10	12	15	20	25	30	40	8和9级精度齿轮轴的配合面，普通精度高速轴（1 000 r/min以下），长度在1 m以下的主传动轴，起重运输机的鼓轮配合孔和导轮的滚动面
8	15	20	25	30	40	50	60	

表 11－10　平行度、垂直度和倾斜度公差（摘自 GB/T 1184—1996）

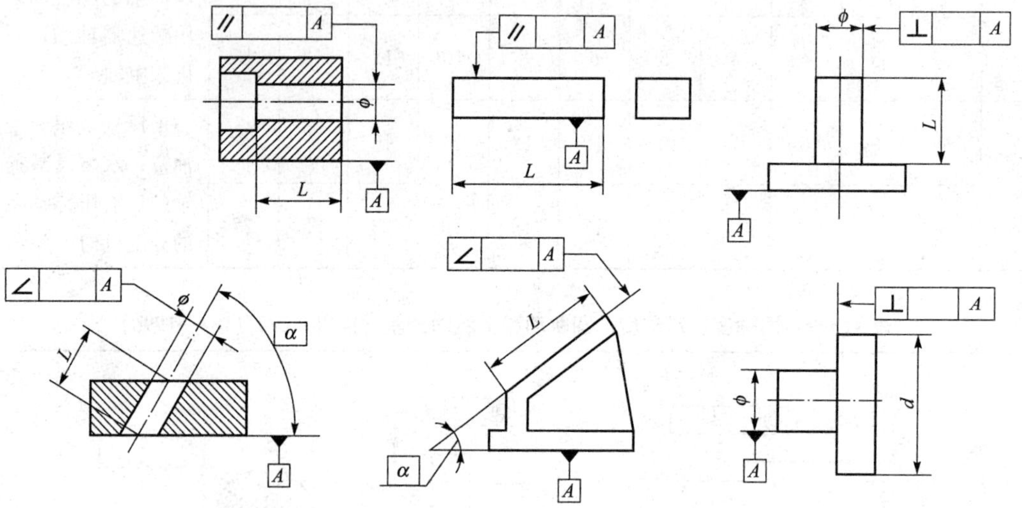

精度等级	主参数 L，d（D）/mm										应用举例
	≤10	>10～16	>16～25	>25～40	>40～63	>63～100	>100～160	>160～250	>250～400	>400～630	
5	5	6	8	10	12	15	20	25	30	40	垂直度用于发动机轴和离合器的凸缘，装 P5、P6 级轴承和装 P4、P5 级轴承的箱体的凸肩
6	8	10	12	15	20	25	30	40	50	60	平行度用于中等精度钻模的工作面、7～10 级精度齿轮传动壳体孔的中心线
7	12	15	20	25	30	40	50	60	80	100	垂直度用于装 P6，P0 级轴承的壳体孔的轴线，按 h6 与 g6 连接的锥形轴减速器的机体孔中心线

续表

精度等级	主参数 L，d（D）/mm										应用举例
	≤10	>10～16	>16～25	>25～40	>40～63	>63～100	>100～160	>160～250	>250～400	>400～630	
8	20	25	30	40	50	60	80	100	120	150	平行度用于重型机械轴承盖的端面、手动传动装置中的传动轴

表 11—11　轴的形位公差推荐

类别	标注项目	精度等级	对工作性能的影响
形状公差	与滚动轴承相配合的直径的圆柱度	6	影响轴承与轴配合松紧及对中性，也会改变轴承内圈滚道的几何形状，缩短轴承寿命
位置公差	与滚动轴承相配合的轴颈表面对中心线的圆跳动	6	影响传动件及轴承的运转（偏心）
	轴承定位端面对中心线的垂直度或端面圆跳动	6	影响轴承的定位，造成轴承套圈歪斜；改变滚道的几何形状，恶化轴承的工作条件
	与齿轮等传动零件相配合表面对中心线的圆跳动	6～8	影响传动件的运转（偏心）
	齿轮等传动零件的定位端面对中心线的垂直度或端面圆跳动	6～8	影响齿轮等传动零件的定位及其受载均匀性
	键槽对轴中心线的对称度（要求不高时可不注）	7～9	影响键受载的均匀性及装拆的难易

表 11—12　箱体的形位公差推荐

类别	标注项目	荐用精度等级	对工作性能的影响
形状公差	轴承座孔的圆柱度	7	影响箱体与轴承的配合性能及对中性
	分箱面的平面度	7	影响箱体剖分面的防渗漏性能及密合性
位置公差	轴承座孔中心线相互间的平行度	6	影响传动零件的接触斑点及传动的平稳性
	轴承座孔的端面对其中心线的垂直度	7～8	影响轴承固定及轴向受载的均匀性
	锥齿轮减速器轴承座孔中心线相互间的垂直度	7	影响传动零件的传动平稳性和载荷分布的均匀性
	两轴承座孔中心线的同轴度	6～7	影响减速器的装配及传动零件载荷分布的均匀性

11.3 表面粗糙度

表 11－13 表面粗糙度的参数值及对应的加工方法（摘自 GB/T 1031—2009）

粗糙度	○√	*Ra*25	*Ra*12.5	*Ra*6.3	*Ra*3.2	*Ra*1.6	*Ra*0.8	*Ra*0.4	*Ra*0.2
表面状态	除净毛刺	微见刀痕	可见加工痕迹	微见加工痕迹	看不见加工痕迹	可辨加工痕迹方向	微辨加工痕迹方向	不可辨加工痕迹方向	暗光泽面
加工方法	铸，锻，冲压，热轧，冷轧，粉末冶金	粗车，刨，立铣，平铣，钻	车，镗，刨，钻，平铣，立铣，锉，粗铰，磨，铣齿	车，镗，刨，铣，刮 1～2 点/cm², 拉，磨，锉，滚压，铣齿	车，镗，刨，铣，铰，拉，磨，滚压，铣齿，刮 1～2 点/cm²	车，镗，拉，磨，立铣，铰，滚压，刮 3～10 点/cm²	铰，磨，镗，拉，滚压，刮 3～10 点/cm²	布轮磨，磨，研磨，超级加工	超级加工

表 11－14 典型零件表面粗糙度的选择（摘自 GB/T 1031—2009）

表面特性	部位	表面粗糙度 *Ra* 数值，不大于/μm		
键与键槽	工作表面	6.3		
	非工作表面	12.5		
齿轮		齿轮的精度等级		
		7	8	9
	齿面	0.8	1.6	3.2
	外圆	1.6～3.2		3.2～6.3
	端面	0.8～3.2		3.2～6.3
滚动轴承配合面	轴承座孔直径/mm	轴或外壳配合表面直径公差等级		
		IT5	IT6	IT7
	≤80	0.4～0.8	0.8～1.6	1.6～3.2
	>80～500	0.8～1.6	1.6～3.2	1.6～3.2
	端面	1.6～3.2	3.2～6.3	
传动件、联轴器等轮毂与轴的配合表面	轴	1.6～3.2		
	轮毂			
轴端面、倒角、螺栓孔等非配合表面		12.5～25		

续表

表面特性	部位	表面粗糙度 Ra 数值，不大于/μm		
轴密封处的表面	毡圈式	橡胶密封式		油沟及迷宫式
	与轴接触处的圆周速度/（m·s⁻¹）			1.6～3.2
	≤3	>3～5	>5～10	
	0.8～1.6	0.4～0.8	0.2～0.4	
箱体剖分面	1.6～3.2			
观察孔与盖的接触面，箱体底面	6.3～12.5			
定位孔销	0.8～1.6			

11.4　渐开线圆柱齿轮精度

表 11－15　普通减速器齿轮的荐用精度（摘自 GB/T 10095.1—2008）

齿轮圆周速度/（m·s^{-1}）		精度等级	
斜齿轮	直齿轮	软或中硬齿面	硬齿面
≤3	≤3	8－8－7	7－7－6
>3～12.5	>3～7	8－7－7	7－7－6
>12.5～18	>7～12	8－7－6	6

表 11－16　齿厚极限偏差（摘自 GB/T 10095.1—2008）

C＝＋1f_{pt}	G＝－6f_{pt}	L＝－16f_{pt}	R＝－40f_{pt}
D＝0	H＝－8f_{pt}	M＝－20f_{pt}	S＝－50f_{pt}
E＝－2f_{pt}	J＝－10f_{pt}	N＝－25f_{pt}	
F＝－4f_{pt}	K＝－12f_{pt}	P＝－32f_{pt}	

注：对外啮合齿轮：

公法线平均长度上偏差 $E_{ws}=E_{ss}\cos\alpha-0.72F_r\sin\alpha$；

公法线平均长度下偏差 $E_{wi}=E_{si}\cos\alpha+0.72F_r\sin\alpha$；

公法线平均长度公差 $T_w=T_s\cos\alpha-1.44F_r\sin\alpha$。

表 11-17　齿厚极限偏差和公法线平均长度偏差

偏差	第Ⅱ公差组精度等级	法向模数 m_n/mm	分度圆直径/mm					
			≤80	>80～125	>125～180	>180～250	>250～315	>315～400
齿厚极限上偏差 E_{ss} 及下偏差 E_{si}	6	≥1～3.5	$\mathrm{HK}\binom{-80}{-120}$	$\mathrm{JL}\binom{-100}{-160}$	$\mathrm{JL}\binom{-110}{-176}$	$\mathrm{KM}\binom{-132}{-220}$	$\mathrm{KM}\binom{-132}{-220}$	$\mathrm{HK}\binom{-176}{-220}$
		>3.5～6.3	$\mathrm{GJ}\binom{-78}{-130}$	$\mathrm{HK}\binom{-104}{-156}$	$\mathrm{HK}\binom{-112}{-168}$	$\mathrm{JL}\binom{-140}{-224}$	$\mathrm{JL}\binom{-140}{-224}$	$\mathrm{KL}\binom{-168}{-224}$
		>6.3～10	$\mathrm{GJ}\binom{-84}{-140}$	$\mathrm{HK}\binom{-112}{-168}$	$\mathrm{HK}\binom{-128}{-192}$	$\mathrm{HK}\binom{-128}{-192}$	$\mathrm{HK}\binom{-128}{-192}$	$\mathrm{JL}\binom{-160}{-256}$
	7	≥1～3.5	$\mathrm{HK}\binom{-112}{-168}$	$\mathrm{HK}\binom{-112}{-168}$	$\mathrm{HK}\binom{-128}{-192}$	$\mathrm{HK}\binom{-128}{-192}$	$\mathrm{JL}\binom{-160}{-256}$	$\mathrm{KL}\binom{-192}{-256}$
		>3.5～6.3	$\mathrm{GJ}\binom{-108}{-180}$	$\mathrm{GJ}\binom{-108}{-180}$	$\mathrm{GJ}\binom{-120}{-200}$	$\mathrm{HK}\binom{-120}{-200}$	$\mathrm{HK}\binom{-160}{-240}$	$\mathrm{HK}\binom{-160}{-240}$
		>6.3～10	$\mathrm{GJ}\binom{-120}{-200}$	$\mathrm{GJ}\binom{-120}{-200}$	$\mathrm{GJ}\binom{-132}{-220}$	$\mathrm{GJ}\binom{-132}{-220}$	$\mathrm{HK}\binom{-176}{-264}$	$\mathrm{HK}\binom{-176}{-264}$
	8	≥1～3.5	$\mathrm{GJ}\binom{-120}{-200}$	$\mathrm{GJ}\binom{-120}{-200}$	$\mathrm{GJ}\binom{-132}{-220}$	$\mathrm{HK}\binom{-176}{-264}$	$\mathrm{HK}\binom{-176}{-264}$	$\mathrm{HK}\binom{-176}{-264}$
		>3.5～6.3	$\mathrm{FH}\binom{-100}{-200}$	$\mathrm{GH}\binom{-150}{-200}$	$\mathrm{GJ}\binom{-168}{-280}$	$\mathrm{GJ}\binom{-168}{-280}$	$\mathrm{GJ}\binom{-168}{-280}$	$\mathrm{GJ}\binom{-168}{-280}$
		>6.3～10	$\mathrm{FG}\binom{-112}{-244}$	$\mathrm{FG}\binom{-112}{-244}$	$\mathrm{FH}\binom{-128}{-256}$	$\mathrm{GJ}\binom{-192}{-320}$	$\mathrm{GJ}\binom{-192}{-320}$	$\mathrm{GJ}\binom{-192}{-320}$
公法线平均长度上偏差 E_{ws} 及下偏差 E_{wi}	6	≥1～3.5	$\mathrm{HJ}\binom{-80}{-100}$	$\mathrm{JL}\binom{-100}{-140}$	$\mathrm{JL}\binom{-110}{-176}$	$\mathrm{KL}\binom{-132}{-176}$	$\mathrm{KL}\binom{-132}{-176}$	$\mathrm{LM}\binom{-176}{-220}$
		>3.5～6.3	$\mathrm{GH}\binom{-78}{-104}$	$\mathrm{HJ}\binom{-104}{-130}$	$\mathrm{HJ}\binom{-112}{-140}$	$\mathrm{JL}\binom{-140}{-244}$	$\mathrm{JL}\binom{-140}{-224}$	$\mathrm{KL}\binom{-168}{-224}$
		>6.3～10	$\mathrm{GH}\binom{-84}{-112}$	$\mathrm{HJ}\binom{-112}{-140}$	$\mathrm{HJ}\binom{-128}{-160}$	$\mathrm{HJ}\binom{-128}{-160}$	$\mathrm{HJ}\binom{-128}{-160}$	$\mathrm{JL}\binom{-192}{-256}$
	7	≥1～3.5	$\mathrm{HJ}\binom{-112}{-140}$	$\mathrm{HJ}\binom{-112}{-140}$	$\mathrm{HJ}\binom{-128}{-160}$	$\mathrm{HJ}\binom{-128}{-160}$	$\mathrm{JL}\binom{-160}{-256}$	$\mathrm{KL}\binom{-160}{-256}$
		>3.5～6.3	$\mathrm{GH}\binom{-108}{-144}$	$\mathrm{GH}\binom{-108}{-144}$	$\mathrm{GH}\binom{-120}{-160}$	$\mathrm{HJ}\binom{-160}{-200}$	$\mathrm{HJ}\binom{-160}{-200}$	$\mathrm{HJ}\binom{-160}{-200}$
		>6.3～10	$\mathrm{GH}\binom{-120}{-160}$	$\mathrm{GH}\binom{-120}{-160}$	$\mathrm{GH}\binom{-132}{-176}$	$\mathrm{GH}\binom{-132}{-176}$	$\mathrm{HJ}\binom{-176}{-220}$	$\mathrm{HJ}\binom{-176}{-220}$
	8	≥1～3.5	$\mathrm{GH}\binom{-120}{-160}$	$\mathrm{GH}\binom{-120}{-160}$	$\mathrm{GH}\binom{-132}{-176}$	$\mathrm{HJ}\binom{-176}{-220}$	$\mathrm{HJ}\binom{-176}{-220}$	$\mathrm{HJ}\binom{-176}{-220}$
		>3.5～6.3	$\mathrm{FG}\binom{-100}{-150}$	$\mathrm{GH}\binom{-100}{-150}$	$\mathrm{GH}\binom{-168}{-224}$	$\mathrm{GH}\binom{-168}{-224}$	$\mathrm{GH}\binom{-168}{-224}$	$\mathrm{GH}\binom{-168}{-224}$
		>6.3～10	$\mathrm{FH}\binom{-112}{-224}$	$\mathrm{FG}\binom{-112}{-224}$	$\mathrm{FG}\binom{-128}{-192}$	$\mathrm{GH}\binom{-192}{-256}$	$\mathrm{GH}\binom{-192}{-256}$	$\mathrm{GH}\binom{-192}{-256}$

注：1. 本表不属于 GB/T 10095.1—2008，仅供参考。

2. 表中给出的偏差值适用于一般传动。

表 11－18　推荐的圆柱齿轮和齿轮副检验项目

项　目		精度等级
		6～8
公差组	Ⅰ	F_r 与 F_w
	Ⅱ	f_f 与 f_{pb} 或 f_f 与 f_{pt}　f_{pt} 与 f_{fb}
	Ⅲ	（接触斑点）或 F_β
齿轮副	对齿轮	E_w 或 E_a
	对传动	接触斑点，f_a
	对箱体	f_x，f_y
齿轮毛坯公差		顶圆直径公差，基准面的径向跳动公差，基准面的端面跳动公差

表 11－19　齿轮有关 F_r、F_w、f_t、f_{pt}、F_β 的值（摘自 GB/T 10095.1—2008）

分度圆直径/mm		法向模数 m_n/mm	第Ⅰ公差组						第Ⅱ公差组									第Ⅲ公差组				
			齿圈径向跳动公差 F_r			公法线长度变动公差 F_w			齿形公差 f_f			齿距极限偏差 $\pm f_{pt}$			基节极限偏差 $\pm f_{pb}$			齿向公差 F_β				
			精度等级															齿轮宽度/mm		精度等级		
大于	到		6	7	8	6	7	8	6	7	8	6	7	8	6	7	8			6	7	8
—	125	≥1～3.5	25	36	45	20	28	40	8	11	14	10	14	20	9	13	18	—	40	9	11	18
		>3.5～6.3	28	40	50				10	14	20	13	18	25	11	16	22					
		>6.3～10	32	45	56				12	17	22	14	20	28	13	18	25	40	100	12	16	25
125	400	≥1～3.5	36	50	63	25	36	50	9	13	18	11	16	22	10	14	20					
		>3.5～6.3	40	56	71				11	16	22	14	20	28	13	18	25	100	160	16	20	32
		>6.3～10	45	63	86				13	19	28	16	22	32	14	20	30					

表 11－20　轴线平行度公差（摘自 GB/T 10095.1—2008）

x 方向轴线平行度公差 $f_x=F_\beta$	对 F_β 见表 11－19
y 方向轴线平行度公差 $f_y=\frac{1}{2}F_\beta$	

表 11－21　中心距极限偏差±f_a 值（摘自 GB/T 10095.1—2008）

第Ⅱ公差组精度等级			6	7，8
f_a			$\frac{1}{2}$IT7	$\frac{1}{2}$IT8
中心距 a/mm	大于	到		
	80	120	17.5	27
	120	180	20	31.5
	180	250	23	36

表 11－22　齿坯尺寸和形位公差（摘自 GB/T 10095.1—2008）

齿轮精度等级[1]		6	7，8
孔	尺寸公差、形状公差	IT6	IT7
轴	尺寸公差、形状公差	IT5	IT6
顶圆直径公差[2]		IT8	

注：1. 当三个公差组的精度等级不同时，按最高的精度等级确定公差值。
2. 当顶圆不作测量齿厚的基准时，尺寸公差按 IT11 给定，但不大于 0.1 m_n。

表 11－23　接触斑点（摘自 GB/T 10095.1—2008）

接触斑点	单位	精度等级		
		6	7	8
按高度，不小于	%	50（40）	45（35）	40（30）
按长度，不小于	%	70	60	50

注：1. 接触斑点的分布位置趋近齿面中部，齿顶和两端部棱边处不允许接触。
2. 括号内数值，用于轴向重合度 $\varepsilon_\beta=\frac{b\sin\beta}{\pi m_n}>0.8$ 的斜齿轮。

表 11－24　齿坯基准面径向和端面跳动公差（摘自 GB/T 10095.2—2008）

分度圆直径/mm		精度等级	
大于	到	6 级	7 或 8 级
—	125	11	18
125	400	14	22
400	800	20	32

注：当以顶圆做基准面时，本栏即指顶圆的径向跳动。

表 11－25 固定弦齿厚和弦齿高（$\alpha=\alpha_n=20°$，$h_a^*=1$）（摘自 GB/T 10095.1—2008）

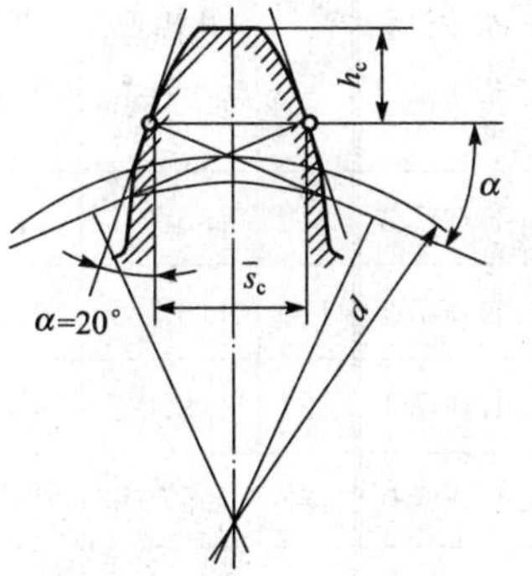

固定弦齿厚 $\bar{s}_c=1.387\ m$；固定弦齿高 $\bar{h}_c=0.7476\ m$					
m	$\bar{s}_c$/mm	$\bar{h}_c$/mm	m	$\bar{s}_c$/mm	$\bar{h}_c$/mm
1	1.387 1	0.747 6	4	5.548 2	2.990 3
1.25	1.733 8	0.934 4	4.5	6.241 7	3.364 1
1.5	2.080 6	1.121 4	5	6.935 3	3.737 9
1.75	2.427 3	1.308 2	5.5	7.628 8	4.111 7
2	2.774 1	1.495 1	6	8.322 3	4.485 4
2.25	3.120 9	1.682 0	7	9.709 3	5.233 0
2.5	3.467 7	1.868 9	8	11.096 4	5.980 6
3	4.161 2	2.242 7	9	12.483 4	6.728 2
3.5	4.854 7	2.616 5	10	13.870 5	7.475 7

注：1. 对于标准斜齿圆柱齿轮，表中的模数 m 指的是法面模数；对于直齿圆锥齿轮，m 指的是大端模数。

2. 对于变位齿轮，其固定弦齿厚及弦齿高可按下式计算：$\bar{s}_c=1.387\ 1\ m+0.642\ 8\ xm$；$\bar{h}_c=0.747\ 6\ m+0.883\ xm-\Delta ym$。式中 x 及 Δy 分别为变位系数及齿高变动系数。

表 11－26 标准齿轮分度圆弦齿厚和弦齿高（$m=m_n=1$，$\alpha=\alpha_n=20°$，$h_a^*=h_{an}^*=1$）（摘自 GB/T 10095.1—2008）

齿数 z	分度圆弦齿厚 $\bar{s}^*$/mm	分度圆弦齿高 $\bar{h}_a^*$/mm	齿数 z	分度圆弦齿厚 $\bar{s}^*$/mm	分度圆弦齿高 $\bar{h}_a^*$/mm	齿数 z	分度圆弦齿厚 $\bar{s}^*$/mm	分度圆弦齿高 $\bar{h}_a^*$/mm	齿数 z	分度圆弦齿厚 $\bar{s}^*$/mm	分度圆弦齿高 $\bar{h}_a^*$/mm
6	1.552 9	1.102 2	40	1.570 4	1.015 4	74	1.570 7	1.008 4	108	1.570 7	1.005 7
7	1.550 8	1.087 3	41	1.570 4	1.015 0	75	1.570 7	1.008 3	109	1.570 7	1.005 7
8	1.560 7	1.076 9	42	1.570 4	1.014 7	76	1.570 7	1.008 1	110	1.570 7	1.005 6
9	1.562 8	1.068 4	43	1.570 5	1.014 3	77	1.570 7	1.008 0	111	1.570 7	1.005 6
10	1.564 3	1.061 6	44	1.570 5	1.014 0	78	1.570 7	1.007 9	112	1.570 7	1.005 5
11	1.565 4	1.055 9	45	1.570 5	1.013 7	79	1.570 7	1.007 8	113	1.570 7	1.005 5
12	1.566 3	1.051 4	46	1.570 5	1.013 4	80	1.570 7	1.007 7	114	1.570 7	1.005 4
13	1.567 0	1.047 4	47	1.570 5	1.013 1	81	1.570 7	1.007 6	115	1.570 7	1.005 4
14	1.567 5	1.044 0	48	1.570 5	1.012 9	82	1.570 7	1.007 5	116	1.570 7	1.005 3
15	1.567 9	1.041 1	49	1.570 5	1.012 6	83	1.570 7	1.007 4	117	1.570 7	1.005 3
16	1.568 3	1.035 8	50	1.570 5	1.012 3	84	1.570 7	1.007 4	118	1.570 7	1.005 3

续表

齿数 z	分度圆弦齿厚 $\bar{s}^*$/mm	分度圆弦齿高 $\bar{h}_a^*$/mm	齿数 z	分度圆弦齿厚 $\bar{s}^*$/mm	分度圆弦齿高 $\bar{h}_a^*$/mm	齿数 z	分度圆弦齿厚 $\bar{s}^*$/mm	分度圆弦齿高 $\bar{h}_a^*$/mm	齿数 z	分度圆弦齿厚 $\bar{s}^*$/mm	分度圆弦齿高 $\bar{h}_a^*$/mm
17	1.568 6	1.036 2	51	1.570 6	1.012 1	85	1.570 7	1.007 3	119	1.570 7	1.005 2
18	1.568 8	1.034 2	52	1.570 6	1.011 9	86	1.570 7	1.007 2	120	1.570 7	1.005 2
19	1.569 0	1.032 4	53	1.570 6	1.011 7	87	1.570 7	1.007 1	121	1.570 7	1.005 1
20	1.569 2	1.030 8	54	1.570 6	1.011 4	88	1.570 7	1.007 0	122	1.570 7	1.005 1
21	1.569 4	1.029 4	55	1.570 6	1.011 2	89	1.570 7	1.006 9	123	1.570 7	1.005 0
22	1.569 5	1.028 1	56	1.570 6	1.011 0	90	1.570 7	1.006 8	124	1.570 7	1.005 0
23	1.569 6	1.026 8	57	1.570 6	1.010 8	91	1.570 7	1.006 8	125	1.570 7	1.004 9
24	1.569 7	1.025 7	58	1.570 6	1.010 6	92	1.570 7	1.006 7	126	1.570 7	1.004 9
25	1.569 8	1.024 7	59	1.570 6	1.010 5	93	1.570 7	1.006 7	127	1.570 7	1.004 9
26	1.569 8	1.023 7	60	1.570 6	1.010 2	94	1.570 7	1.006 6	128	1.570 7	1.004 8
27	1.569 9	1.022 8	61	1.570 6	1.010 1	95	1.570 7	1.006 5	129	1.570 7	1.004 8
28	1.570 0	1.022 0	62	1.570 6	1.010 0	96	1.570 7	1.006 4	130	1.570 7	1.004 7
29	1.570 0	1.021 3	63	1.570 6	1.009 8	97	1.570 7	1.006 4	131	1.570 8	1.004 7
30	1.570 1	1.020 5	64	1.570 6	1.009 7	98	1.570 7	1.006 3	132	1.570 8	1.004 7
31	1.570 1	1.019 9	65	1.570 6	1.009 5	99	1.570 7	1.006 2	133	1.570 8	1.004 7
32	1.570 2	1.019 3	66	1.570 6	1.009 4	100	1.570 7	1.006 1	134	1.570 8	1.004 6
33	1.570 2	1.018 7	67	1.570 6	1.009 2	101	1.570 7	1.006 1	135	1.570 8	1.004 6
34	1.570 2	1.018 1	68	1.570 6	1.009 1	102	1.570 7	1.006 0	140	1.570 8	1.004 4
35	1.570 2	1.017 6	69	1.570 7	1.009 0	103	1.570 7	1.006 0	145	1.570 8	1.004 2
36	1.570 3	1.017 1	70	1.570 7	1.008 8	104	1.570 7	1.005 9	150	1.570 8	1.004 1
37	1.570 3	1.016 7	71	1.570 7	1.008 7	105	1.570 7	1.005 9	齿	1.570 8	1.000 0
38	1.570 3	1.016 2	72	1.570 7	1.008 6	106	1.570 7	1.005 8	条		
39	1.570 3	1.015 8	73	1.570 7	1.0085	107	1.570 7	1.005 8			

注：1. 当 m（m_n）$\neq 1$ 时，分度圆弦齿厚 $\bar{s}=\bar{s}^* m$（$\bar{s}_n=\bar{s}_n^* m_n$），分度圆弦齿高 $\bar{h}_a=\bar{h}_a^* m$（$\bar{h}_{an}=\bar{h}_{an}^* m_n$）。

2. 对于斜齿圆柱齿轮和圆锥齿轮，本表也可以用，但要按照当量齿数 z_v 查取。

3. 如果当量齿数带小数，就要用比例插入法，把小数部分考虑进去。

表 11－27　公法线长度 W_k^*（$m=1$，$\alpha=20°$）（摘自 GB/T 10095.1—2008）

齿轮齿数 z	跨测齿数 k	公法线长度 W_k^*/mm	齿轮齿数 z	跨测齿数 k	公法线长度 W_k^*/mm	齿轮齿数 z	跨测齿数 k	公法线长度 W_k^*/mm	齿轮齿数 z	跨测齿数 k	公法线长度 W_k^*/mm	齿轮齿数 z	跨测齿数 k	公法线长度 W_k^*/mm
			41	5	13.858 8	81	10	29.179 7	121	14	41.548 4	161	18	53.917 1
			42	5	8 728	82	10	29.193 7	122	14	5 624	162	19	56.883 3
			43	5	8 868	83	10	2 077	123	14	5 764	163	19	56.897 2
4	2	4.484 2	44	5	9 008	84	10	2 217	124	14	5 904	164	19	9 113
5	2	4.494 2	45	6	16.867 0	85	10	2 357	125	14	6 044	165	19	9 253
6	2	4.512 2	46	6	16.881 0	86	10	2 497	126	15	44.570 6	166	19	9 393
7	2	4.526 2	47	6	8 950	87	10	2 637	127	15	44.584 6	167	19	9 533
8	2	4.540 2	48	6	9 090	88	10	2 777	128	15	5 986	168	19	9 673
9	2	4.554 2	49	6	9 230	89	10	2 917	129	15	6 126	169	19	9 813
10	2	4.568 3	50	6	9 370	90	11	32.257 9	130	15	6 266	170	19	9 953
11	2	4.582 3	51	6	9 510	91	11	32.271 8	131	15	6 406	171	20	59.961 5
12	2	5 963	52	6	9 660	92	11	2 858	132	15	6 546	172	20	59.975 4
13	2	6 103	53	6	9 790	93	11	2 998	133	15	6 686	173	20	9 894
14	2	6 243	54	7	19.945 2	94	11	3 136	134	15	6 826	174	20	60.003 4
15	2	6 383	55	7	19.959 1	95	11	3 279	135	16	47.649 0	175	20	0 174
16	2	6 523	56	7	9 731	96	11	3 419	136	16	6 627	176	20	0 314
17	2	6 663	57	7	9 871	97	11	3 559	137	16	6 767	177	20	0 455
18	3	7.632 4	58	7	20.001 1	98	11	3 699	138	16	6 907	178	20	0 595
19	3	7.646 4	59	7	0 152	99	12	35.336 1	139	16	7 047	179	20	0 735
20	3	7.660 4	60	7	0 292	100	12	35.350 0	140	16	7 187	180	21	63.039 7
21	3	6 744	61	7	0 432	101	12	3 640	141	16	7 327	181	21	63.053 6
22	3	6 884	62	7	0 572	102	12	3 780	142	16	7 408	182	21	0 676
23	3	7 024	63	8	23.023 3	103	12	3 920	143	16	7 608	183	21	0 816
24	3	7 165	64	8	23.037 3	104	12	4 060	144	17	50.727 0	184	21	0 956
25	3	7 305	65	8	0 513	105	12	4 200	145	17	50.740 9	185	21	1 099
26	3	7 445	66	8	0 653	106	12	4 340	146	17	7 549	186	21	1 236
27	4	10.710 6	67	8	0 793	107	12	4 481	147	17	7 689	187	21	1 376
28	4	10.724 6	68	8	0 933	108	13	38.414 2	148	17	7 829	188	21	1 516
29	4	7 386	69	8	1 073	109	13	38.428 2	149	17	7 969	189	22	66.117 9
30	4	7 526	70	8	1 213	110	13	4 422	150	17	8 109	190	22	66.131 8
31	4	7 666	71	8	1 353	111	13	4 562	151	17	8 249	191	22	1 458
32	4	7 806	72	9	26.101 5	112	13	4 702	152	17	8 389	192	22	1 598
33	4	7 946	73	9	26.115 5	113	13	4 842	153	18	53.805 1	193	22	1 738
34	4	8 086	74	9	1 295	114	13	4 982	154	18	53.819 1	194	22	1 878
35	4	8 226	75	9	1 435	115	13	5 122	155	18	8 331	195	22	2 018
36	5	13.788 8	76	9	1 575	116	13	5 262	156	18	8 471	196	22	2 158
37	5	13.802 8	77	9	1 715	117	14	41.492 4	157	18	8 611	197	22	2 298

续表

齿轮齿数 z	跨测齿数 k	公法线长度 W_k^*/mm	齿轮齿数 z	跨测齿数 k	公法线长度 W_k^*/mm	齿轮齿数 z	跨测齿数 k	公法线长度 W_k^*/mm	齿轮齿数 z	跨测齿数 k	公法线长度 W_k^*/mm	齿轮齿数 z	跨测齿数 k	公法线长度 W_k^*/mm
38	5	8 168	78	9	1 855	118	14	41.506 4	158	18	8 751	198	23	69.196 1
39	5	8 308	79	9	1 995	119	14	5 204	159	18	8 891	199	23	69.210 1
40	5	8 448	80	9	2 135	120	14	5 344	160	18	9 031	200	23	2 241

注：1. 对标准直齿圆柱齿轮，公法线长度 $W_k=W_k^* m$，W_k^* 为 $m=1$ mm、$\alpha=20°$时的公法线长度。

2. 对变位直齿圆柱齿轮，当变位系数较小，$|x|<0.3$ 时，跨测齿数 k 不变，按照上表查出；而公法线长度 $W_k=(W_k^*+0.684x)\ m$，x 为变位系数；当变位系数 x 较大，$|x|>0.3$ 时，跨测齿数为 k' 可按下式计算：$k'=z\dfrac{a_z}{180°}+0.5$，式中 $a_z=\cos^{-1}\dfrac{2d\cos\alpha}{d_a+d_f}$，而公法线长度为 $W_k=[2.952\,1\ (k-0.5)\ +0.14z+0.684x]m$。

3. 斜齿轮的公法线长度 W_{nk}在法面内测量，其值也可按上表确定，但必须按假想齿轮 z'（$z'=K\cdot z$）查表，其中 K 为与分度圆柱上齿的螺旋角 β 有关的假想齿数系数。假想齿数常为非整数，其小数部分 Δz 所对应的公法线长度 ΔW_n^* 可查表 11－29，故总的公法线长度：$W_{nk}=(W_k^*+\Delta W_n^*)\ m_n$，式中 m_n 为法面模数；W_k^* 为与假想齿轮 z'整数部分相对应的公法线长度，查表 11－27。

表 11－28　假想齿数系数 K（$\alpha_n=20°$）（摘自 GB/T 10095.1—2008）

β	K	差值	β	K	差值	β	K	差值	β	K	差值
1°	1.000	0.002	6°	1.016	0.006	11°	1.054	0.011	16°	1.119	0.017
2°	1.002	0.002	7°	1.022	0.006	12°	1.065	0.012	17°	1.136	0.018
3°	1.004	0.003	8°	1.028	0.008	13°	1.077	0.016	18°	1.154	0.019
4°	1.007	0.004	9°	1.036	0.009	14°	1.090	0.014	19°	1.173	0.021
5°	1.011	0.005	10°	1.045	0.009	15°	1.114	0.015	20°	1.194	

注：对于 β 中间值的系数 K 和差值可按内插法求出。

表 11－29　公法线长度 ΔW_n^*（摘自 GB/T 10095.1—2008）

$\Delta z'$	0.00	0.01	0.02	0.03	0.04	0.05	0.06	0.07	0.08	0.09
0.0	0.000 0	0.000 1	0.000 3	0.000 4	0.000 6	0.000 7	0.000 8	0.001 0	0.001 1	0.001 3
0.1	0.001 4	0.001 5	0.001 7	0.001 8	0.002 0	0.002 1	0.002 2	0.002 4	0.002 5	0.002 7
0.2	0.002 8	0.002 9	0.003 1	0.003 2	0.003 4	0.003 5	0.003 6	0.003 8	0.003 9	0.004 1
0.3	0.004 2	0.004 3	0.004 5	0.004 6	0.004 8	0.004 9	0.005 1	0.005 2	0.005 3	0.005 5
0.4	0.005 6	0.005 7	0.005 9	0.006 0	0.006 1	0.006 3	0.006 4	0.006 6	0.006 7	0.006 9
0.5	0.007 0	0.007 1	0.007 3	0.007 4	0.007 6	0.007 7	0.007 9	0.008 0	0.008 1	0.008 3

续表

$\Delta z'$	0.00	0.01	0.02	0.03	0.04	0.05	0.06	0.07	0.08	0.09
0.6	0.008 4	0.008 5	0.008 7	0.008 8	0.008 9	0.009 1	0.009 2	0.009 4	0.009 5	0.009 7
0.7	0.009 8	0.009 9	0.010 1	0.010 2	0.010 4	0.010 5	0.010 6	0.010 8	0.010 9	0.011 1
0.8	0.011 2	0.011 4	0.011 5	0.011 6	0.011 8	0.011 9	0.012 0	0.012 2	0.012 3	0.012 4
0.9	0.012 6	0.012 7	0.012 9	0.013 0	0.013 2	0.013 3	0.013 5	0.013 6	0.013 7	0.013 9
查取示例：$\Delta z'=0.65$ 时，由上表查得 $\Delta W_n^*=0.009\,1$。										

第 12 章　电　动　机

12.1　Y 系列三相异步电动机（JB/T 9616—1999）

表 12－1　结构及安装代号

机座号	结构及安装代号（IM）
80～160	B3、B5、B6、B7、B8、B35、V1、V3、V5、V6、V15、V36
180～225	B3、B5、B35、V1
250～315	B3、B35、V1

表 12－2　Y 系列三相异步电动机的技术参数

电动机型号	额定功率/kW	满载转速/（$r\cdot min^{-1}$）	堵转转矩/额定转矩	最大转矩/额定转矩	电动机型号	额定功率/kW	满载转速/（$r\cdot min^{-1}$）	堵转转矩/额定转矩	最大转矩/额定转矩
同步转速 3 000 r/min，2 极					同步转速 1 500 r/min，4 极				
Y801－2	0.75	2 825	2.2	2.2	Y801－4	0.55	1 390	2.2	2.2
Y802－2	1.1	2 825	2.2	2.2	Y802－4	0.75	1 390	2.2	2.2
Y90S－2	1.5	2 840	2.2	2.2	Y90S－4	1.1	1 400	2.2	2.2
Y90L－2	2.2	2 840	2.2	2.2	Y90L－4	1.5	1 400	2.2	2.2
Y100L－2	3	2 880	2.2	2.2	Y100L1－4	2.2	1 420	2.2	2.2
Y112M－2	4	2 890	2.2	2.2	Y100L2－4	3	1 420	2.2	2.2
Y132S1－2	5.5	2 900	2.0	2.2	Y112M－4	4	1 440	2.2	2.2
Y132S2－2	7.5	2 900	2.0	2.2	Y132S－4	5.5	1 440	2.2	2.2
Y160M1－2	11	2 930	2.0	2.2	Y132M－4	7.5	1 440	2.2	2.2
Y160M2－2	15	2 930	2.0	2.2	Y160M－4	11	1 460	2.2	2.2
Y160L－2	18.5	2 930	2.0	2.2	Y160L－4	15	1 460	2.2	2.2

续表

电动机型号	额定功率/kW	满载转速/(r·min^{-1})	堵转转矩/额定转矩	最大转矩/额定转矩	电动机型号	额定功率/kW	满载转速/(r·min^{-1})	堵转转矩/额定转矩	最大转矩/额定转矩
Y180M－2	22	2 940	2.0	2.2	Y180M－4	18.5	1 470	2.0	2.2
Y200L1－2	30	2 950	2.0	2.2	Y180L－4	22	1 470	2.0	2.2
同步转速 1 000 r/min，6 极					Y200L－4	30	1 470	2.0	2.2
Y90S－6	0.75	910	2.0	2.0	同步转速 750 r/min，8 极				
Y90L－6	1.1	910	2.0	2.0	Y132S－8	2.2	710	2.0	2.0
Y100L－6	1.5	940	2.0	2.0	Y132M－8	3	710	2.0	2.0
Y112M－6	2.2	940	2.0	2.0	Y160M1－8	4	720	2.0	2.0
Y132S－6	3	960	2.0	2.0	Y160M2－8	5.5	720	2.0	2.0
Y132M1－6	4	960	2.0	2.0	Y160L－8	7.5	720	2.0	2.0
Y132M2－6	5.5	960	2.0	2.0	Y180L－8	11	730	1.7	2.0
Y160M－6	7.5	970	2.0	2.0	Y200L－8	15	730	1.8	2.0
Y160L－6	11	970	2.0	2.0	Y225S－8	18.5	730	1.7	2.0
Y180L－6	15	970	1.8	2.0	Y225M－8	22	730	1.8	2.0
Y200L1－6	18.5	970	1.8	2.0	Y250M－8	30	730	1.8	2.0
Y200L2－6	22	970	1.8	2.0					
Y225M－6	30	980	1.7	2.0					

注：电功机型号意义：以 Y132S2－2－B3 为例，Y 表示系列代号，132 表示机座中心高，S2 表示短机座和第二种铁芯长度（M 表示中机座，L 表示长机座），2 表示电动机的极数，B3 表示安装形式。

表 12－3 机座带底脚、端盖无凸缘 Y 系列电动机的安装及外形尺寸 mm

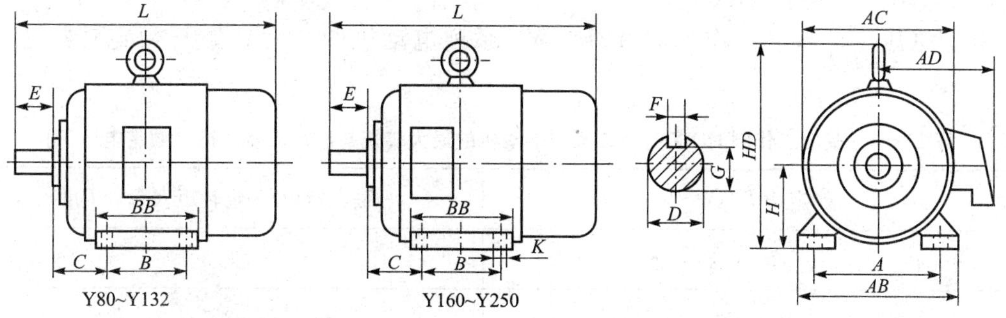

续表

机座号	极数	*A*	*B*	*C*	*D*		*E*	*F*	*G*	*H*	*K*	*AB*	*AC*	*AD*	*HD*	*BB*	*L*
80	2、4	125	100	50	19	+0.009 −0.004	40	6	15.5	80	10	165	165	150	170	130	285
90S	2、4、6	140		56	24		50	8	20	90		180	175	155	190		310
90L			125													155	335
100L		160	140	63	28		60		24	100	12	205	205	180	245	170	380
112M		190		70						112		245	230	190	265	180	400
132S	2、4、6、8	216		89	38	+0.018 +0.002	80	10	33	132		280	270	210	315	200	475
132M			178													238	515
160M		254	210	108	42		110	12	37	160	15	330	325	255	385	270	600
160L			254													314	645
180M		279	241	121	48			14	42.5	180		355	360	285	430	311	670
180L			279													349	710
200L		318	305	133	55	+0.030 +0.011		16	49	200	19	395	400	310	475	379	775
225S	4、8	356	286	149	60		140	18	53	225		435	450	345	530	368	820
225M	2		311		55		110	16	49							393	815
	4、6、8				60		140	18	53								845
250M	2	406	349	168						250	24	490	495	385	575	455	930
	4、6、8				65				58								

12.2 YZR，YZ 系列冶金及起重用三相异步电动机

12.2.1 额定电压下，基准工作制时 YZR，YZ 系列电动机的最大转矩与额定转矩之比

额定电压下，基准工作制时 YZR，YZ 系列电动机的最大转矩与额定转矩之比见表 12−4。

表 12−4 基准工作制时 YZR，YZ 系列电动机的最大转矩与额定转矩之比（额定电压下）

额定功率/kW	最大转矩/额定转矩（T_h，T_N）
≤5.5	2.3
>5.5～11	2.5
>11	2.8

12.2.2 YZR 系列电动机技术数据

YZR 系列电动机的技术数据见表 12－5。

表 12－5 YZR 系列电动机技术数据

机座号	同步转速/（$r \cdot min^{-1}$）								
	1 000			750			650		
	额定功率/kW	转子转动惯量/（$kg \cdot m^2$）	转子绕组开路电压/V	额定功率/kW	转子转动惯量/（$kg \cdot m^2$）	转子绕组开路电压/V	额定功率/kW	转子转动惯量/（$kg \cdot m^2$）	转子绕组开路电压/V
112M	1.5	0.03	100	—	—	—	—	—	—
132M1	2.2	0.06	132	—	—	—	—	—	—
132M2	3.7	0.07	185	—	—	—	—	—	—
160M1	5.5	0.12	138	—	—	—	—	—	—
160M2	7.5	0.15	185	—	—	—	—	—	—
160L	11	0.20	250	7.5	0.20	205	—	—	—
180L	15	0.39	218	11	0.39	172	—	—	—
200L	22	0.67	200	15	0.67	178	—	—	—
225M	30	0.84	250	22	0.82	232	—	—	—
250M1	37	1.52	250	30	1.52	272	—	—	—
250M2	45	1.78	290	37	1.79	335	—	—	—
280S	55	2.35	280	45	2.35	305	37	3.58	150
280M	75	2.86	370	55	2.86	360	45	3.98	172
315S	—	—	—	75	7.22	302	55	7.22	242
315M	—	—	—	90	8.68	372	75	8.68	325
355M	—	—	—	—	—	—	90	14.32	330
355L1	—	—	—	—	—	—	110	17.08	388
355L2	—	—	—	—	—	—	132	19.18	475
400L1	—	—	—	—	—	—	160	24.52	395
400L2	—	—	—	—	—	—	200	28.10	460

注：M，L 后面的数字 1，2 分别代表同一机座号和转速下不同的功率。

12.2.3 YZR 系列电动机安装及外形尺寸

YZR 系列电动机的安装及外形尺寸见表 12－6。

表 12−6　YZR 系列电动机安装及外形尺寸

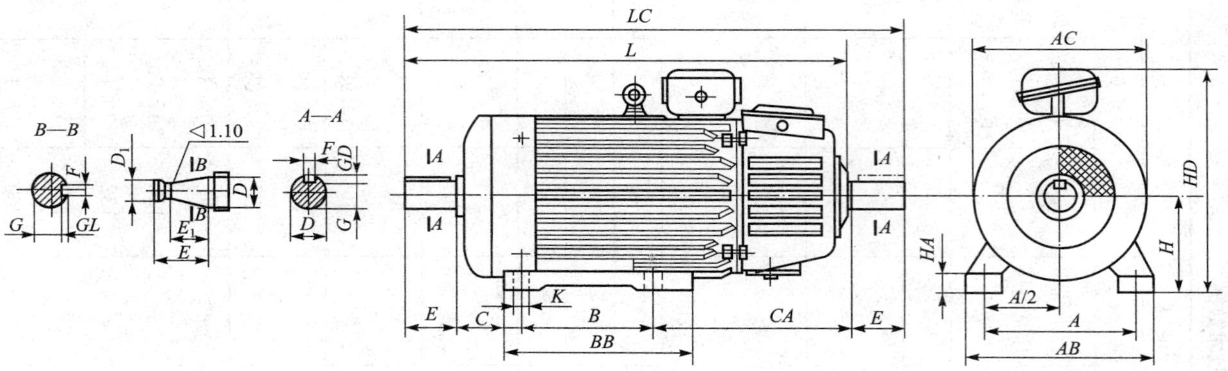

机座号	安装尺寸及公差																									外形尺寸				
	A	A/2[1] 基本尺寸	A/2[1] 极限偏差	B 基本尺寸	C[2] 基本尺寸	C[2] 极限偏差	CA	D[3] 基本尺寸	D[3] 极限偏差	D_1	D_2[4]	E 基本尺寸	E 极限偏差	E_1 基本尺寸	E_1 极限偏差	F 基本尺寸	F 极限偏差	G 基本尺寸	G 极限偏差	H 基本尺寸	H 极限偏差	K 基本尺寸	K 极限偏差	K 位置度	螺栓直径	AB	AC	BB	HA	HD
112M	190	95	±0.5	140	70	±2.0	300	32	$^{+0.018}_{+0.002}$		M30×2	80	±0.37			10	$^{0}_{-0.036}$	27		112		12		ϕ1.0Ⓜ	M10	250	245	235	18	335
132M	216	108		178	89			38										33		132						275	285	260	20	365
160M	254	127		210	108	±3.0	330	48			M36×2	110	±0.43			14		42.5		160		15	$^{+0.043}_{0}$		M12	320	325	290		425
160L				254																								335	25	
180L	279	139.5	±0.75	279	121		360	55		M36×3				82			$^{0}_{-0.043}$	19.9	$^{0}_{-0.2}$	180	$^{0}_{-0.5}$			ϕ1.5Ⓜ		360	360	380		465
200L	318	159		305	133		400	60	$^{+0.046}_{0}$	M42×3					$^{0}_{-0.046}$	16		21.4		200		19			M16	405	405	400	28	510
225M	356	178		311	149		450	65			M48×2	140		105				23.9		225						455	430	410		545
250M	406	203		349	168			70		M48×3						18		25.4		250						515	480	510	30	605

续表

机座号	安装尺寸及公差																								外形尺寸					
	A	A/2[1]		B	C[2]		CA	D[3]		D_1	D_2[4]	E		E_1		F		G		H		K			螺栓直径	AB	AC	BB	HA	HD
		基本尺寸	极限偏差	基本尺寸	基本尺寸	极限偏差		基本尺寸	极限偏差			基本尺寸	极限偏差	基本尺寸	极限偏差	基本尺寸	极限偏差	基本尺寸	极限偏差	基本尺寸	极限偏差	基本尺寸	极限偏差	位置度						
280S	457	228.5	±1.0	368	190	±4.0	540	85	$^{+0.054}_{0}$	M56×4	M64×2	170	±0.50	130	$^{0}_{-0.054}$	20	$^{0}_{-0.052}$	31.7		280	$^{0}_{-1.0}$	24	$^{+0.52}_{0}$	ϕ2.0Ⓜ	M20	575	535	530	32	665
280M				419																								580		
315S	508	254		406	216		600	95		M64×4						22		35.2		315		28			M24	640	620		35	750
315M				457																								630		
355M	610	305		560	254		630	110		M80×4	2—M64×2	210	±0.58	165		25		41.9		355						740	710	730	38	840
355L				630																		35			M30			800		
400L	686	343	±1.25	710	280			130	$^{-0.063}_{0}$	M100×14		250		200	$^{0}_{-0.063}$	28		50		400			$^{+0.52}_{0}$	ϕ2.5Ⓜ		855	840	910	45	950

注：① 如 K 孔的位置度合格，则 $A/2$ 可不考虑；

② C 尺寸的极限偏差包括轴的窜动；

③ 圆锥形轴伸按 GB/T 1570 规检查；

④ D_2 为定转子接线口尺寸。

12.2.4 YZ 系列电动机技术数据（JB/T 10104—1999 YZ 系列起重及冶金用三相异步电动机 技术条件）

YZ 系列电动机的技术数据见表 12—7。

表 12—7 YZ 系列电动机技术数据

机座号	同步转速/（r·min^{-1}）			
	1 000		750	
	功率/kW	转子转动惯量/（kg·m^2）	功率/kW	转子转动惯量/（kg·m^2）
112M	1.5	0.022	—	—
132M1	2.2	0.056	—	—
132M2	3.7	0.062	—	—
160M1	5.5	0.014	—	—
160M2	7.5	0.143	—	—
160L	11	0.192	7.5	0.192
180L	—	—	11	0.352
200L	—	—	15	0.622
225M	—	—	22	0.820
250M1	—	—	30	1.432

注：M，L 后面的 1，2 分别代表同一机座号和转速下的不同功率。

12.2.5 YZ 系列电动机安装及外形尺寸

YZ 系列电动机的安装及外形尺寸见表 12—8。

表 12—8 YZ 系列电动机安装及外形尺寸 mm

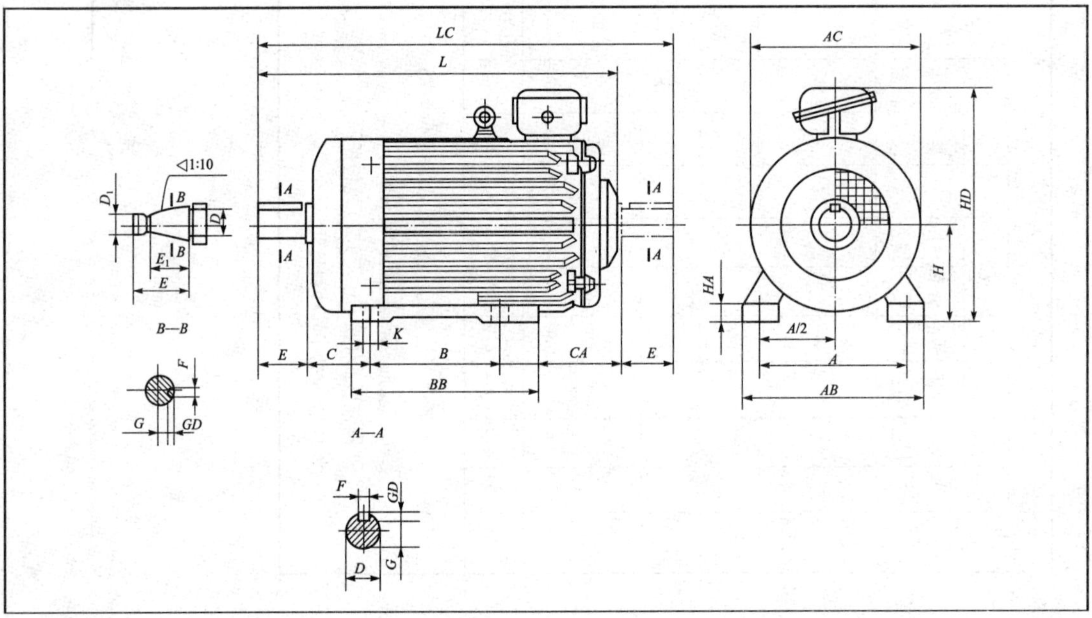

续表

机座号	安装尺寸及公差														
	A	A/2[①]		B	C[②]		CA	D[③]		D_1	D_2[④]	E		E_1	
		基本尺寸	极限偏差	基本尺寸	基本尺寸	极限偏差		基本尺寸	极限偏差			基本尺寸	极限偏差	基本尺寸	极限偏差
112M	190	95	±0.50	140	70	±2.0	135	32	$^{+0.018}_{+0.002}$	—	M30×2	80	±0.37	—	—
132M	216	108		178	89		150	38							
160M	254	127	±0.75	210	108	±3.0	180	48			M36×2	110	±0.43		
160L				254											
180L	279	139.5		279	121			55	$^{+0.046}_{0}$	M36×3				82	$^{0}_{-0.46}$
200L	318	159		305	133		210	60		M42×3					
225M	356	178		311	149	±4.0	258	65			M48×2	140	±0.50	105	
250M	406	203	±1.0	349	168		295	70		M48×3					

机座号	安装尺寸及公差										外形尺寸						
	F		G		H		K			螺栓直径	AB	AC	BB	HA	HD	L	LC
	基本尺寸	极限偏差	基本尺寸	极限偏差	基本尺寸	极限偏差	基本尺寸	极限偏差	位置度公差								
112M	10	$^{0}_{-0.036}$	27	$^{0}_{-0.2}$	112	$^{0}_{-0.5}$	12	$^{+0.43}_{0}$	ϕ1.0Ⓜ	M10	250	245	235	18	335	420	505
132M			33		132						275	285	260	20	365	495	577
160M	14	$^{0}_{-0.043}$	42.5		160		15		ϕ1.5Ⓜ	M12	320	325	290	25	425	608	718
160L													335			650	762
180L			19.9		180						360	360	380		465	685	800
200L	16		21.4		200		19	$^{+0.52}_{0}$		M16	405	405	410	28	510	780	928
225M			23.9		225						455	430	410		545	850	998
250M	18		25.4		250		24		ϕ2.0Ⓜ	M20	515	480	510	30	605	935	1 092

注：① 如 K 孔的位置度合格，则 A/2 可不做考核；

② C 尺寸的极限偏差包括轴的窜动；

③ 圆锥形轴伸按 GB/T 1570 规定进行检查；

④ D_2 为定子接线口尺寸。

附图　课程设计参考图例

1. 一级圆柱齿轮减速器装配图（见图 f—1，凸缘端盖结构，轴承用油润滑）

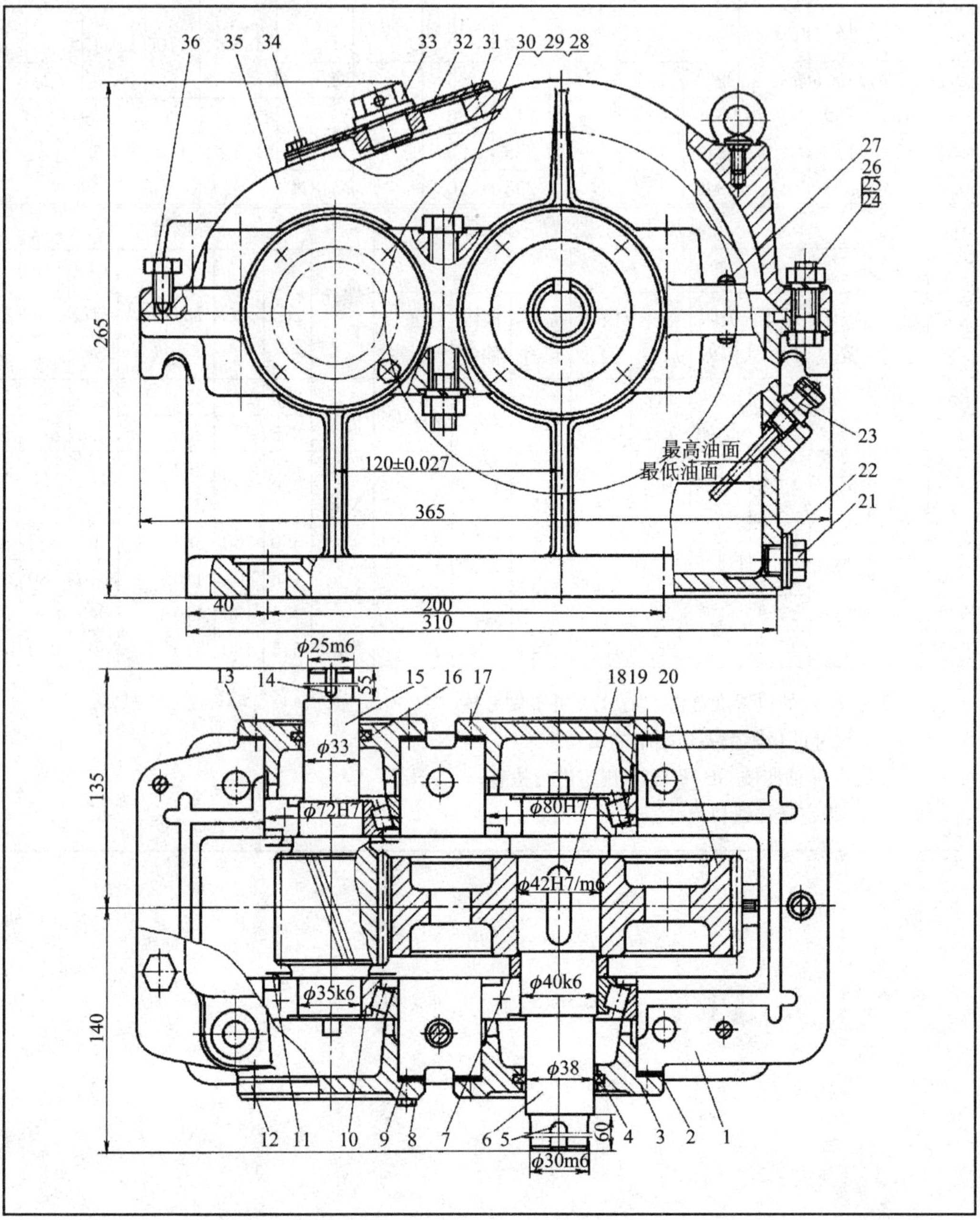

图 f—1　一级圆柱齿轮减速器（主视图、俯视图）

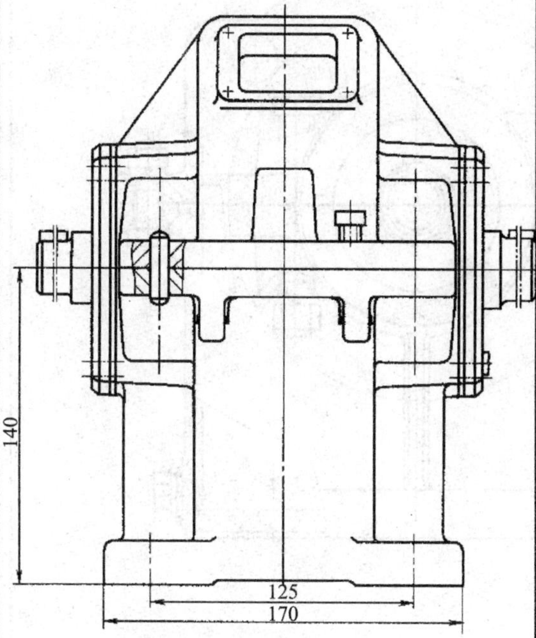

技术特性

输入功率/kW	输入轴转速/($r \cdot min^{-1}$)	传动比i
4.5	960	3.55

技术要求

1.装配前，滚动轴承用汽油清洗,其他零件用煤油清洗,箱体内不允许有任何杂物存在,箱体内壁涂耐油油漆。
2.齿轮副的侧隙用钢丝检验，侧隙值应不小于0.14 mm。
3.滚动轴承的轴向调整间隙均为0.05~0.1 mm。
4.齿轮装配后，用涂色法检验齿面接触斑点，沿齿高不小于 45%,沿齿长不小于60%。
5.减速器剖分面涂密封胶或水玻璃，不允许使用任何填料。
6.减速器内装L-CKC150号工业闭式齿轮油（GB/T 5903—1995）,油量应达到规定高度。
7.减速器外表面涂灰色油漆。

序号	零件名称	数量	材料	规格及标准代号	备注
36	启盖螺钉	1	Q235	M10×20	
35	箱盖	1	HT200		
34	螺钉	4	Q235	GB/T 5783—2000 M6×20	
33	通气器	1	Q235		
32	窥视孔盖	1	Q235		
31	垫片	1	软钢纸板		
30	弹簧垫圈	6	65Mn	垫圈 CB/T93—1987 12	
29	螺母	6	Q235	GB/T 6170—2000 M12	
28	螺栓	6	Q235	GB/T 5783—2000 M12×10	
27	圆锥销	2	35	销 GB/T 117—2000 8×35	
26	弹簧垫圈	1	65Mn	垫圈CB/T 93—1987 10	
25	螺母	1	Q235	GB/T 6170—2000 M10	
24	螺栓	1	Q235	GB/T 5782—2000 M10×40	
23	油标尺			组合件	
22	封油圈	1	石棉橡胶纸		
21	油塞	1	Q235		
20	大齿轮	1	45	m_n=2.5,z=71	
19	圆锥滚子轴承	2		30208 GB/T 297—1994	
18	键	1	45	键12×40 GB/T 1096—2000	
17	轴承盖	1	HT200		
16	毡圈	1	半粗羊毛毡		
15	齿轮轴	1	45	m_n=2.5,z=20	
14	键	1	45	键C8×50 GB/T 1096—2003	
13	轴承盖	1	HT200		
12	轴承盖	1	HT200		
11	挡油盘	2	Q235		
10	圆锥滚子轴承	2		30207 GB/T 297—1994	
9	调整垫片	2	08F		
8	螺钉	16	Q235	GB/T 57836—2000 M8×25	
7	轴套	1	45		
6	轴	1	45		
5	键	1	45	键C8×55 GB/T 1096—2003	
4	毡圈	1	半粗羊毛毡		
3	轴承盖	1	HT200		
2	调整垫片	2	08F		
1	箱座	1	HT200		

一级圆柱齿轮减速器		比例		图号	
		数量		重量	
设计		年月	机械零件课程设计	（校名）	
审核				（班号）	

图 f—1　一级圆柱齿轮减速器（侧视图）

2. 一级圆柱齿轮减速器装配图（见图 f—2，嵌入式轴承端盖）

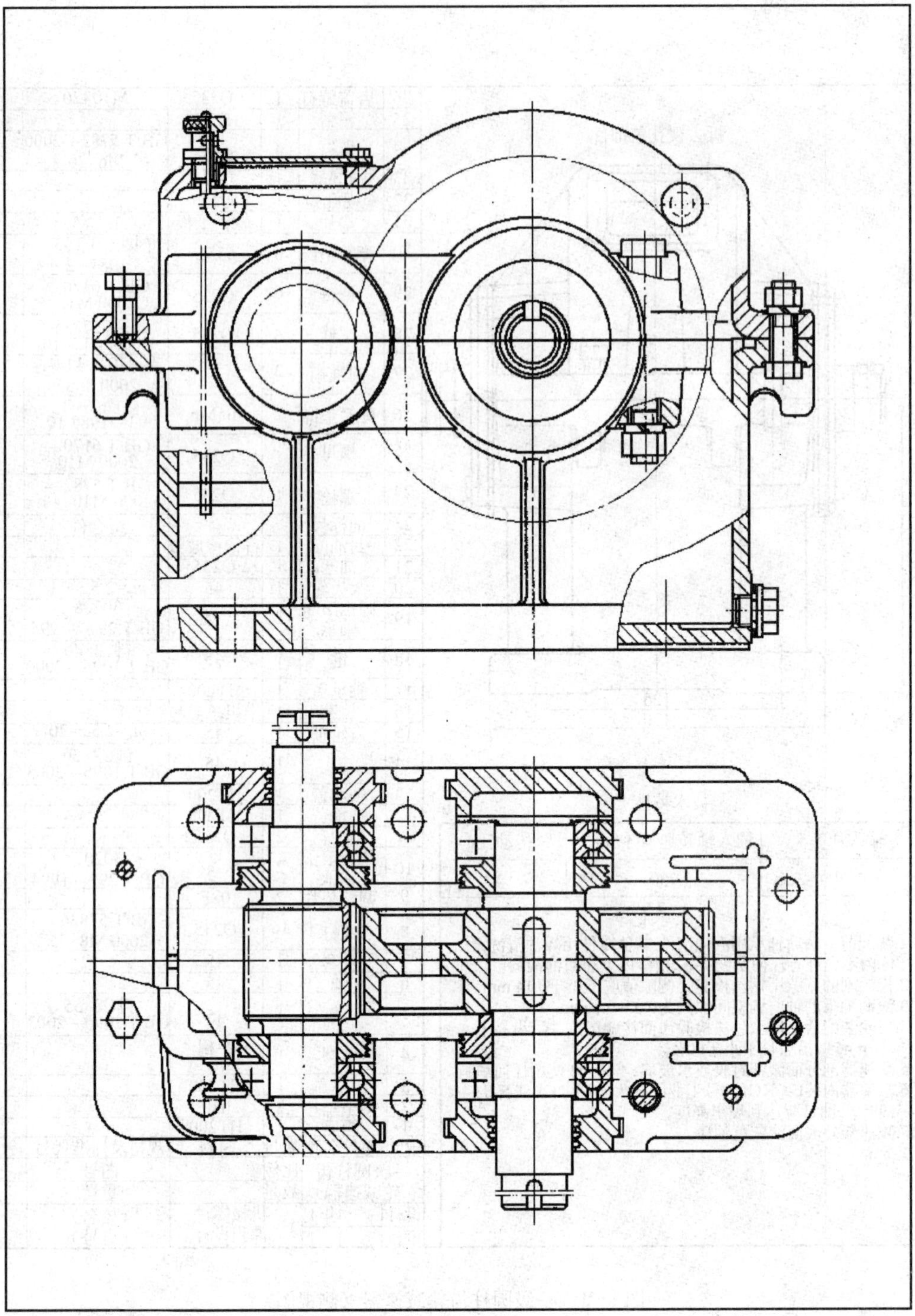

图 f—2　一级圆柱齿轮减速器（主视图、俯视图）

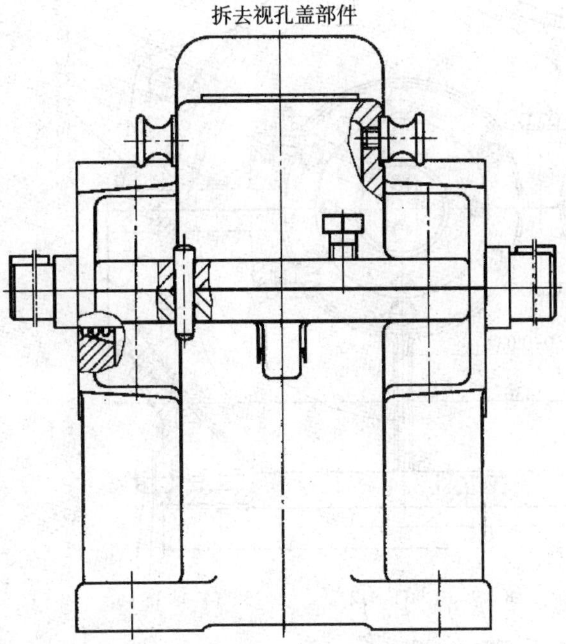

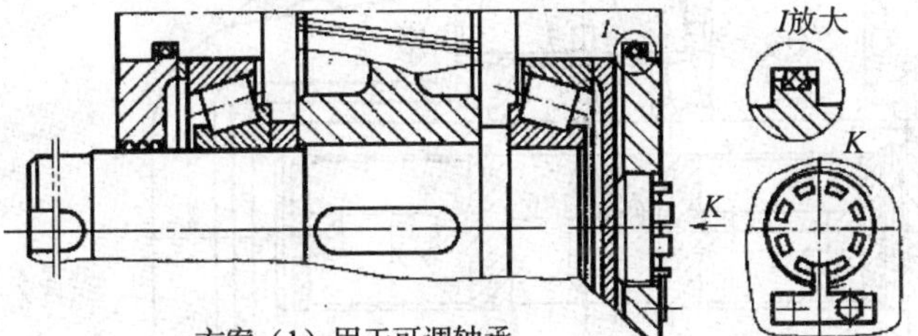

方案（1）用于可调轴承

微调后的固定

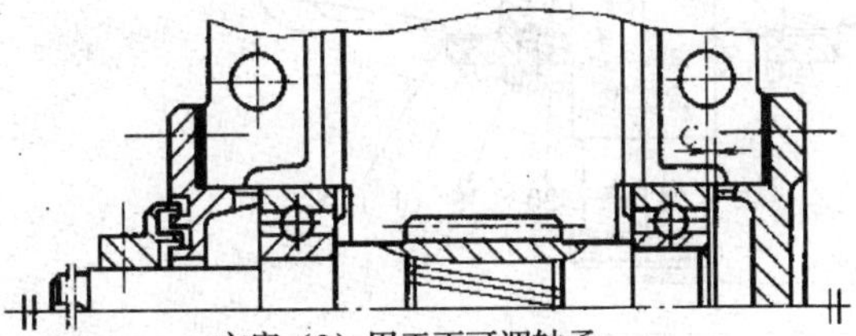

方案（2）用于不可调轴承

一对圆锥滚子轴承组成正装，轴向游隙的调整是通过槽形螺塞和调整环来实现的。其特点是：支承刚度好，拆装方便，但调整较麻烦，适用于径向和轴向载荷都较大而转速较低的场合。

用一对深沟球轴承组成两端固定支承。凸缘式轴承盖调整轴向游隙比较方便，适用于转速较高、载荷较小的场合，这种轴承也可承受不大的轴向力。

采用外筋式、嵌入式端盖结构，轴承用脂润滑。

·(标题栏)

图 f—2　一级圆柱齿轮减速器（侧视图）

3. 一级圆柱齿轮减速器装配图（见图 f—3）

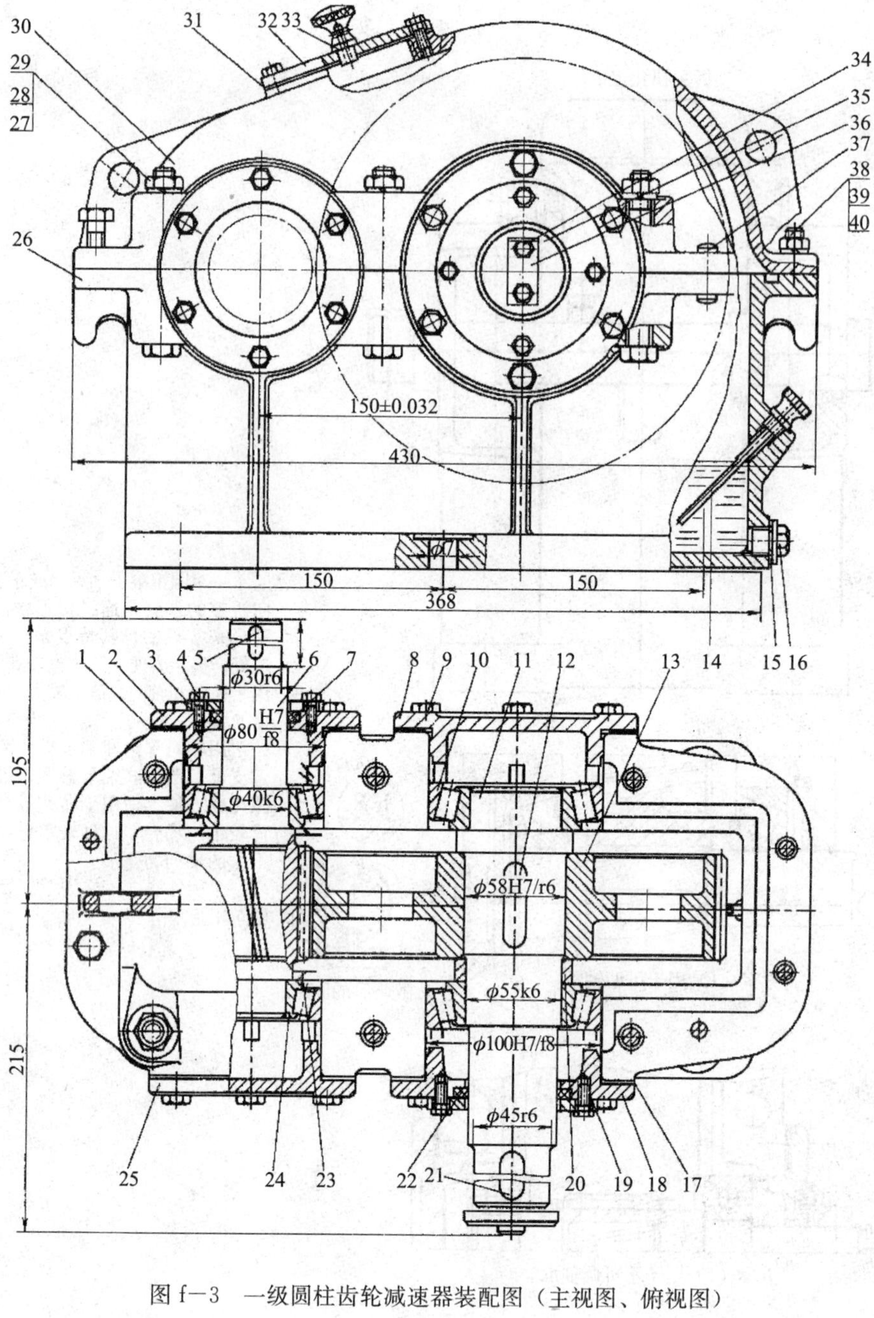

图 f—3　一级圆柱齿轮减速器装配图（主视图、俯视图）

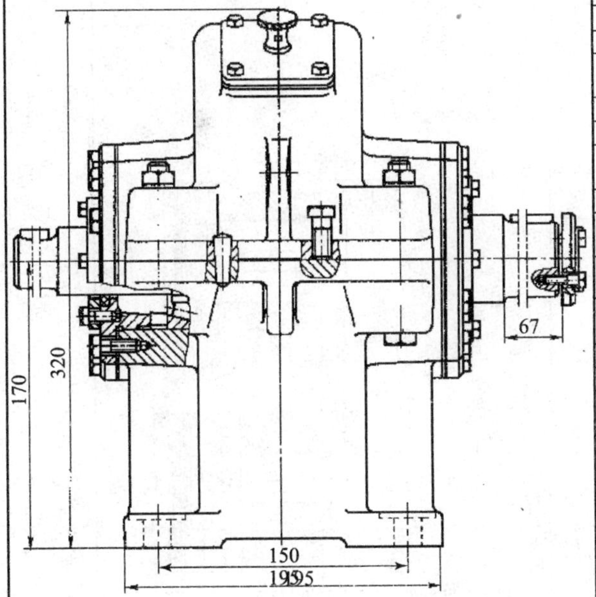

技术特性

输入功率/kW	输入轴转速/(r · min^{-1})	传动比i
4.0	572	3.95

技术要求

1.装配前,滚动轴承用汽油清洗,其他零件用煤油清洗,箱体内不允许有任何杂物存在,箱体内壁涂耐油油漆。
2.齿轮副的侧隙用钢丝检验,侧隙值应不小于0.14 mm。
3.滚动轴承的轴向调整间隙均为0.05~0.1 mm。
4.齿轮装配后，涂色法检验齿面接触斑点，沿齿高不小于45%,沿齿长不小于60%。
5.减速器剖分面涂密封胶或水玻璃,不允许使用任何填料。
6.减速器内装L-CKC150号工业闭式齿轮油（GB/T 5903-1995）,油量应达到规定高度。
7.减速器外表面涂灰色油漆。

序号	零件名称	数量	材料	规格用校准代号	备注
40	垫圈	2	60Mu	GB/T 97.2—2002 10	
39	螺母	2	Q235	GB/T 5782—2002 M10	
38	螺栓	3	Q235	GB/T 5782—2000 M10×35	
37	销	2	35	GB/T 5117—2000 8×30	
36	止动垫圈	1	Q235		
35	轴端挡圈	1	Q235	GB/T981—1986	
34	螺钉	4	Q235	GB/T818—2000 M6×20	
33	通气器	1	Q235		
32	窥视孔盖	1	Q235		
31	垫片	1	石棉橡胶纸		
30	箱盖	1	HT150		
29	垫片	6	60Mn	垫圈 GB/T 93—1987 12	
28	螺母	6	Q235	GB/T6170—2000 M12	
27	螺栓	6	Q235	GB/T5783—2000 M12×100	
26	箱座	1	HT150		
25	轴承端盖	1	HT150		
24	圆锥滚子轴承	2	Q235	32208 GB/T 297 —1994	
23	挡油环	2			
22	毡封油圈	1	半粗羊毛毡		
21	键	1	45	键 14×56 GB/T 1096—2003	
20	套筒	1	Q275		
19	密封盖	1	Q235		
18	轴承端盖	1	HT150		
17	调整垫片	2组	08F		
16	螺塞	1	Q235		
15	垫片	1	石棉橡胶纸		
14	油标尺	1		组合件	
13	大齿轮	1	40	m_n=3,z=79	
12	键	1	45	键 16×56 GB/T 1096—2003	
11	轴	1	45		
10	圆锥滚子轴承	2		32211 GB/T 297 —1994	
9	螺钉	24	Q235	GB/T 818 —2000 M8×25	
8	轴承端盖	1	HT200		
7	毛毡油封	1	半粗羊毛毡		
6	齿轮轴	1	45	m_n=3,z=20	
5	键	1	45	键8×50 GB/T 1096—2003	
4	螺钉	12	Q235	GB/T 818 —2000 M6×16	
3	密封盖	1	Q235		
2	轴承盖	1	HT200		
1	调整垫片	2组	08F		

一级圆柱齿轮减速器		比例		图号
		数量		重量
设计		年月	机械零件课程设计	（校名）（班号）
审核				

图 f—3　一级圆柱齿轮减速器装配图（侧视图）

4. 一级圆柱齿轮减速器装配图（见图 f—4）

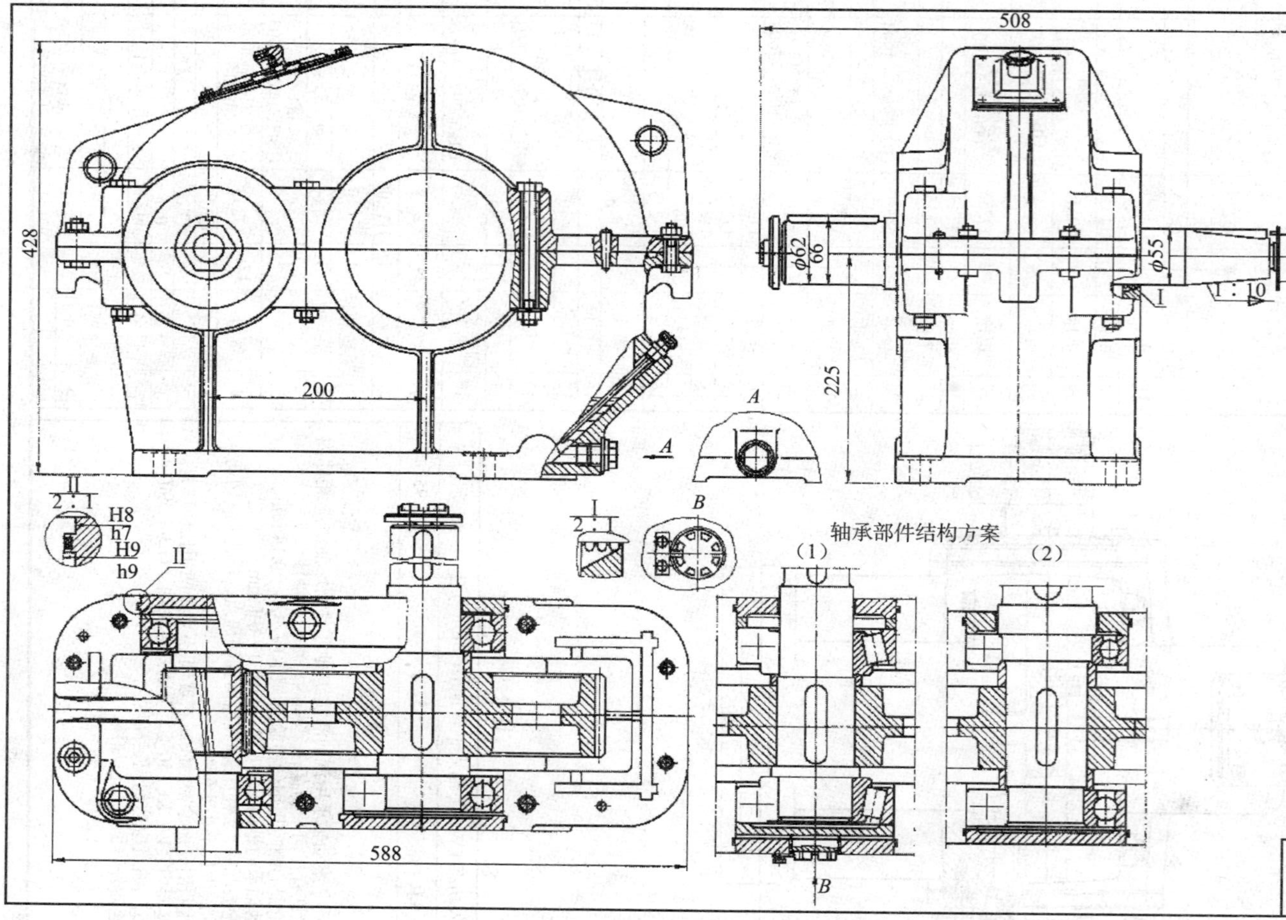

注:本图为一级圆柱斜齿轮减速器的结构图。轴承是依靠齿轮搅动油池的油来润滑的，这种方法只有在速度较高时才能实现。当速度不高时，宜在结构上引导润滑油进入轴承。图中采用嵌入式轴承端盖,结构简单,不用螺钉而减轻了质量,缩短了轴承尺寸。这种结构密封性能差,所以在端盖凸缘处装O形橡胶圈。轴承调整不便,只用于不可调轴承。当用可调轴承时,应有调整机构,如方案（1）所示。伸出轴与轴承盖之间用油沟式密封,并制有回油槽。

（标题栏）

图 f—4　一级斜齿轮减速器

5. 二级圆柱齿轮减速器装配图（见图 f—5）

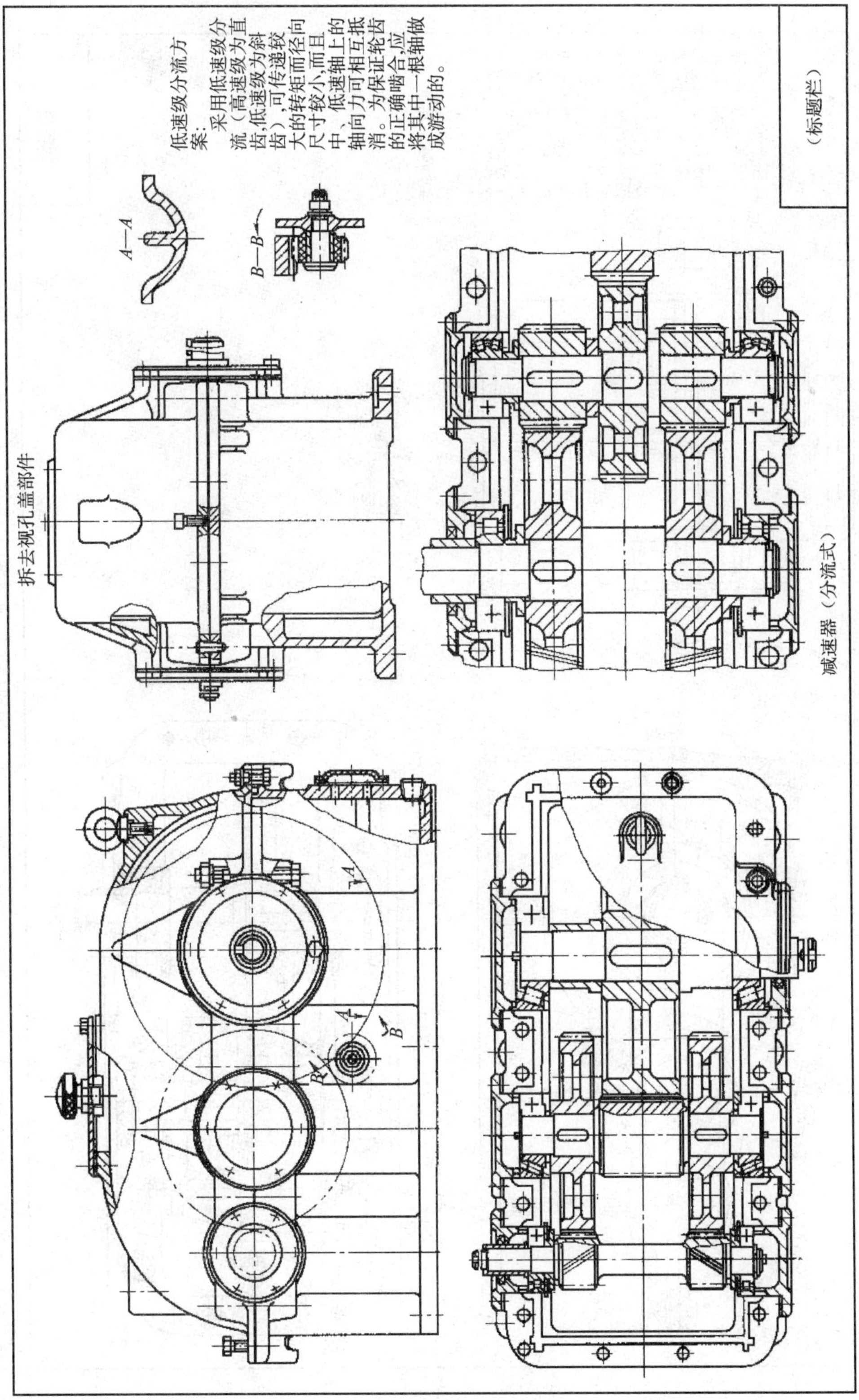

图 f—5　二级圆柱齿轮减速器

6. 二级圆柱齿轮减速器装配图（见图 f—6）

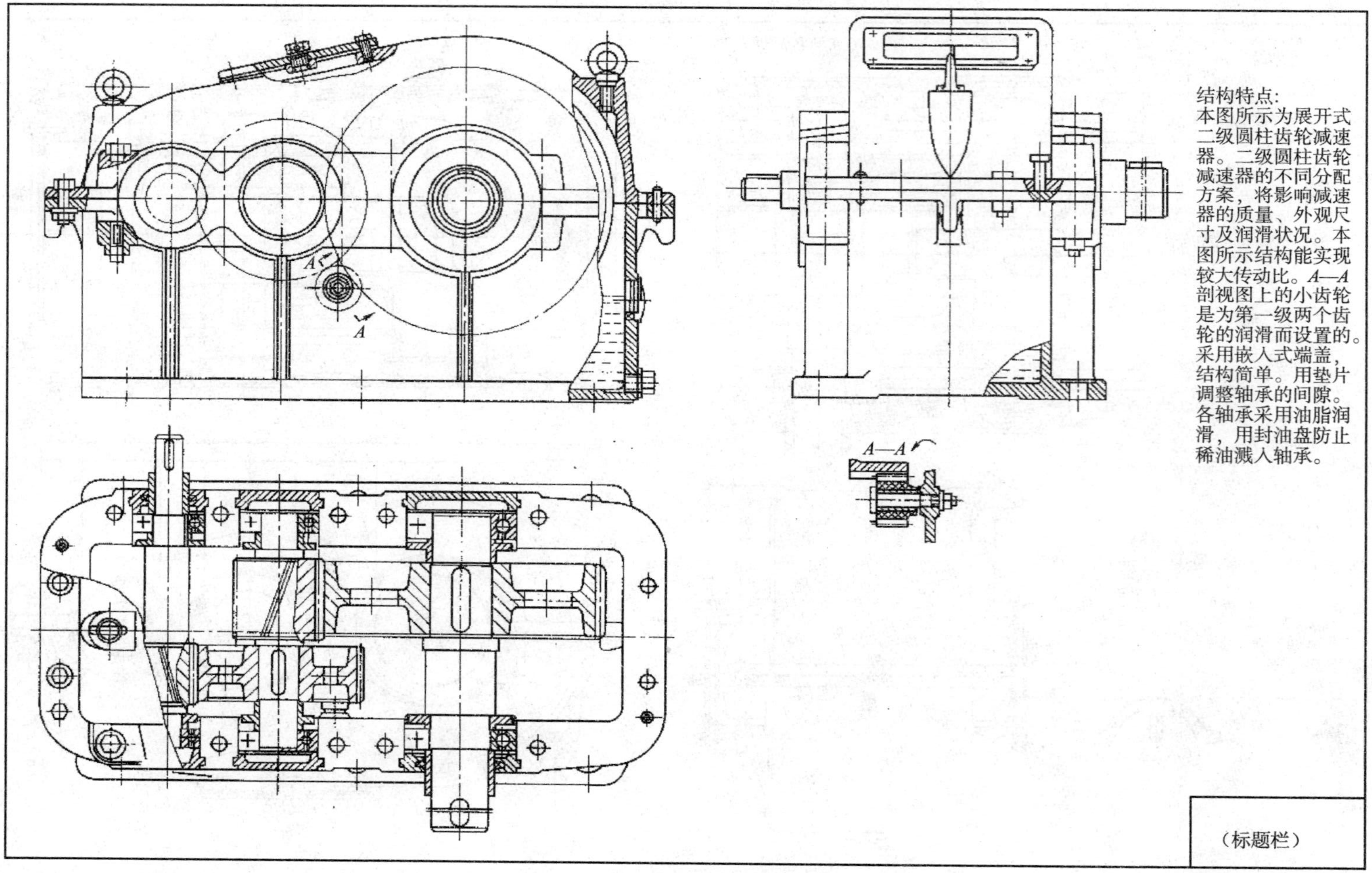

图 f—6　二级圆柱齿轮减速器

7. 一级蜗杆减速器（见图 f—7，下置式）

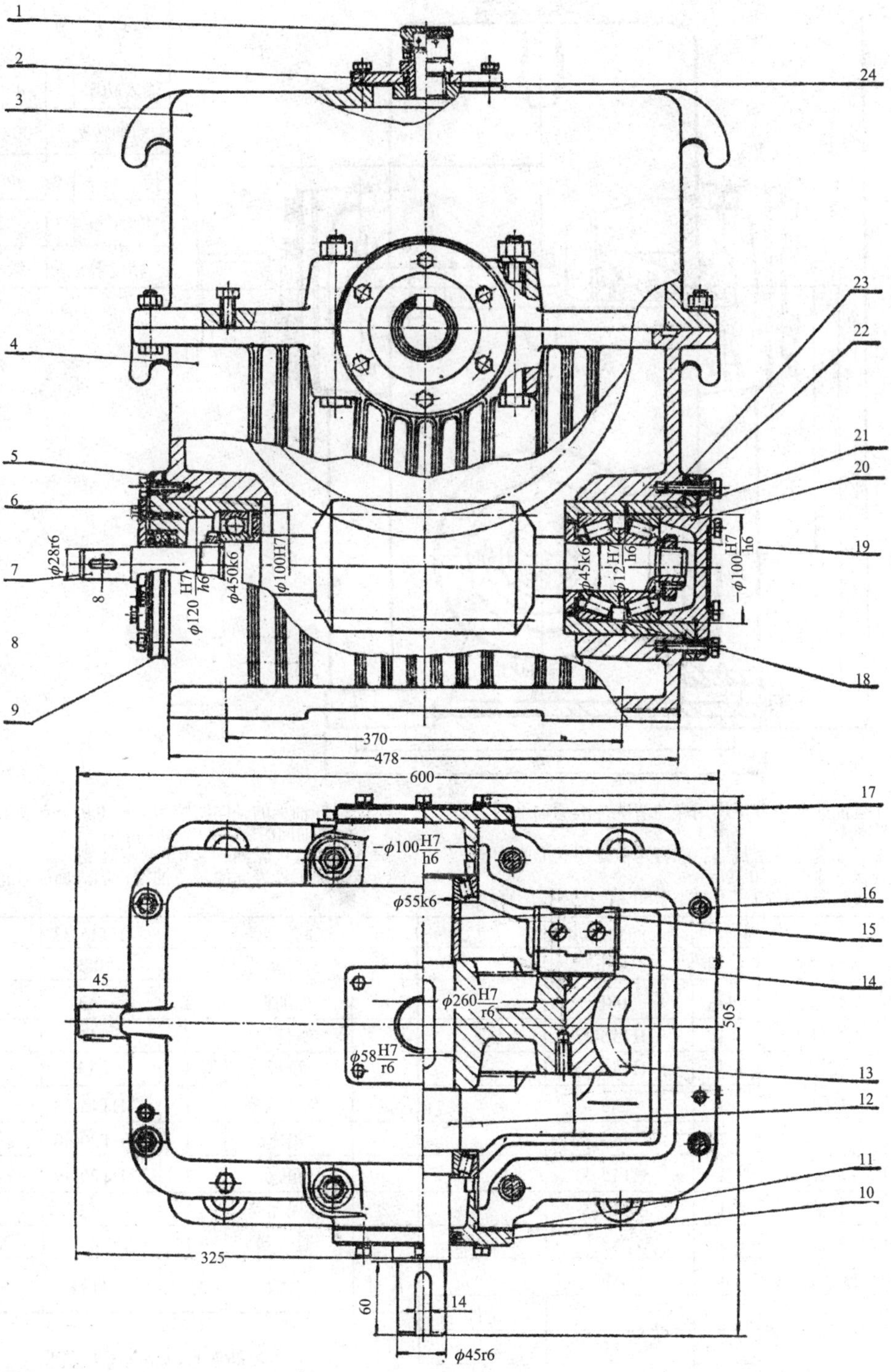

图 f—7　一级蜗杆减速器（主视图、俯视图）

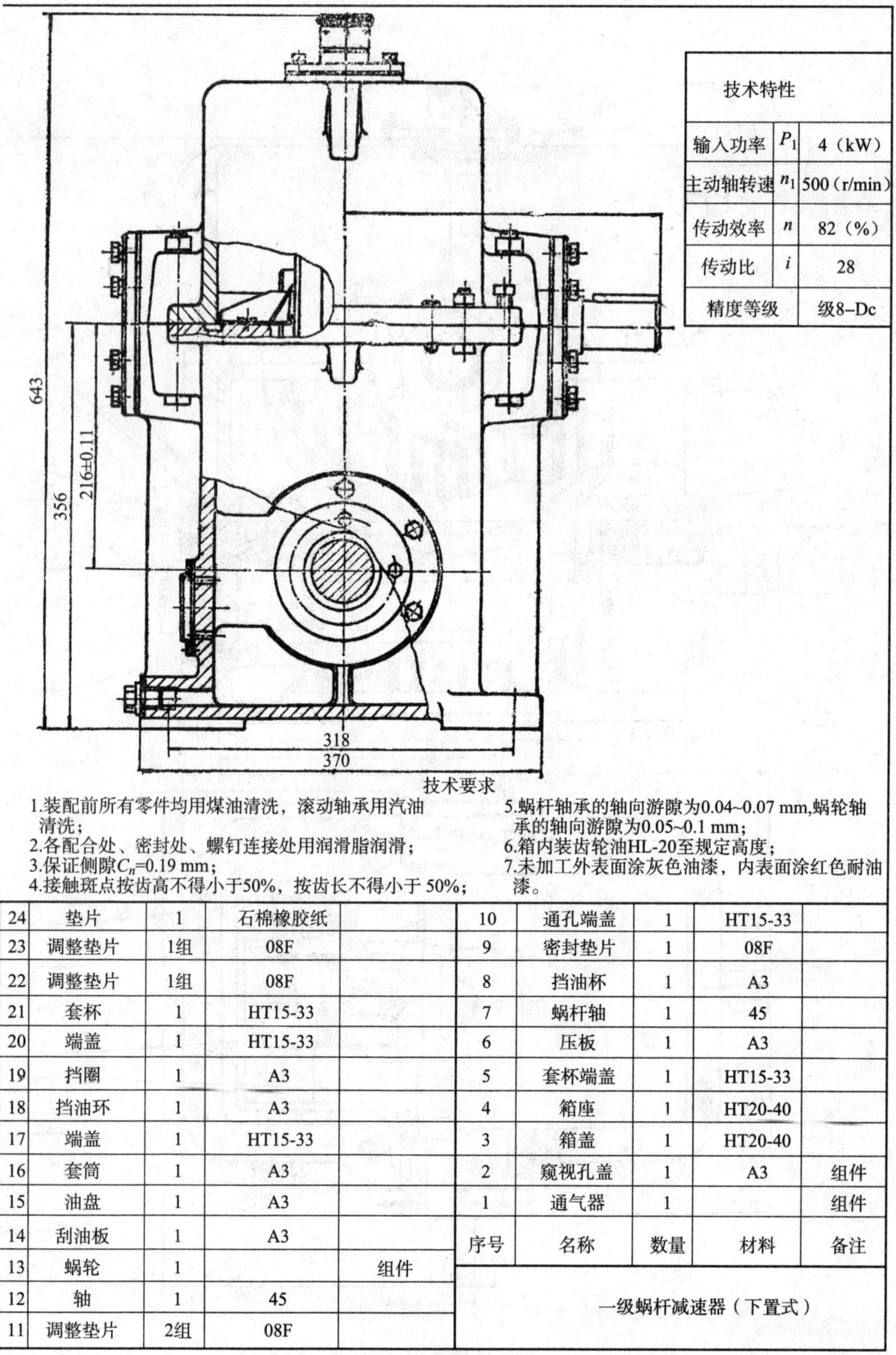

技术特性		
输入功率	P_1	4（kW）
主动轴转速	n_1	500（r/min）
传动效率	n	82（%）
传动比	i	28
精度等级		级8–Dc

技术要求

1.装配前所有零件均用煤油清洗，滚动轴承用汽油清洗；
2.各配合处、密封处、螺钉连接处用润滑脂润滑；
3.保证侧隙C_n=0.19 mm；
4.接触斑点按齿高不得小于50%，按齿长不得小于 50%；
5.蜗杆轴承的轴向游隙为0.04~0.07 mm,蜗轮轴承的轴向游隙为0.05~0.1 mm；
6.箱内装齿轮油HL-20至规定高度；
7.未加工外表面涂灰色油漆，内表面涂红色耐油漆。

序号	名称	数量	材料	备注
24	垫片	1	石棉橡胶纸	
23	调整垫片	1组	08F	
22	调整垫片	1组	08F	
21	套杯	1	HT15-33	
20	端盖	1	HT15-33	
19	挡圈	1	A3	
18	挡油环	1	A3	
17	端盖	1	HT15-33	
16	套筒	1	A3	
15	油盘	1	A3	
14	刮油板	1	A3	
13	蜗轮	1		组件
12	轴	1	45	
11	调整垫片	2组	08F	
10	通孔端盖	1	HT15-33	
9	密封垫片	1	08F	
8	挡油杯	1	A3	
7	蜗杆轴	1	45	
6	压板	1	A3	
5	套杯端盖	1	HT15-33	
4	箱座	1	HT20-40	
3	箱盖	1	HT20-40	
2	窥视孔盖	1	A3	组件
1	通气器	1		组件

一级蜗杆减速器（下置式）

图 f—7　一级蜗杆减速器（侧视图）

8. 一级圆锥齿轮减速器（见图 f—8）

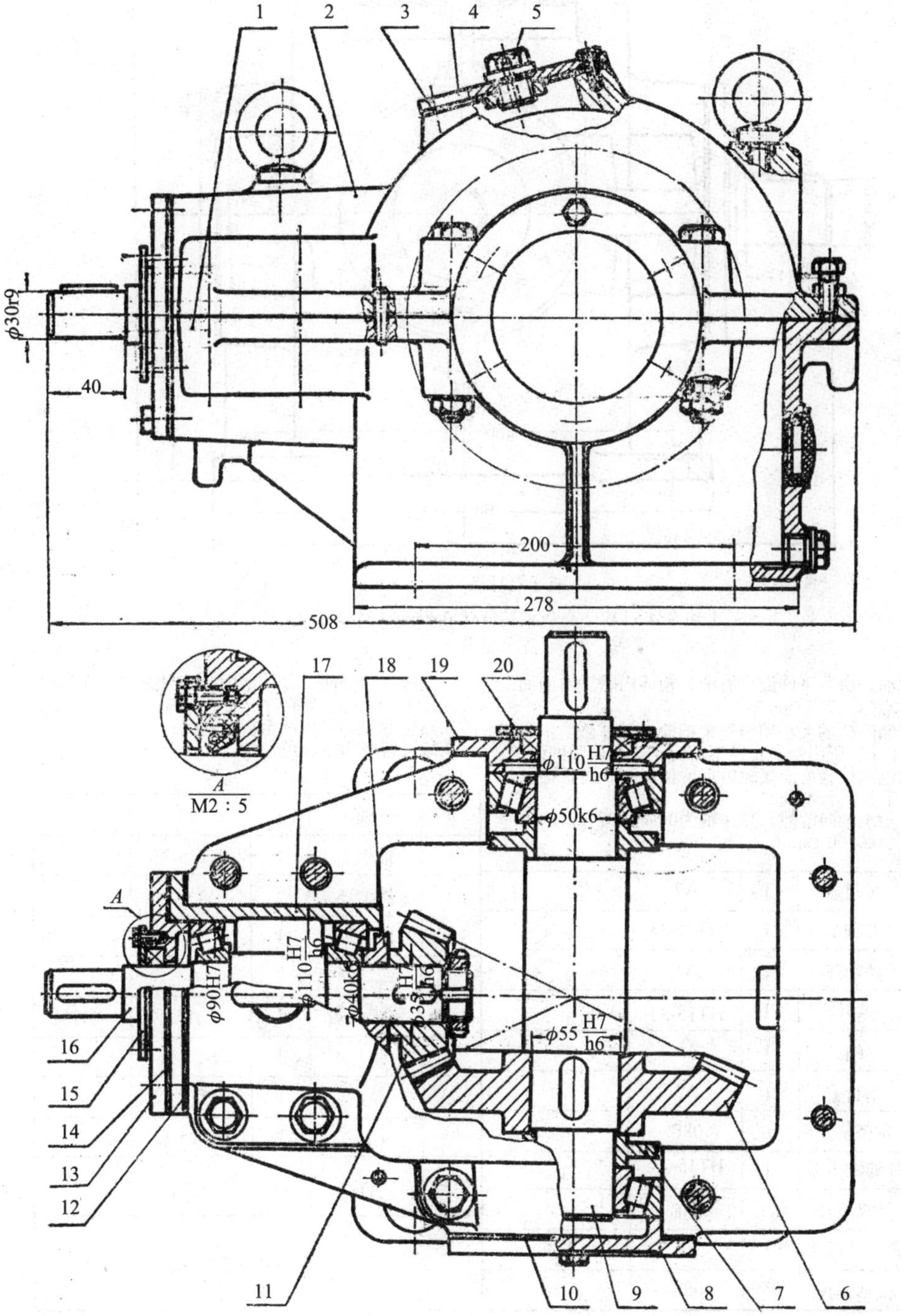

图 f—8　一级圆锥齿轮减速器（主视图、俯视图）

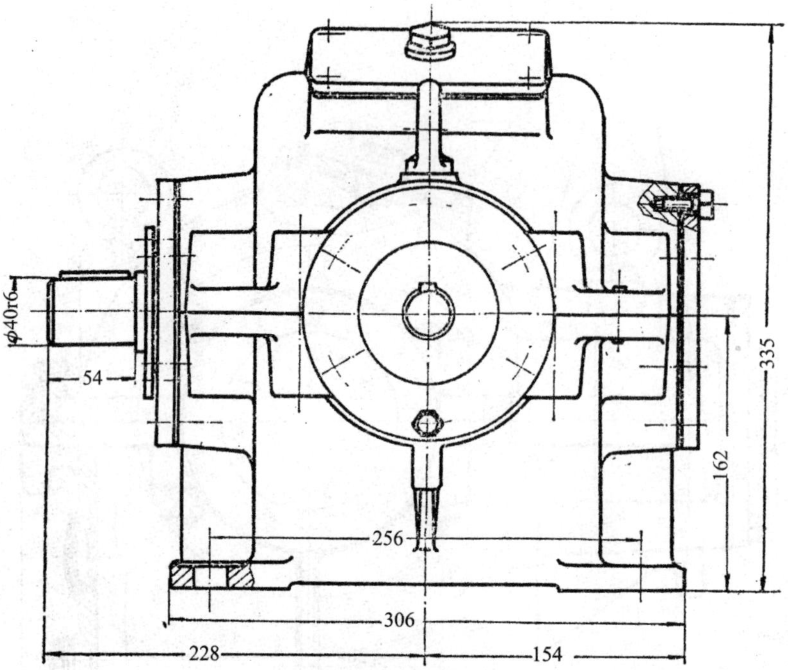

减速器特性

1.功率:4.5 kW;2.高速轴转速:420 r/min;3.传动比:2∶1

技术要求

1.装配前，所有零件进行清洗，箱体内壁涂耐油油漆；

2.啮合侧隙C_n的大小用铅丝来检验，保证侧隙不小于0.17 mm，所用铅丝直径不得大于最小侧隙的两倍；

3.用涂色法检验齿面接触斑点，按齿高和齿长接触斑点都不少于50%；

4.调整轴承轴向游隙，高速轴为0.04~0.07 mm，低速轴为0.05~0.1 mm;

5.减速器剖分面、各接触面及密封处均不许漏油，剖分面可允许涂密封胶或水玻璃；

6.减速器装45号机油至规定高度；

7.减速器表面涂灰色油漆。

序号	名称	数量	材料	备注
20	密封盖	1	A2	
19	空通轴承盖	1	HT15-33	
18	挡油环	1	A3	
17	套环	1	HT15-33	
16	轴	1	45	
15	密封盖	1	A2	
14	调整垫片	1组	08F	
13	穿通轴承盖	1	HT15-33	
12	调整垫片	1组	08F	
11	圆锥小齿轮	1	45	m=5 z=20
10	调整垫片	2组	08F	
9	轴	1	45	
8	轴承盖	1	HT15-33	
7	挡油环	2	A3	
6	圆锥大齿轮	1	40	m=5 z=40
5	通气器	1	A3	
4	窥视孔盖	1	A3	组件
3	垫片	1	压纸板	
2	箱盖	1	HT15-33	
1	箱座	1	HT15-33	
一级圆锥齿轮减速器				

图 f—8　一级圆锥齿轮减速器（侧视图）

9. 二级圆锥—圆柱齿轮减速器（见图 f—9）

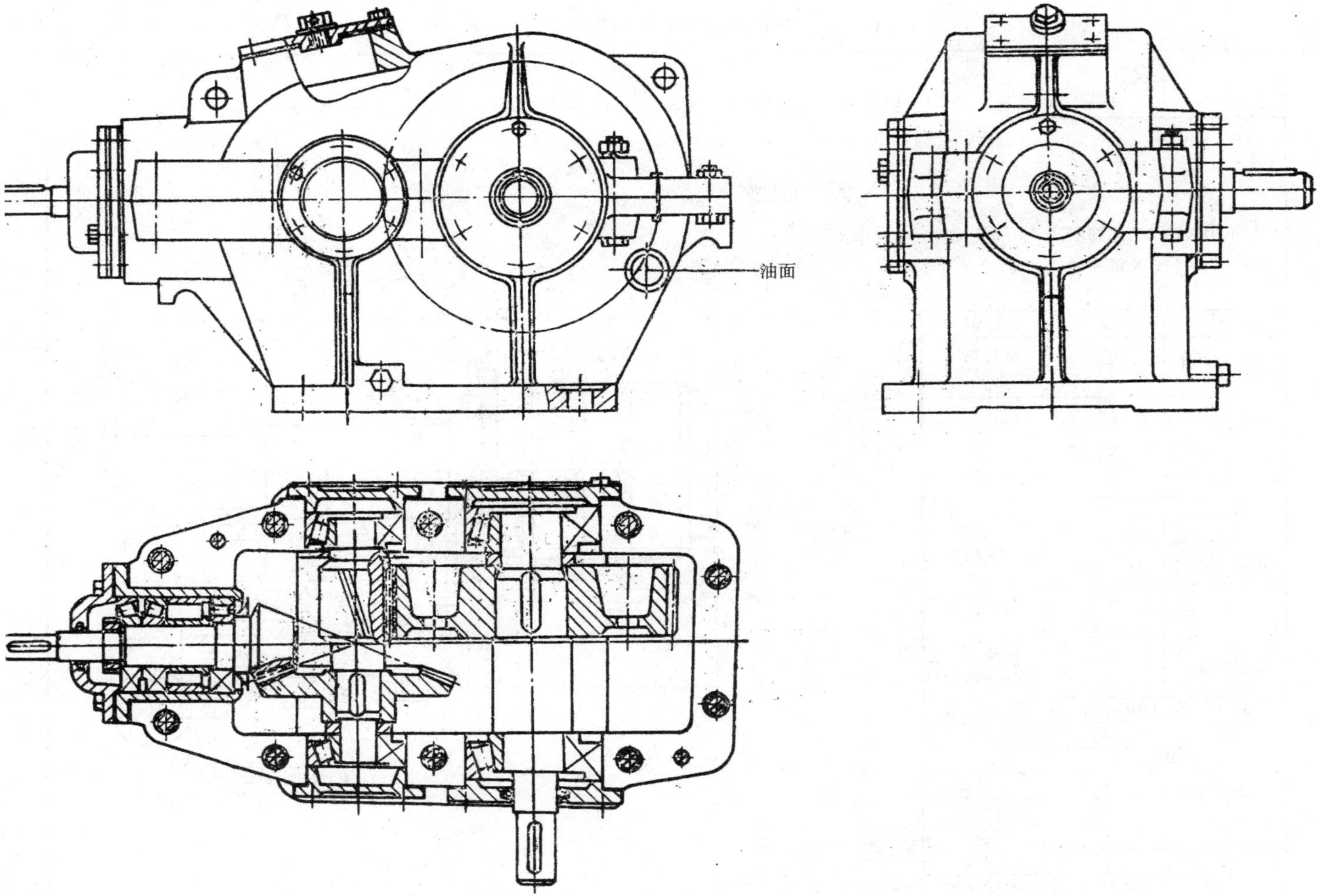

图 f—9　二级圆锥—圆柱齿轮减速器

10. 齿轮轴零件图（见图 f—10）

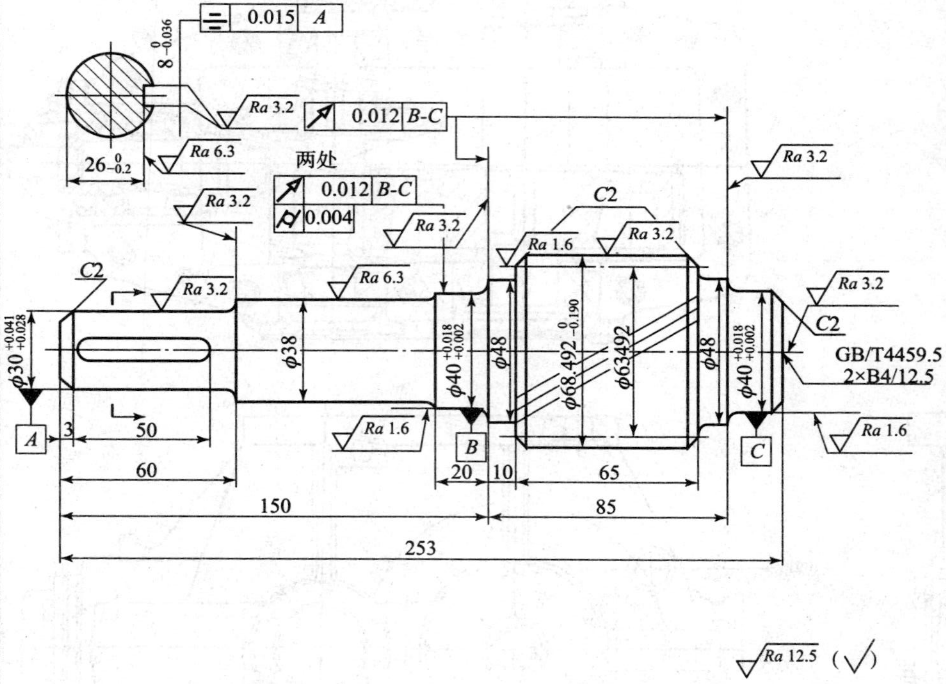

法向模数	m_n	2.5
齿数	z	25
齿形角	α	20°
齿顶高系数	h_a^*	1
螺旋角	β	10°8′30″
螺旋方向	左旋	
径向变位系数	x	0
精度等级	8-7-7GJ GB/T 10095—2001	
齿轮副中心距及其极限偏差	$a \pm f_a$	140±0.032
配对齿轮	图号	
	齿数	85
公差组	检验项目代号	公差（或极限偏差）值
I	F_r	0.045
I	F_w	0.040
II	F_f	0.011
II	F_{pb}	±0.013
III	F_β	0.016
公法线平均长度公差	E_W	$19.317^{-0.084}_{-0.111}$
跨测齿数	K	3

技术要求

1.调质处理，表面硬度220~255HBW。
2.未注圆角半径$R2$。

标题栏

图 f—10　齿轮轴零件图

11. 输出轴零件工作图（见图 f—11）

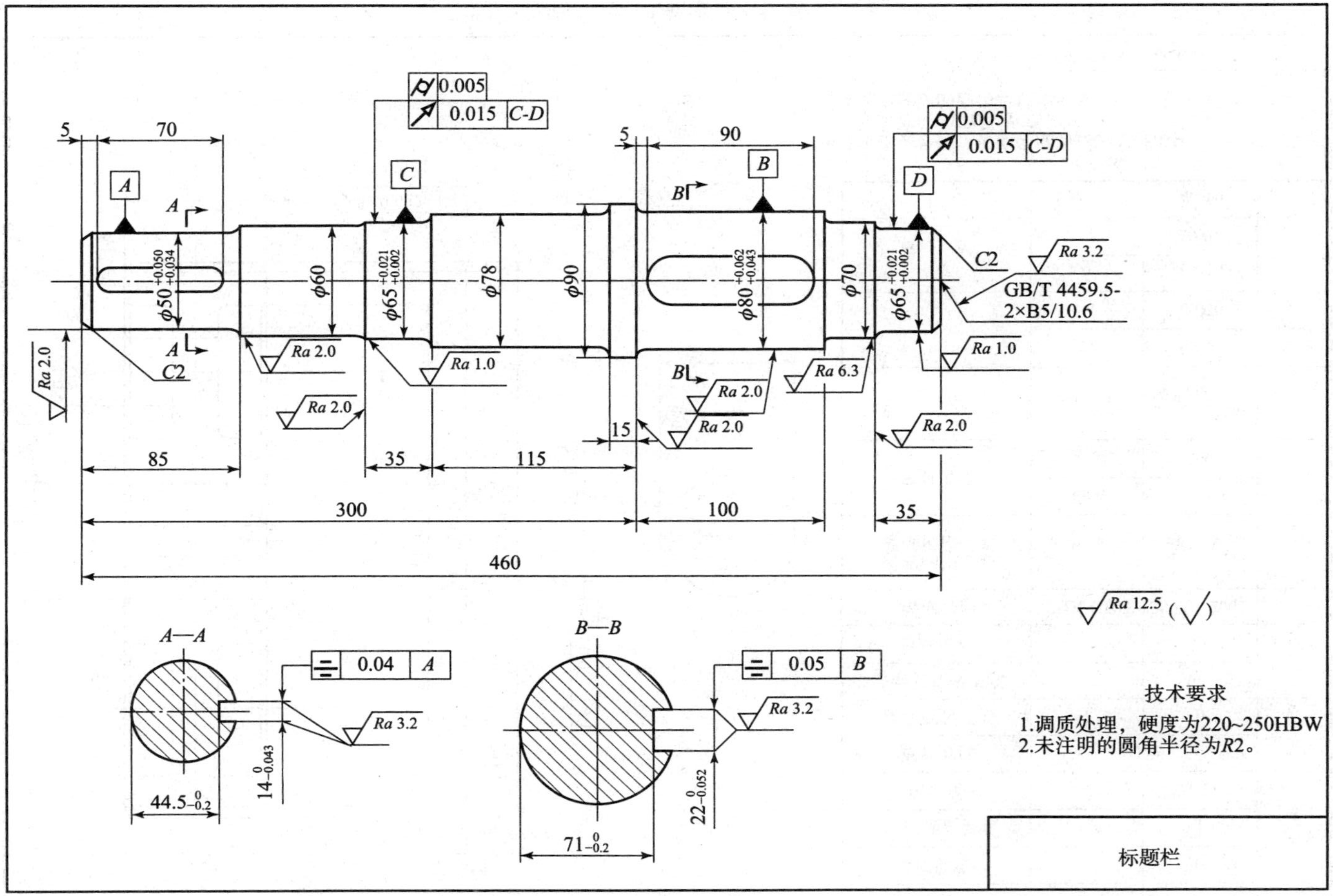

图 f—11 输出轴零件工作图

12. 齿轮零件工作图（见图 f—12）

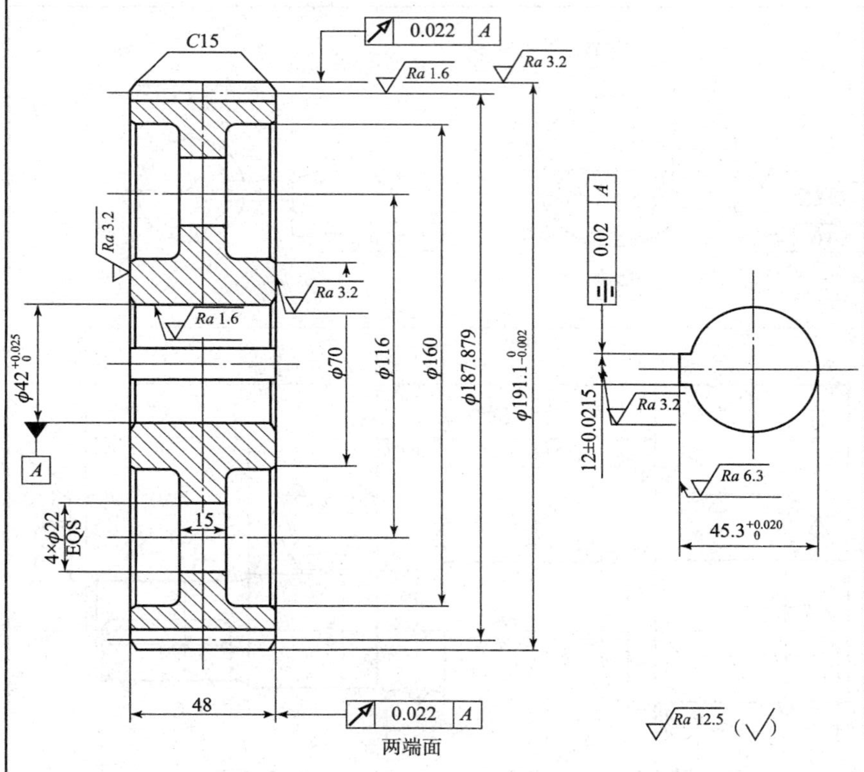

法向模数	m_n	3	备注
齿数	z	93	
齿形角	α	20°	
齿顶高系数	h_a^*	1	
螺旋角	β	8°6′34″	
螺旋方向	右旋		
径向变位系数	x	0	
公法线长度及其偏差	W_n		
跨测齿数	K	11	
精度等级	7HK GB/T 10095—2001		
齿轮副中心距及其极限偏差	$a \pm f_a$	120±0.027	
配对齿轮	图号		
	齿数	28	
公差组	检验项目代号	公差（或极限偏差）值	
I	F_r	0.05	
	F_W	0.036	
II	f_f	0.013	
	f_{pb}	±0.016	
III	F_β	0.016	

技术要求

1.正火处理，齿面硬度为180~210HBW。
2.未注明的倒角为$C2$。
3.未注明的圆角半径为5 mm。

标题栏

图 f—12　齿轮零件工作图

13. 锥齿轮零件工作图（见图 f—13）

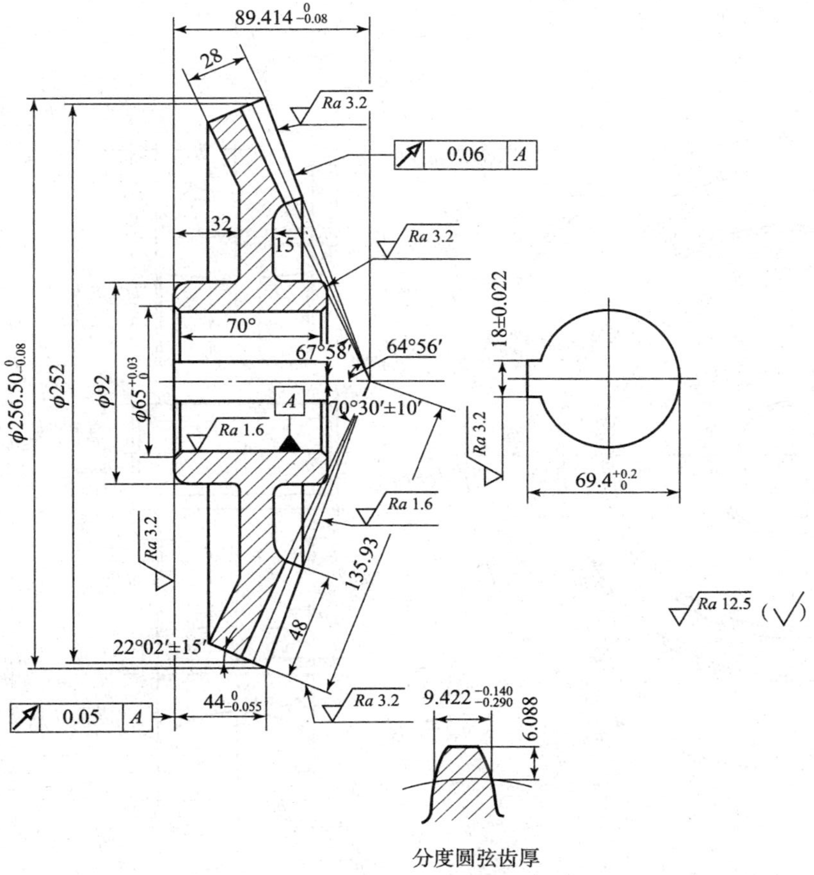

模数		m	6
齿数		z_2	42
齿形角		α	20°
齿顶高系数		h_a^*	1
径向间隙系数		c^*	0.2
变位系数		x	0
精度等级			级8-Dc
配偶齿轮	件号		
	齿数	z_1	17
周节累积误差的公差		δt_{Σ}	0.140
周节差的公差		δt	0.036

技术要求

1.正火处理后齿面硬度HB=170~190。
2.未注明圆角半径R=3~5 mm。
3.未注明倒角C2。

大圆锥齿轮零件图

图 f—13　锥齿轮零件工作图

14. 蜗轮零件工作图（见图 f—14）

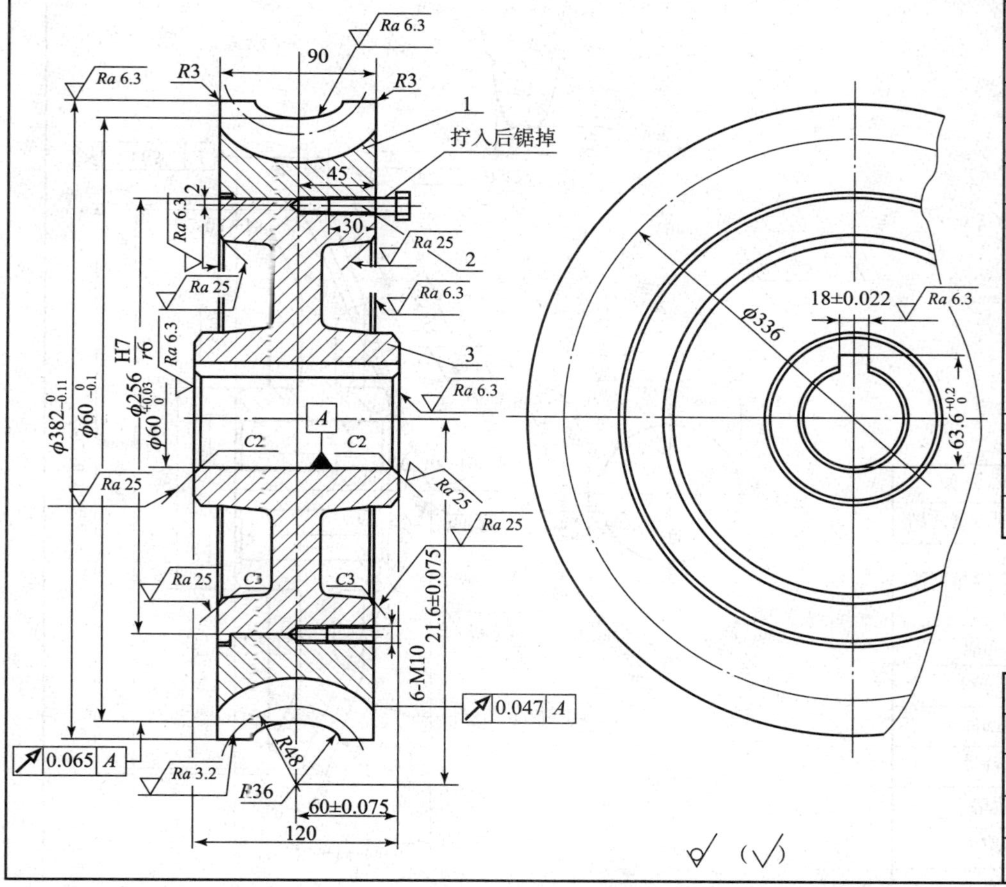

端面模数	m_t	12
齿数	z_2	28
齿形角	α	20°
齿顶高系数	h_a^*	1
径向间隙系数	c^*	0.2
精度等级JB162-60		级8-Dc
配偶蜗杆 蜗杆型式		阿基米德
配偶蜗杆 头数	z_1	1
配偶蜗杆 螺旋方向		右
配偶蜗杆 导程角	γ	7°7′30″
配偶蜗杆 件号		
齿圈径向跳动公差	δej	0.120
相邻周节的公差	δgt	0.052
中心距及加工的中心距偏差	$A+\Delta A_0$	216±0.075

3	轮芯	1	GT20-40	
2	螺栓M10×28	6	A3	GB18-66
1	轮缘	1	ZQSn10-1	
序号	名称	数量	材料	备注
蜗轮零件图				

图 f—14　蜗轮零件工作图

15. 箱体零件工作图（见图 f—15）

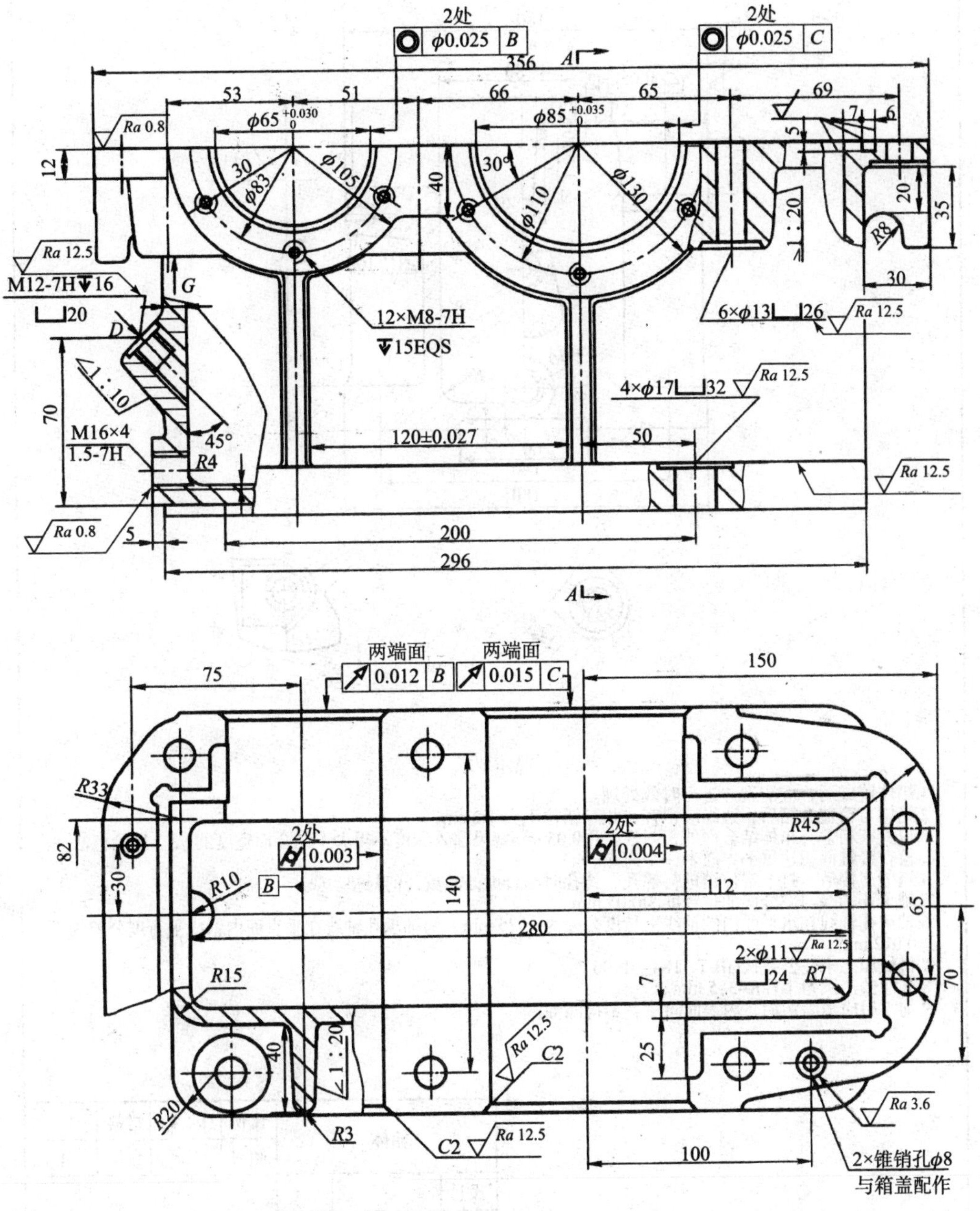

图 f—15　箱体零件工作图（主视图、俯视图）

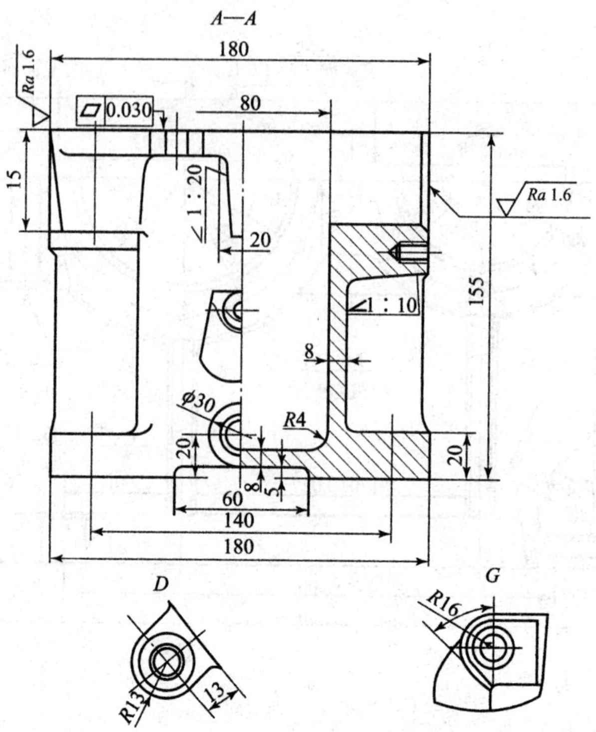

技术要求

1.箱体铸成后，应清理并进行时效处理。
2.箱体与箱盖合箱后，边缘应平齐，相互错位不大于2 mm。
3.应检查箱盖与箱体结合面的密封性，用0.05 mm塞尺塞入深度不得大于结合面宽度的1/3。用涂色法检查接触面积达每平方厘米一个斑点。
4.箱盖连接后，打上定位销进行镗孔，镗孔时结合面处禁放任何衬垫。
5.轴承孔轴线与剖分面的位置度为0.05 mm。
6.轴承孔轴线在水平面内的轴线平行度公差为0.025 mm；两轴承孔轴线在垂直面内轴线平行度公差为0.012 mm。
7.机械加工未注公差按GB/T 1184—1996。
8.未注铸造圆角半径R=3~5 mm。
9.加工后应清除污垢，内表面涂漆，不得漏油。

箱体		比例	1∶1	材料		
		图号		数量	1	
设计			机械设计课程设计			
制图						
审核						

图 f—15　箱体零件工作图（侧视图）

16. 箱盖零件工作图（见图 f－16）

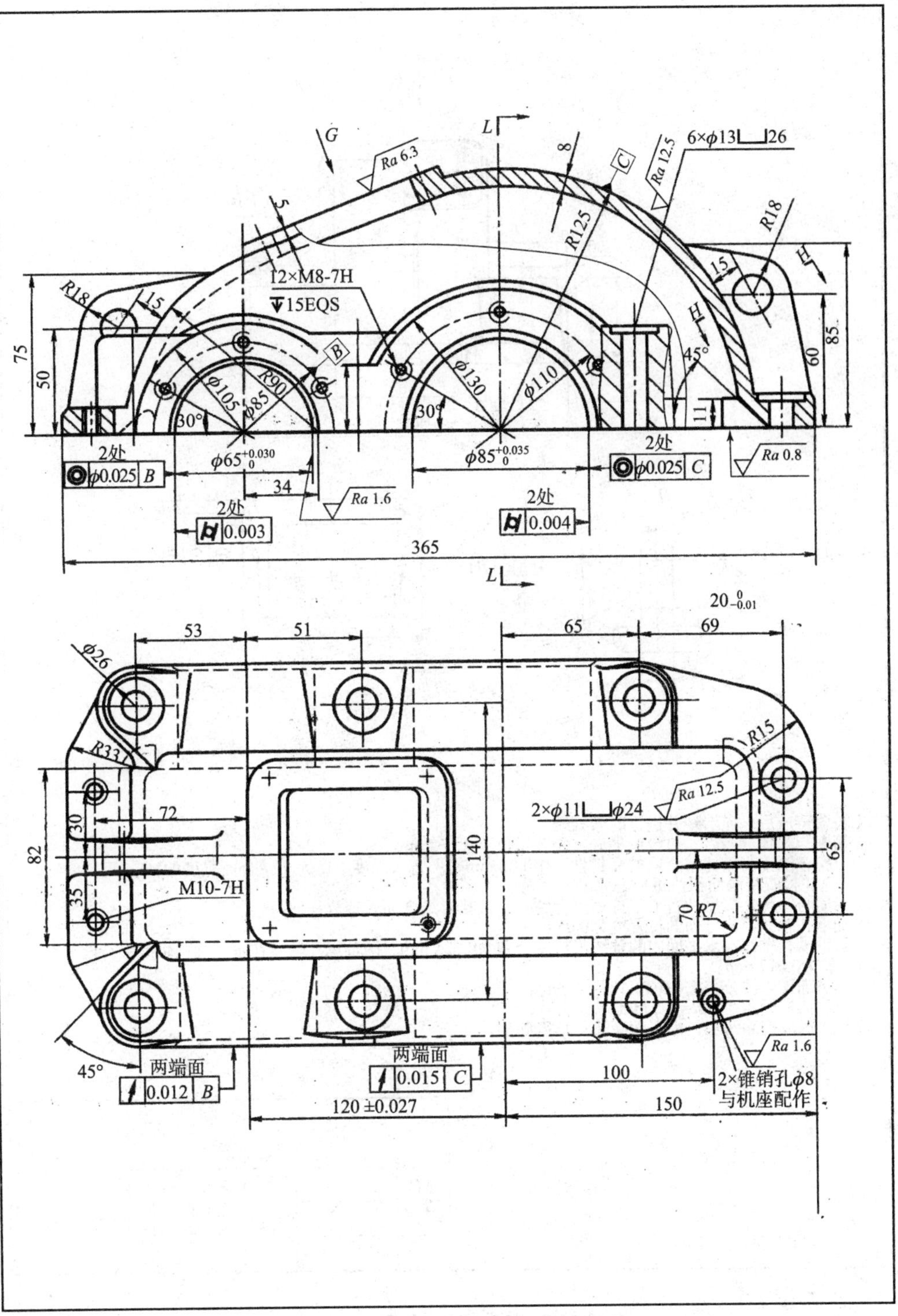

图 f－16　箱盖零件工作图（主视图、俯视图）

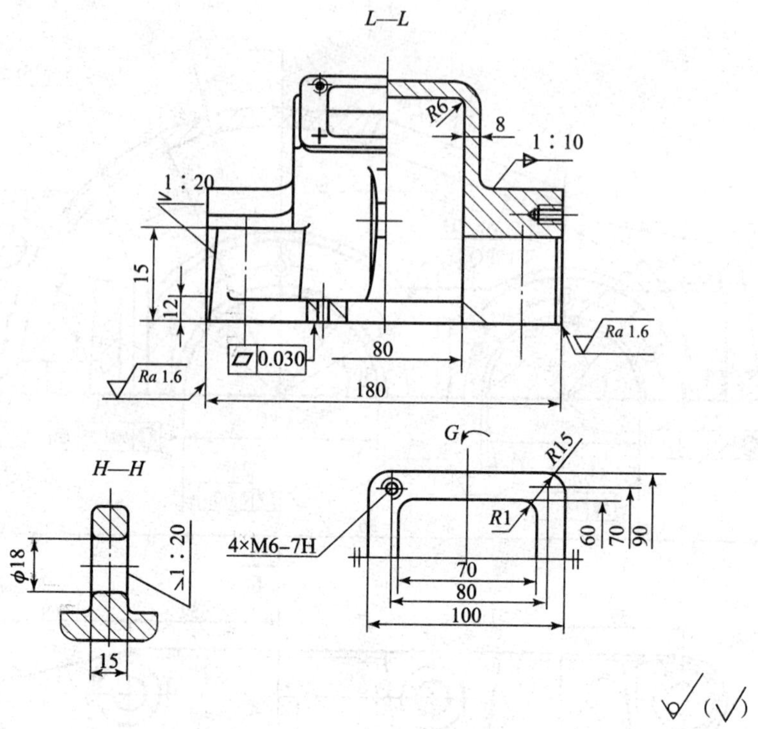

技术要求

1.箱盖铸成后，应清理并进行时效处理。
2.箱盖与箱体合箱后，边缘应平齐，相互错位不大于2 mm。
3.应检查箱盖与箱体结合面的密封性，用0.05 mm塞尺塞入深度不得大于结合面宽度的1/3。用涂色法检查接触面积达每平方厘米一个斑点。
4.箱盖与箱体连接后，打上定位销进行镗孔，镗孔时结合面处禁放任何衬垫。
5.轴承孔轴线与剖分面的位置度为0.05 mm。
6.两轴承孔轴线在水平面内的轴线平行度公差为0.025 mm；两轴承孔轴线在垂直面内轴线平行度公差为0.012 mm。
7.机械加工未注公差按GB/T 1184—1996。
8.未注铸造圆角半径R=3~5 mm。
9.加工后应清除污垢，内表面涂漆，不得漏油。

箱盖		比例	1：1		材料
		图号			数量
设计			机械设计 课程设计		
制图					
审核					

图 f—16　箱盖零件工作图（侧视图）

参 考 文 献

[1] 王少岩．机械设计基础实训指导［M］．大连：大连理工大学出版社，2004.
[2] 银金光．机械设计课程设计［M］．北京：中国林业出版社，2006.3
[3] 王志伟．机械设计基础课程设计［M］．北京：高等教育出版社，2009.
[4] 彭宇辉．机械设计基础课程设计指导与简明手册［M］．长沙：中南大学出版社，2009.
[5] 韩玉成．机械设计基础实训指导［M］．北京：电子工业出版社，2009.
[6] 刘春林．机械设计基础课程设计［M］．杭州：浙江大学出版社，2006.
[7] 陈立德．机械设计基础课程设计指导书［M］．北京：高等教育出版社，2000.
[8] 王洪．机械设计课程设计［M］．北京：清华大学出版社，2009.
[9] 王军．机械设计课程设计［M］．北京：科学出版社，2009.
[10] 于兴芝．机械设计基础课程设计［M］．北京：机械工业出版社，2009.
[11] 孙宝钧．机械设计基础课程设计［M］．北京：机械工业出版社，2008.
[12] 朱文坚，黄平．机械设计基础课程设计［M］．广州：华南理工大学出版社，2009.
[13] 王旭，王积森．机械设计课程设计［M］．北京：机械工业出版社，2009.
[14] 黄珊秋．机械设计课程设计［M］．北京：机械工业出版社，2009.
[15] 王大康，卢颂峰．机械设计课程设计［M］．北京：北京工业大学出版社，2009.
[16] 杨恩霞，刘贺平．机械课程设计［M］．哈尔滨：哈尔滨工业大学出版社，2009.
[17] 徐起贺．机械设计课程设计［M］．北京：机械工业出版社，2009.
[18] 李海萍．机械设计基础课程设计［M］．北京：机械工业出版社，2009.
[19] 邢琳，张秀芳．机械设计基础课程设计［M］．北京：机械工业出版社，2008.
[20] 许瑛．机械设计课程设计［M］．北京：北京大学出版社，2008.